JN011723

稲作診断と増収技術

松島省三

Matsushima Seizo

農文協

本書は『改訂新版　稲作診断と増収技術』（１９７７年）を底本に、判型を拡大して復刊したものです。

登場する農業資材や書籍等に現在入手できないものがありますことをご承知おきください。

増産時代をリードした松島省三の「V字理論稲作」

西尾敏彦*

一キリスト教徒の死

平成9年（1997）3月13日、稲作研究一に生きた一人の農業研究者が昇天した。松島省三、享年85歳。厳格な無教会キリスト教徒だった彼の告別式は、4日後の17日、自宅に近い埼玉県新座市の斎場で行われた。告別式には、生前彼と親交のあった農業関係者はもちろん、信仰を同じくする多くの人々の参列があった。参列者が多くて、斎場に入りきらなかったほどである。式は同派の慣習によって若い信徒が司式し、賛美歌が流れるなか、この人の生涯にふさわしく、厳粛かつしめやかに執り行われた。

松島はすぐれた稲作研究者であったが、同時に大変熱心なキリスト教徒でもあった。内村鑑三に傾倒していた父親の影響で、若い時から熱心な無教会キリスト教徒であったが、彼自身も矢内原忠雄（元東京大学総長）などに師事し、さらに信仰を深めている。晩年は信仰に関わる多くの説話を発表し、同時に同派の長老として若い信徒のよき相談相手になっていたという。

増産時代をリードした

昭和30年代といえば、農家も技術者も増産に燃えていた時代である。なかでも烈しく燃えたのが、当時農林省の農業技術研究所（埼玉県鴻巣市）にあった松島の研究室だった。

多収を追求する松島の稲作研究は、収量を構成要素別に追求することからはじまった。稲の収量は〈面積当たりの籾数×登熟歩合〉で決まる。多収を得るには生育中の稲に面積当たり十分な数の籾を確保し、次に確保された籾の登熟歩合を高めてやればよい。

まず籾数の確保だが、短稈穂数型品種を密植し、チッソ肥料を十分施せば比較的容易にできる。問題は登熟歩合を高める方法だ。籾数を増やそうとチッソをやれば、登熟が悪くなってしまう。どうすればこの逆相関を断ち切ることができるか。そこでチッソの施用時期をさまざまに変え、登熟との関係を調べてみた。松島は自らの仕事ぶりを、次のように述べている。


だいたい私の試験は、事実こそ出発点だという考えでやるのです。事実こそ出発点。たくさん文献を読んで、その文献で仕事をするのではなくて、田圃でムチャクチャに試験をやるわけです。それで事実をつかむ。それがゆるぎない事実であるかどうかということを確かめて確かめたら、その理由は何かと入っていくのが私のやり方です。


実は私も、当時鴻巣の試験場にいて松島の仕事ぶりをみている。今でも彼が麦わら帽子にゴム草履姿で、終日試験圃場に立ちつくしたいた姿を思い浮かべることができる。

ムチャクチャに試験を重ねた結果、松島の得た結論はこうだった。出穂前33日ころ、稲の体内チッソを切ってやればよい。そうすれば逆相関を断ち、籾数を確保しながら登熟歩合を上げ、増収することができる。この時期、稲体のチッソが多いことが登熟を悪くする原因だったのである。

松島はこの発見を核にして、多収技術「V字理論稲作」を発表した。登熟歩合がチッソの施用時期とともにV字型に変化することからきた通称だが、彼自身は自信をこめて「理想稲稲作」と称していた。

いつでも、どこでも、だれでも、できる技術

松島は信念の人だった。少しでも彼の説に異論を唱える研究者には真向から論争を挑み、一歩も退かない。相手が大先輩であろうとなかろうと、学問に関してはまったく妥協を知らない人だった。だが反面、農家の水田で自らの理論を実践してみせる実践派でもあった。

だから農家との交流も多い。突然届いた見ず知らずの農家の相談に、微熱の身体で長文の返事を書いたこともある。長野県の伊那農協には13年間にわたり、毎年指導に訪れている。おかげで同農協傘下の南箕輪村・伊那市では、単収が全国1、2位に跳ね上がったという。

彼が創作した「収量簡易速決診断器」は、当初普及所や農業高校などに広く利用されたものである。この器具を用いると、自らの稲の収量を構成要素別に解析することができる。当然、どの構成要素が必要条件を満たしていないかがわかる。そこを改善すれば、より高収をねらうことができるというわけである。

この診断器に限らないが、「いつでも、だれでも、どこでもできる」稲作というのが、松島の口癖だった。わかりやすく、情熱をこめた彼の話は、いつも農家を魅了した。昭和41年（1966）に出版した『稲作診断と増収技術』（農文協）は12万部を売りつくし、ベストセラーになった。もっとも彼の著書がよく売れたのは国内だけではない。中国でも彼の著書の中国語訳海賊版が出版され、数万部を売れたという噂がある。

「乳と蜜の流れる地」の実現

昭和48年（1973）、松島は40年近い研究機関の生活を終え、農林水産省を退職した。ちょうど米が余りはじめ、多収への関心が薄れはじめた時期だったが、彼の信念に一瞬の揺るぎもなかった。日本が満たされたなら、世界に出ていく。技術コンサルタント会社に迎えられ、中国・アフリカなど世界の各地をまわり、パイロットファームなどで稲作技術の指導に当たった。

中国ではその功績で、いくつかの大学で名誉教授の称号を授与されている。〈従来の10倍の収量をあげる〉という彼の指導の下に、スーダンでは1ヘクタール当たり9・0トン、ケニアでは12・8トンという最高収量（籾）をあげることができた。

世界中に「理想稲稲作」を広め、飢餓の克服に貢献したい。不毛の荒野や砂漠に稲作のパイロットファームをつくり、農民に見せたやりたい。旧約聖書の中で、モーゼがイスラエルの民を導いた約束の地「乳と蜜が流れる地」をもう一度つくることが、晩年の松島の願いだった。

「この願いは私の死後でなければ叶えられないでしょう」

と松島は後輩に書き送っている。亡くなるほんの1年と少し前の発言だが、最後まで未来をみつめ、一生を稲の増産に捧げつづけた彼らしい言葉であった。

『農業技術を創った人々』（家の光協会　1998年）第12話を転載

＊元農林水産技術会議事務局長

改訂新版の発行に当たって

昭和四一年一月に本書旧版が発行されてから、すでに一一回星は移り、年は変わりました。この間に旧版は三七版もの版を重ね、国内だけでも一〇万に近い読者をえて、ベスト・セラーになるほどの反響をよびました。その上、韓国語にまで翻訳されて、韓国でもたくさんの読者に喜び迎えられました。ドイツ人のいう「四つの目の下で」語るつもりで書いた旧版が、こんなに多くのイナ作農家に愛読されたことは、著者にとってまったく予想外のことでありました。しかし、一一年の歳月を経ますと、この間に著者自身の研究も進み、考え方の改訂を迫られる箇所も生まれるとともに、イナ作技術上からも時代にそわない部分も現われてきました。そこで、出版社の要請をいれて、今般全面的に改訂を加えるとともに、旧版発行以降の研究をも追加し、面目を一新し、装いを新たにして再び世に送ることにいたしました。

旧著の目標は、多少なりともイナ作の科学化に役だちたいとの願望にありましたが、この書ではじめてイナ作の面白さがわかったとか、イネとの関係が親密になったとか、急に増収がえられるようになったとかの報告が多く、著者として喜びにたえませんでした。この改訂新版も、旧版以上に、いっそうイナ作農家に喜ばれることができますようにとの祈りをこめて、送り出すしだいであります。

旧版発行後、著者の研究所在職中はもっぱら理想イネイナ作（V字理論イナ作）の完成に全力を注ぎました。この結果、本書旧版の第四章「飛躍的多収の原理と応用」の研究はいちじるしく進歩しました。その一部は『V字理論イナ作の実際』（農文協・昭和四四年）に発表しましたが、その後の研究を加えて集大成したものは『イナ作の改善と技術』（養賢堂・昭和四八年）として出版しました。したがって、本書の第四章にはこの要約を載せました。

著者は、昭和四八年に三九年にわたる研究公務員生活に終止符を打って、定年退職しました。しかし幸いにも、その後もイネとの関係をつづけられる職場を与えられ、多少なりとも前進できることを有難いことだと思っております。第五章はその成果であり、旧版ではまったく見られなかったものであります。これは、四〇年間のイネとの生活の果てに、イネが著者に打ち明けてくれたイナ作法であると思っています。

イネの世界は広くて深く、著者の能力では四〇年間研究しても、ほとんど何も明らかにすることができなかったとの思いが強いのです。何もできないで一生を空しく費やした、と寂しく思うこともしばしばです。しかし、この書の中のいくつかの研究成果は、イネが人類に用いられるかぎり、時は移り世は変わっても、真理として永久に残るであろうと思うことによって、わずかに自分を慰めているしだいです。そして、人生のもっともよい部分をもっぱらイネとともに、右にも左にも曲がらず、まっすぐに歩いてこられたことに、わずかに満足と感謝があります。昔イスラエルの詩人が歌ったように、「測りなわは、わたしのために好ましい所に落ちた。まことにわたしは良い嗣業を得た」（詩篇一六・六）のだと思います。

この世にあって、あと幾年イネとともに暮しうるのかわかりませんが、その期間を珠玉のようにたいせつにして、読者諸君とともに相互の精進に励みたいと願っています。

昭和五二年五月二九日（スーダンに出発する前日）

自宅にて

松島省三

はしがき

「君、自然界には不規則ということはないよ。あまりに複雑な規則がわれわれに理解し得られないだけなのだ」（研究室の裏窓）

これは、大島広先生（動物学、九大名誉教授）が若いころアメリカで勉強されていたとき、コンクリンという教授にいわれた言葉であるという。この言葉は著者に忘れがたい印象を与えています。それは、科学とは不規則な、混沌とした現象の中から、秩序・法則を見出すことであり、千差万別支離滅裂な事象を整理して、その間を一貫して変らない統一原理を指摘することであるからであります。著者はイネを対象として、三〇年近く、ここに主力を傾注してきました。イネとの生活が長くなるにつれて、イネの世界の未知の分野がますます広がるのを感ずるのでありますが、それにもかかわらず、イネの世界は数多くの法則によって、すみずみまで完全に支配されており、現在、まったく不規則にみえることも、ただわれわれに理解しえないだけだという感がいよいよ深まるのであります。

イナ作は多種多様、千差万別な条件のもとで行なわれております。イナ作が複雑な条件のもとで行なわれるほど、イネの生活の秩序・規則・法則を知る必要が強まり、その統一原理に基づいて、どんな所でもイナ作を成功させ進歩させる必要があります。これが、すなわち、イナ作の科学化であり、単なる経験の累積とその普及のみではイナ作の向上は至難であります。著者が長年イナ作の科学化に努めてきましたのは、このためであります。

この書は、著者が三〇年近くイネと暮してきた間に、イネが打ち明けてくれた事柄を基として、イナ作を科学化し、しかも、これを進歩的農家の皆さんにも理解していただこうと試みたものであります。職務の余暇に、しかも短期間に書き上げねばならなかったために、きわめて不満足のものとなりましたが、多少でもお役にたてば幸いであります。とくに、第四章は研究の歴史も浅く、未熟のものでありますが、読者諸君のイナ作改善意欲への刺激剤ともなり得るものと考え、あえて載せたものであります。（書中の図表は、とくに記名してないものは、すべて著者の原図表であります。）

この書を読まれる諸君が、イネの世界の秩序・規則・法則などに興味と畏敬とを感ぜられるように願うとともに、これらを利用して各自のイネにさらに豊かな収穫をあげるように祈らざるをえません。

出版に当たっては、農文協松野博一氏の絶大な援助を得、資料作製については、著者の研究室の田中孝幸・和田源七・松崎昭夫・星野孝文らの諸君の助力を得ました。記して感謝の意を表します。

昭和四〇年一二月　農業技術研究所鴻巣分室官舎にて

松島省三

目次

第一章　収量構成のしくみと増収のねらいどころ

一、なにを目標に増収を考えるか

増収しようとするばあいに、まず何を目標にして考えたらよいだろうか。目標なしで増収に取りかかるのはらしん盤なしで航海に出るようなものである。

われわれの終局の目的は玄米の収量を増やすことである。そこでまず、玄米の収量はどのように決まってくるかについて考えてみる必要がある。

収量は四つの柱からできあがっている。それは、

①平方メートル（または坪）当たり穂数

②その穂についているモミ数（平均一穂モミ数）

③そのモミの何割が精玄米になるかを示す登熟歩合

④登熟したモミの玄米が大きいか小さいかを示す千粒重

この四つである。収量とはこの四つの要素を掛け合わせたものなのである。この四つを収量構成要素という。その関係を数式にして正確に書き表わすと、つぎのようになる。

収　量（10アール当たり）＝平方メートル当たり穂数×平均1穂モミ数×登熟歩合×（千粒重÷1000）×1000

平方メートル（または坪）**当たり穂数**とは、中くらいの株（大きくも小さくもない平均的な株）の穂数に平方メートル（または坪）当たり株数を掛けたものである。直播きのばあいには畦幅—播幅に隣の播溝までの条間を加える—をセンチで表わし、これを三〇倍した数字で一万を割り、えられた数字に三〇センチ間の穂数を掛ければ、その数字が平方メートル当たり穂数となる。また、散播の場合には、作柄中くらいの場所で、三〇センチ×一〇センチの面積の穂数を数え、これを三三三倍すれば、平方メートル当たり穂数となる。

直播きのばあいの
平方メートル当たり穂数算出法

a：播溝 30cm 間の穂数

b：播幅（cm）

c：条間（cm）

d：畦幅（cm）＝b＋c

e：平方メートル当たり穂数

とすると，平方メートル当たり穂数は

$$e=\frac{10000\times a}{30\times(b+c)}=\frac{10000\times a}{30\times d}$$

$$=333\frac{a}{d}$$

で表わされる

たとえば　a＝20本　b＝10cm　c＝30cm

d＝b＋c＝40cm

とすると

$$e=333\times\frac{20}{40}=333\times\frac{1}{2}\fallingdotseq 167本$$

となる

平均一穂モミ数は一穂に平均何粒

のモミが付いているか、ということであり、中くらいの株の一株全部のモミ数を数えて、これをその穂の数で割って算出する。

登熟歩合というのは、実りのよしあしを数字的に示すものである。中くらいの株を一〜二日乾かし、モミを手でこき落とし、枝梗を取り除いて、モミが二つ以上つながっていないように調製する。このモミを一・〇六の比重液（塩水または硫安水）に入れて充分かきまぜ、沈んだモミ数の割合（パーセント）を表わしたものである（このとき浮き上がるモミは、全部シイナやクズ米となるモミである）。一・〇六の比重液の簡便なつくり方は第二章―三に記されている。

千粒重は玄米やモミの大きさを数字的に表わすために用いられるものであって、千粒の重さを計ったものである。これの重いものほど粒は大きい。測定の方法は、比重選で登熟歩合を調べるとき、沈んだモミを水洗いして、充分乾かし、このうちから一〇グラム分を取り出し、何粒あるかを数え、千粒の重さを逆算する。

したがって、収量を増すためには、これらの四つの要素を大きくしなければならないし、また逆にこれらの四要素が大きくなれば、自然に収量も多くなるはずである。そこで、増収するためには、直接これらの四つの要素を目標にして、その増大に努力すればよいことがわかる。

ところで、四つの収量構成要素を増すためには、まず「おのおのの要素がいつ、どうして決まるか」がわからなければ、本質的な増大方法はわからないのである。そこでまず、この章では各要素が

「いつ、どうして決まるか」について述べ、その後で（第三章で）各要素それぞれについての増大方法を具体的に説明しよう。

二、穂数はこうして決まる

長年にわたる数多くの試験の結果から、穂数がいつ決まるかをまとめてみると、ほぼ第1図のようになる。この図によれば、穂数は発芽直後から影響を受けはじめ、田植後いっそう強く影響され、分げつ最盛期（分げつがもっとも盛んに出る時期）ころにもっとも強く影響され、最高分げつ期（分げつがもっとも多くなる時期）を過ぎると影響されにくくなり、最高分げつ期後一〇日ころになると、ほぼ穂数は決定しおわることがわかる。つまり、穂数はおおよそ発芽後から最高分げつ期後一〇日ころまでのあいだに決定され、この中でも、分げつ最盛期ころの環境のよしあしがもっとも強く穂数の多少に影響することがわかる。そして、この事実は、早・中・晩生のどの品種についても同様にみとめられ、しかも同時に田植されたものなら、早・中・晩生のいずれも、こよみの上での同一時期に穂数が決定される。

第1図　穂数の決まる期間と決まる力の時期的変化

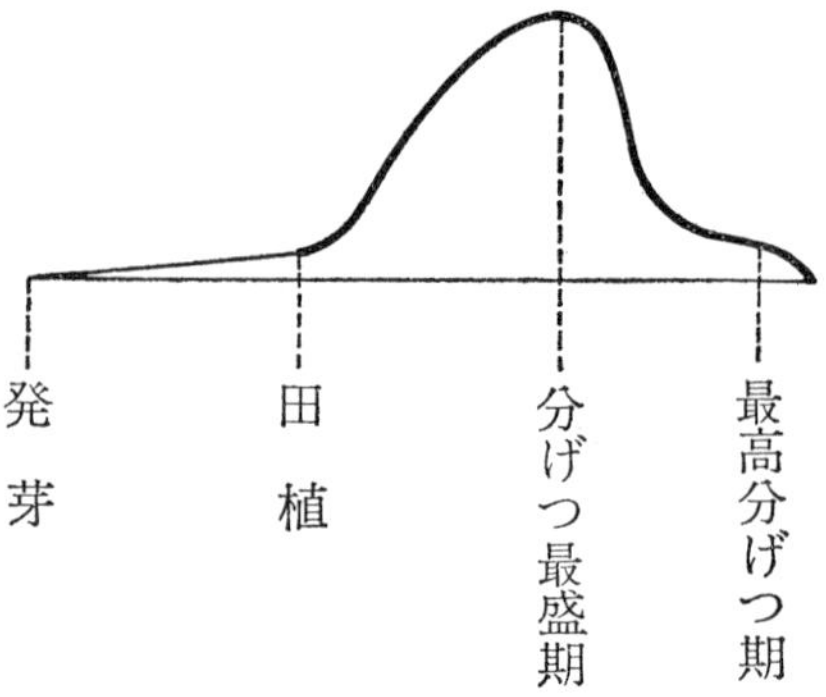

ここで問題となるのは、なぜ穂数が最高分げつ期後一〇日ころには決定しおわるかという疑問と、

なぜこの事実が早・中・晩各品種とも同様にみとめられ、しかもこよみの上でのほぼ同一時期に穂数が決定されるかという疑問である。

まず、最初の疑問については、つぎのように考えてよかろう。すなわち、最高分げつ期ころまでは、片山佃《つくだ》博士のいうように、すべての分げつが整然と同伸葉理論にしたがって同じ速度で葉を出して伸長しているが、最高分げつ期を過ぎると同伸葉理論が乱れ、葉の出る速度が分げつによってちがい、一部の分げつは葉の出る速度が非常におくれはじめて無効分げつとなり、同伸葉理論通りに正常に葉数が増加してゆく分げつだけが穂をつけて有効分げつとなる。そして、この葉数の増加速度について、停滞群と増加群の二群にわけられる時期が、多くのばあい最高分げつ期後一〇日ころなのである（二〇ページ参照）。

第二の疑問については、つぎのように答えられる。最高分げつ期は、早生種は早く晩生種はおそいと一般に考えられてきたが、この考えは誤りであることが著者の実験から明らかになった。すなわち、最高分げつ期は品種が早生であっても晩生であってもちがいはなく、「同一耕種条件のもとに田植されたイネの品種は、どんな品種や栽培条件下でも、最高分げつは常にほぼ同時におこる」という原則が存在することがわかった。したがって、同時に田植されたものは、早・中・晩生品種とも最高分げつ期がほぼ同じ時期になり、最高分げつ期を過ぎると、いずれの品種も分げつや葉を出す速度に乱れが現われ、停滞群に属する分げつがいずれも無効となる結果、こよみの上では早・中・晩生品種ともほぼ同一時期に有効茎か無効茎かが判定されるわけである。

三、無効分げつと有効分げつのわかれ道

分げつは、主稈の葉が出るのと同時に生まれ、いったん生まれた分げつは、その後、主稈が葉を出す速度とおなじ速度で葉を出しながら生長し、主稈が止葉を出すときには、すべての分げつもほぼ同時に止葉を出す。つまり、すべての分げつは主稈を手本として生長してゆく。

たとえば、主稈の第八葉が出るときには、五号分げつ(5)が生まれ、その後は主稈が一枚葉を出すごとに、五号分げつも一枚ずつ葉を出し、最後に主稈が止葉を出すと同時に止葉を出す。これが片山博士の同伸葉理論の重要な部分であり、同博士は、同伸葉・同伸分げつの関係は第1表のようであるとした。*

*この表で、分母の0は主稈を意味し、5・6・7・8などの数字はそれぞれ第5・6・7・8節から出た分げつであることを示し、分子の数字は主稈や節から出た葉が、それぞれの何番目のものであるかを示す。

この表によれば、主稈の第八葉（8/0）の出るときには、五号分げつ（5）の第一葉（1/5）が同時に現われる。主稈の第一〇葉（10/0）の出るときには、五号分げつの第三葉（3/5）・六号分げつの第二葉（2/6）・七号分げつの第一葉（1/7）・五号分げつのプロフィル*から出た分げつ（5P）の第一葉（1/5P）などが同時に現われる。このように、主稈のどの葉が出るときには、同時に分げつのどの葉やどの分

第1表　同伸葉・同伸分げつ表（片山）

主稈		8/0	9/0	10/0	11/0	12/0	13/0	14/0	15/0
一次分げつ		1/5	2/5	3/5	4/5	5/5	6/5	7/5	8/5
			1/6	2/6	3/6	4/6	5/6	6/6	7/6
				1/7	2/7	3/7	4/7	5/7	6/7
					1/8	2/8	3/8	4/8	5/8
						1/9	2/9	3/9	4/9
二次分げつ				1/5P	2/5P	3/5P	4/5P	5/5P	6/5P
					1/51	2/51	3/51	4/51	5/51
						1/52	2/52	3/52	4/52
					1/6P	2/6P	3/6P	4/6P	5/6P
						1/61	2/61	3/61	4/61
						1/7P	2/7P	3/7P	4/7P
三次						1/5PP	2/5PP	3/5PP	4/5PP

第2図　分げつの名づけ方

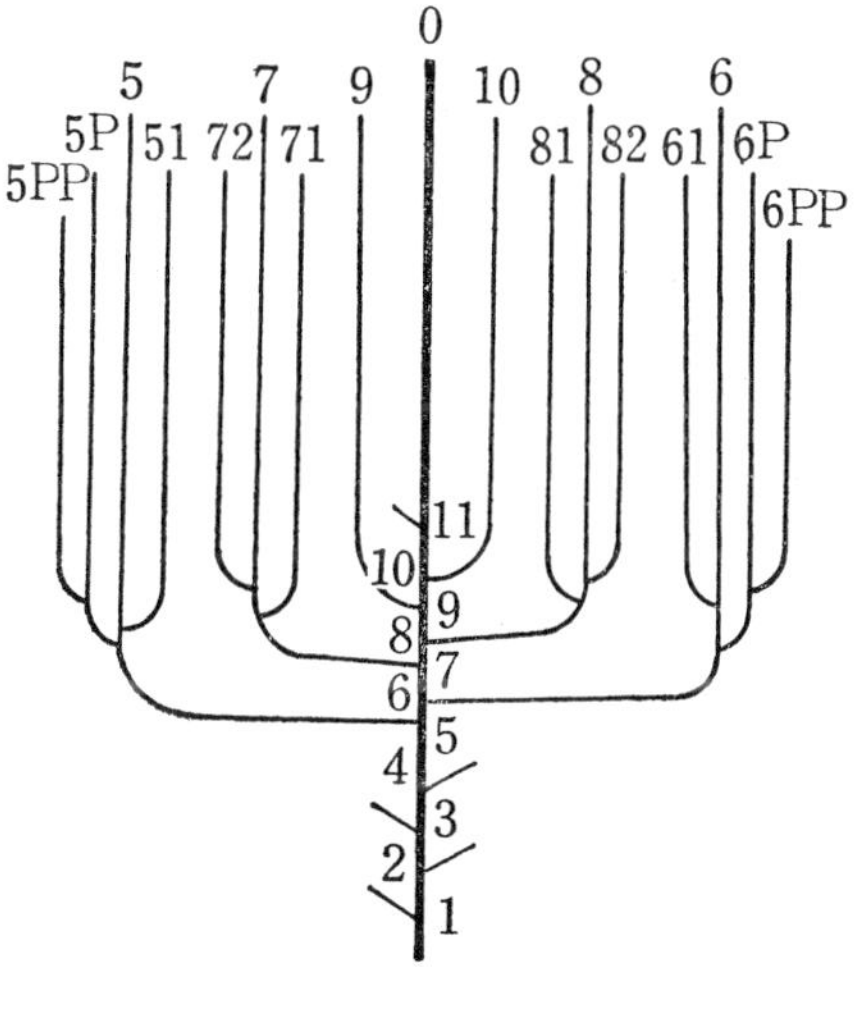

1）　分母は分げつを表わす。0は主稈であり5, 6, 7, ……10は一次分げつであり，それぞれ主稈の第5節，第6節，第7節，……第10節から出た分げつであることを示す（1～4節までの分げつは休眠したり，枯死したりすることが多い)。

5P，51，6P，61，71，72，81, 82などは二次分げつである。たとえば，51は5号分げつの第1節から出た分げつであることを示す。5Pおよび6Pは5号分げつおよび6号分げつのプロフィル（分げつの第1葉より下にある葉身をもたないうすい皮のような葉）のもとから出た分げつである。

5PP，6PPは三次分げつであり，5Pおよび6P分げつのプロフィルから出た分げつであることを示す。以上の名づけ方を図示すれば第2図のようになる。

2）　分子は葉を表わし，数字は出現の順位である。

げつが現われるかが一目でわかる。なお、この表の分母に表わしてある分げつの名づけ方は第2図の通りである。

*プロフィルとは分げつを包んで出てくる白い葉で、主稈の鞘葉（コレオプティル）に相当する葉である。

このように、分げつの生長には厳然とした秩序があり、主稈の生長に歩調を合わせて、すべての分げつが整然と生長してゆくといわれる。片山博士はすべての分げつが最後まで同伸葉理論通りに葉を出しながら生長してゆくものと考えた。しかし、著者は有効・無効分げつのわかれ道をさぐるために、いろいろな栽培条件のもとで、各種の品種について、すべての分げつの葉の出る状況を追跡してみた結果、いま述べた同伸葉理論は、平常なイネについて、ほぼ最高分げつ期ころまでしかみとめられないことがわかった。

つまり、最高分げつ期を過ぎると、ある分げつは、ほぼ同伸葉理論通りに葉を出してゆくのに対して、ある分げつは葉を出す速度が乱れ、いちじるしく停滞しはじめる分げつが現われてくるのである。そして、最高分げつ期後一〇日ころともなれば、正常に葉数を増加してゆく増加群と、葉を出す速度がにぶる停滞群との二群にはっきりと類別することができる。そして、正常に葉数を増加してゆく分げつは、いずれも有効分げつとなり、停滞群に属する分げつはいずれも無効分げつになることが確かめられた。

したがって、最高分げつ期を過ぎなければ、分げつの有効無効の判別はできない。もっとも正確な判別法は、最高分げつ期直後の七日間に、〇・五葉以上すすんだ（葉身が約半分以上伸びた）分げつを有効分げつとみる方法である。しかし、この方法はややめんどうなので、最高分げつ期後一〇日ころに青葉数三枚以上をもっている分げつを有効分げつとみなす方法か、または、その株の草丈の三分の二より長い分げつを有効分げつとみなす方法が用いられることが多い。

要するに、有効分げつか無効分げつかのわかれ道は、一般には最高分げつ期後一〇日ころであり、このとき、葉を出す速度が七日間に〇・五葉以下の分げつ、青葉数三枚以下の分げつ、または、その株の草丈の三分の二より短い分げつなどは無効になると判定して、まずまちがいないであろう。

四、最高分げつ期と幼穂形成始期との関係

このように、穂数が決まる上で、最高分げつ期はきわめて重要な時期であることがわかった。ここで注意すべきことは、品種の早晩と、最高分げつ期と幼穂形成始期との関係である。すでに述べたように、最高分げつ期が早・中・晩生品種とも同時におこるとすれば、品種の早晩によって最高分げつ期と幼穂形成始期との関係はいろいろなばあいが出てくることに気づかれるであろう。この点について過去、長年の試験結果と全国の気象感応試験の成績を調査した結果、基本型としてはつぎの三つの型があり、この変型としてさらに多数の型のあることがわかった（第3図）。

I型　幼穂形成始期が早生種では最高分げつ期より前に、中生種ではほぼ同時に、晩生種では後に

第3図　最高分げつ期と幼穂形成始期との関係

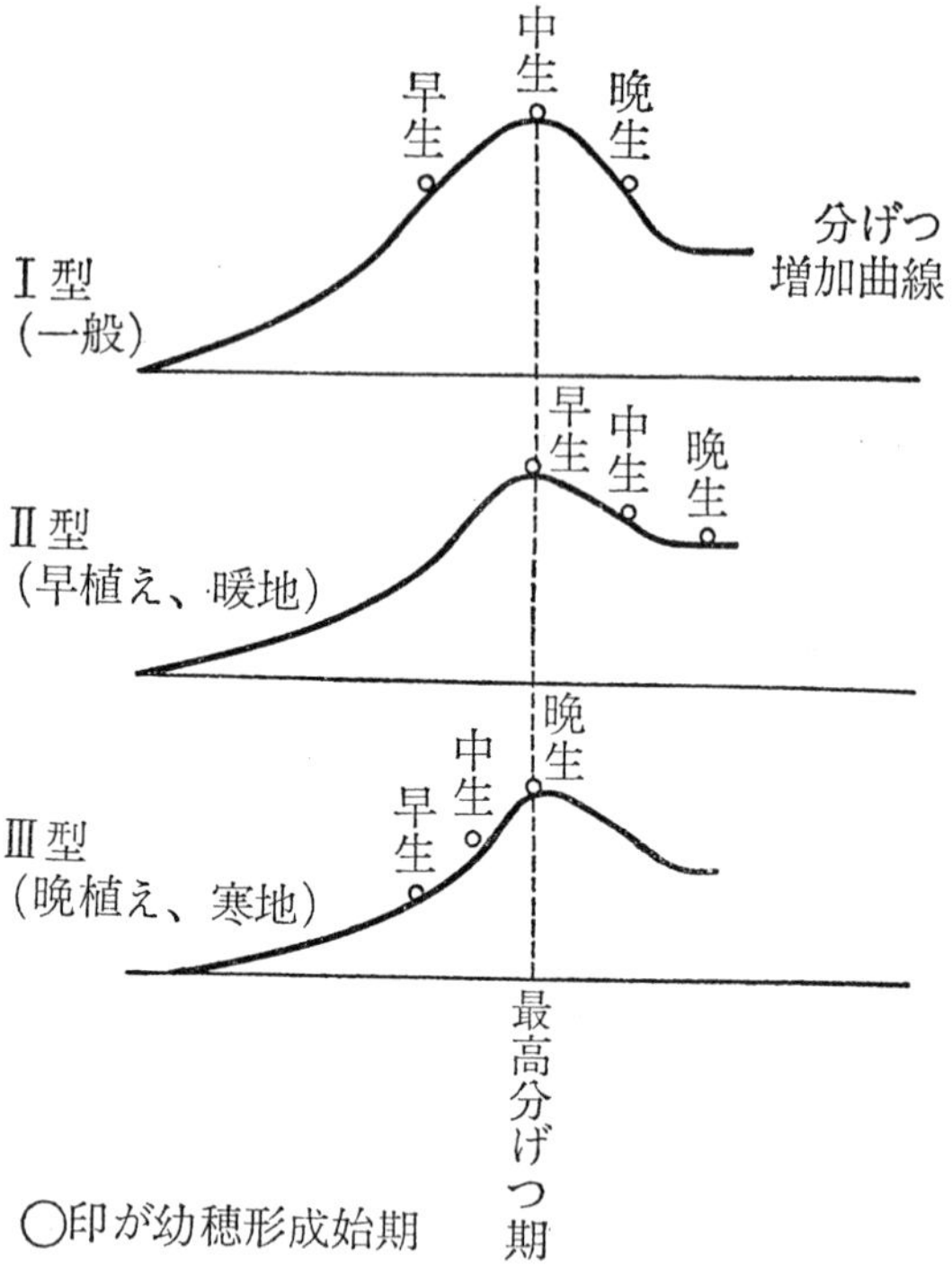

くる。この型がもっとも一般的である。

Ⅱ型　幼穂形成始期が早生種の最高分げつ期とほぼ一致し、中生種および晩生種では最高分げつ期の後にくる。この型は、早植えしたばあいや暖地に多くみられる。

Ⅲ型　幼穂形成始期が晩生種の最高分げつ期とほぼ一致し、早生種および中生種とも最高分げつ期の前にくる。この型は、晩植えしたばあいや寒地に多い。

要するに、最高分げつ期と幼穂形成始期との関係は地方により、年により、栽培法によって、いろいろに変化するが「同時に同一栽培条件のもとに田植されたばあいには、最高分げつ期は早・中・晩生品種ともほぼ同時におこる」という原則にもとづいて、早・中・晩生品種間の最高分げつ期と幼穂形成始期との関係は整然としていることがわかる。つまり、早・中・晩生品種の中で、どの品種で最高分げつ期と幼穂形成始期とが一致しているかを知っておけば、他の品種の最高分げつ期と幼穂形成始期との関係を正しく推測することができる。

最高分げつ期と幼穂形成始期との関係は、地方によって比較的一定していることが多いので、各地ごとにどの型に属するかを調査しておく必要がある。

最高分げつ期の調査の方法は、水田の周辺の列を除いて、連続一〇～二〇株を調査株にえらび、田植後二五日ころから五日ごとに茎数を数えて、方眼紙に曲線を描けば、第3図の分げつの増加曲線の山がはっきりわかる。また、幼穂形成始期の調査の方法は、出穂前三〇日ころから二日おきに、中くらいのイナ株から、比較的大きな茎を四～五本ずつ根本からかき取ってきて、茎ごとにその葉を一枚ずつはぎ取り、その基部を観察するのである。葉鞘の部分は茎を包んでいて、むくのが困難であるが、縫針を用いて葉鞘をタテに裂きながらむくと、容易にむける。幼穂が分化して（生まれて）いないときは、茎のもとが三角形に先端がとがって、何枚むいても小さな白い葉だけがつぎからつぎに現われてくる。ところが、幼穂が分化していれば、茎のもとに小さなふくらみが現われ、これが白い小さな葉で包まれていて、この葉を針先でていねいに除くと、中から白い毛でおおわれている小さな丸い突起が現われてくる。虫メガネがあればいっそう便利であるが、肉眼でも充分見られる。これが幼穂形成のはじまりであり、長さは〇・五ミリていどである（白い毛が見えはじめれば、すでに二次枝梗が生まれている証拠である）。

最高分げつ期と幼穂形成始期との関係は、後で述べるように、穂肥や二・四—Dの施用、中干しおよび培土などをはじめ、肥培管理に密接な関係をもつから、ぜひ知っておきたい重要な事柄である。

これまで、茎数が増加しているあいだはイネは栄養生長をつづけていて、茎数が減少しはじめると生殖生長を開始したものとされてきた。つまり、最高分げつ期が過ぎると幼穂形成がはじまるというのが常識となっていて、イネの生育経過図もほとんどすべてこのように描かれている。しかし、前にも述べたように、茎数が増加しているあいだ（栄養生長期間中）でも、すでに幼穂が形成されている（生殖生長期にはいっている）ことが少なくない。このことは注意しなければならないたいせつな点である。

五、一穂モミ数はこうして決まる

一穂モミ数がいつ、どうして決まるかについて、長年にわたって多くの試験を行なった。この結果を取りまとめて図にしてみると、第4図のようになる。

すなわち、一穂につくモミ数は穂首の節が生まれはじめる穂首分化期（出穂前三二日ころ）から環境の影響を受けはじめ、花粉の中の精細胞や胚珠の中の卵細胞が生まれ出る減数分裂期といわれる時期のおわり（出穂前五日）まで影響される。そして、前半期に第二次枝梗分化期を中心としてモミが分化増殖される時期があり、後半期に減数分裂盛期を中心としてモミが退化減少する時期のあることがみられ、一穂につくモミ数は生まれ出たモミ数と死んでなくなったモミ数との差で決まる。水平線上の白い山の部分が生まれ出るモミ数、水平線下の斜線の山の部分が死んでなくなるモミ数である。

著者がこの事実を明らかにする前までは、一穂につくモミ数は幼穂が形成されるころからしだいに多くなり、いちばん多くなったところで出穂するものと考えられていた。この考えは明らかにまちがっていて、えい花分化期（一般に幼穂形成期といわれる時期）までには、すでに一穂にいくつのえい花（モミの赤ちゃん）が生まれるかの運命が完全に決まり、えい花分化期にはいると、この決まった数のえい花がつぎつぎと生まれる一方、つぎつぎと死にはじめ、とくに減数分裂期にはいると、生まれ出たえい花が非常に多く死んでゆき、生き残ったえい花だけがモミとなるのである。

この理由を説明する前に、幼穂の分化発達の大すじを述べなければならない。イネの穂は大別すると、第5図のように穂首節・第一次枝梗・第二次枝梗・えい花の四つの部分から成り立っている。幼穂の生まれてくる順序は、第一に穂首の節が生まれ出るのであって、これがほぼ出穂前三二日ころ（葉令指数で七七、第二章―五参照）であり、これについで、第一次枝梗が穂首節から生まれはじめ、しだいに上につぎつぎと生

第4図　一穂モミ数の決まる時期と決まり方

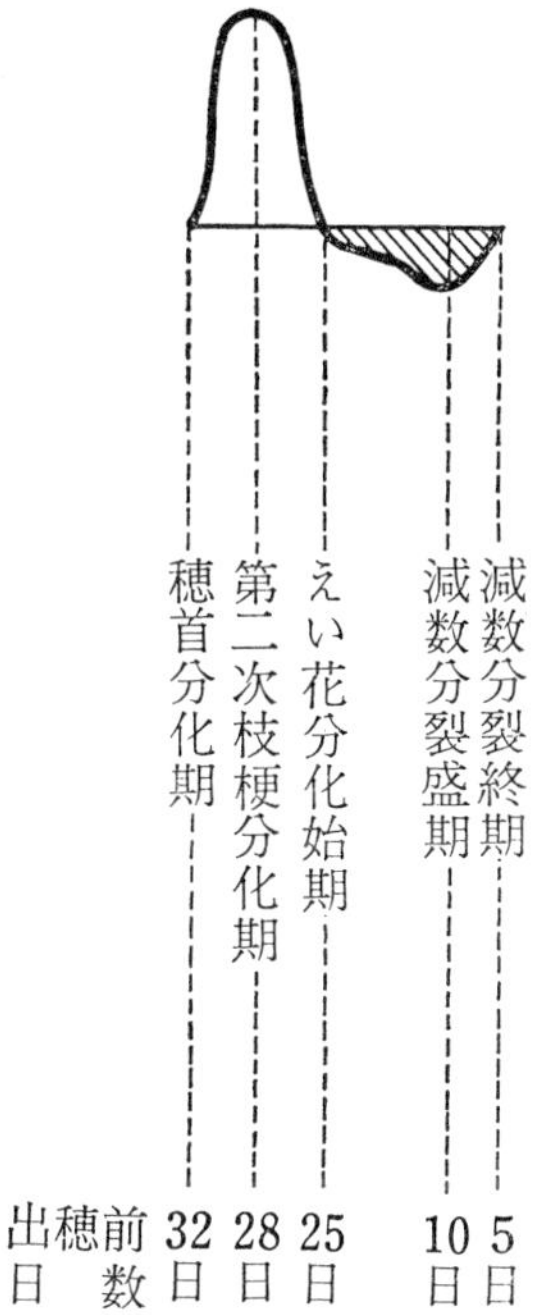

第5図　穂の構造

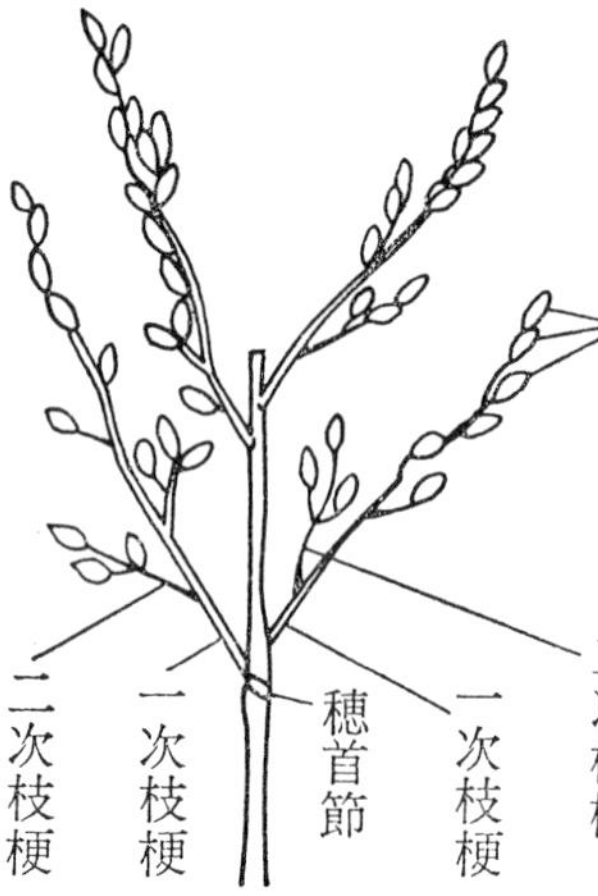

まれていく。第一次枝梗の生まれる時期を第一次枝梗分化期といい、出穂前二九日ころ（葉令指数で八二）である。これについで、下位の一次枝梗からしだいに上のほうの一次枝梗に、それぞれの枝梗の下部から先端に向かって、二次枝梗が生まれてゆく。この時期が第二次枝梗分化期であり、出穂前二七日ころ（葉令指数八六）である。二次枝梗の分化がおわると、今度は先端の一次枝梗から基部の一次枝梗に向かって、それぞれの先端にえい花が生まれはじめるのである。この時期をえい花分化始期といい、出穂前二五日ころ（葉令指数八八）である。

要するに、まず穂首（節）が生まれ、つぎに一次枝梗が下から上に順次に生まれ、さらに、二次枝梗が一次枝梗と同様に下から上に順次に生まれると、こんどは逆にえい花が上から下に向かって生まれてくるのである。

えい花が生まれると、つぎにおのおのえい花の内容が形成されはじめ、雄ずい・雌ずい・花糸・胚珠などができて、これらを形成しおわると減数分裂期がはじまるのである。減数分裂期はイネの一生でもっともたいせつな時期であって、この時期に雄ずい中の精細胞と雌ずい中の卵細胞が生まれるとともに、幼穂自身がもっともよく伸び、さらに、えい花自身がヨコにもタテにももっともよく生長する。減数分裂のはじまるのは出穂前一五日ころ（葉令指数九六）からで、そのもっとも盛んなのは出穂前一〇日ころ（葉令指数一〇〇）で、そのおわりは出穂前五日ころである。

そこで、なぜ生まれ出るモミ数（分化えい花数）がえい花分化期ころまでに決まってしまうかという疑問がおこる。これはさきほど述べたように、えい花分化期までに一次枝梗および二次枝梗が分化しおわって、その数が決まってしまうことに、まず原因がある。つぎに、モミの数はどんなばあいでも、二次枝梗の数と密接に関係していて正比例するのがふつうであるから、二次枝梗数が決まればモミ数も決まるのが当然なのである。

つぎに、なぜ、えい花分化期以降（とくに減数分裂期）に、えい花（モミの赤ちゃん）が退化する（死ぬ）かという理由を考えてみよう。えい花分化期にはいり、とくに減数分裂期にはいると幼穂は非常な勢いで生長する。そして、一次枝梗および二次枝梗の分化する順序は下から上に行なわれるが、生長発達する順序は逆に上から下に行なわれて、先端のものほど早く生長し、下端のものほど生長がおそい。えい花の生長の順序は分化の順序と同様で、上が早く、下がおそい。そこで、減数分裂期に天候不良や災害や肥料欠乏などがおこると、優勢な上部の穂にだけ養分が供給されて、劣勢な下の部分には養分が不足する。このために、穂の下の部分の一次枝梗や二次枝梗は、それについているえい花もろとも生長を停止して、そのまま退化してしまう（死んでしまう）のである。

したがって、えい花が退化するのには三つの道がある。第一は一次枝梗の退化とともに退化するも

第6図　登熟歩合の決まる期間と決まる力の時期的変化

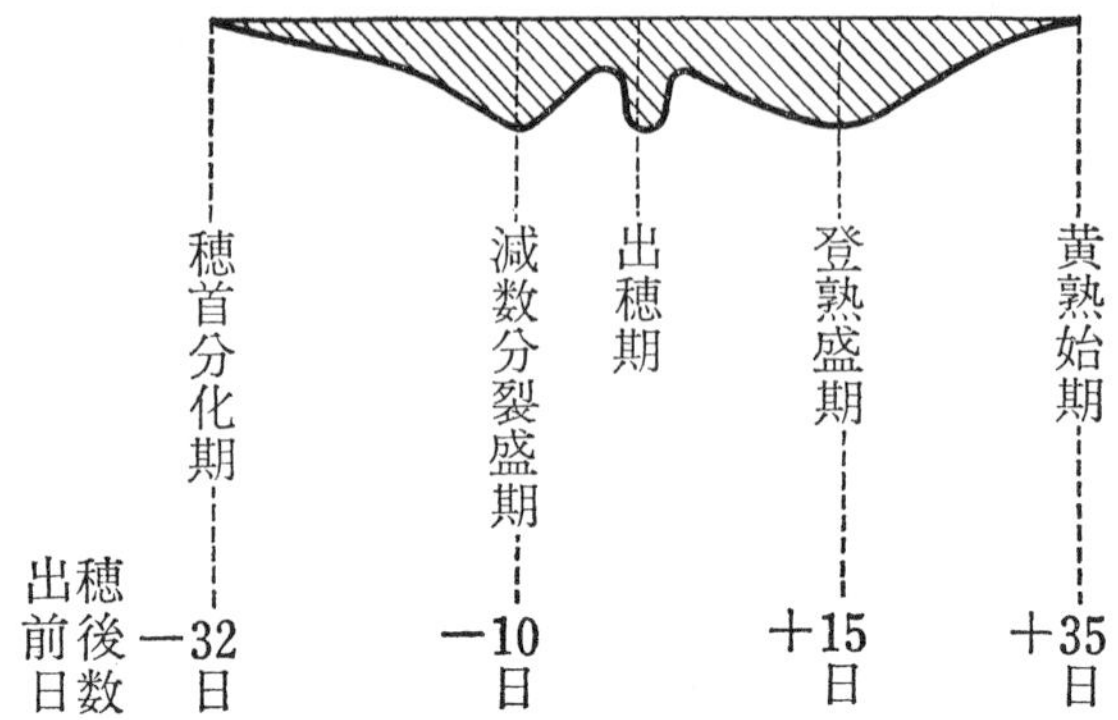

の、第二には二次枝梗の退化とともに退化するもの、第三はえい花だけが退化するものである。この三つの中で、もっとも多いものは、第二の二次枝梗とともに退化するものであり、もっとも少ないものは第三のえい花だけの退化である。

六、登熟歩合はこうして決まる

つぎに、生き残ったモミのうち、何パーセントが精玄米になるかの問題である。多くの試験の結果から、登熟歩合がいつ決まり、いつ影響されやすいかを図示したものが第6図である。

登熟歩合の決まる期間はきわめて長く、穂首分化期からはじまって黄熟期のはじまり（中生種で出穂後三五日ころ）までの約七〇日間もある。モミ数が決定される期間の約二七日間にくらべれば、たいそう長い。そして、この期間中に登熟歩合をとくに低下させやすい時期が三つある。減数分裂期、出穂期、および登熟盛期の三時期である。もっとも、間接的には苗代期や活着期における環境のよしあしや、イネの栄養状態も登熟歩合に影響することがあるが、直接的な影響は一般には先の三つの期間を中心とした時期にだけ現われるとみてよかろう。

ところで、登熟歩合はどうして決まるかという問題はたいへんむずかしい問題であって、簡単には答えられないし、また、現在の学問上でも充分に解明されているとはいえない。しかし、著者の十数年にわたる研究の結果、現在までに到達している結論を述べれば、おおよそつぎのように要約できると思われる。

不登熟モミ
- 不受精モミ
- 発育停止モミ
  - 出穂前の影響
    - イネの化学的組成
    - イネの物理的構造
    - 着生モミ数の多少
  - 出穂後の影響
    - 同化量の多少
    - 呼吸量の多少
    - 転流のよしあし
    - モミの受入れ能力の持続期間

まず、登熟歩合のよしあしを決定するのは不登熟モミの多少なので、この不登熟モミがどうしてできるかがわかれば、登熟歩合がどうして決まるかがわかるはずである。そこで、不登熟モミをその成因によって分類してみると、不受精モミと発育停止モミとにわけられる。

不受精モミというのは、出穂前（主に穂首分化期ころ）から出穂開花期にかけて発生し、卵細胞や精細胞が障害を受けたり、内外えいや雄・雌ずいなどの花器の諸器官が不完全であったり、生殖器官の機能が不充分なために、受精（卵細胞と精細胞の合一）できなくて、完全なシイナとなったものである。だから、一口にいえば、不受精モミは生殖器障害によるものといえる。

発育停止モミというのは、いったん受精はしたが、受精後に胚乳が充分に肥大せず、発育を停止したモミであり、クズ米となるものである。特別な災害を除いては、登熟歩合のよしあしは、ほとんどこの発育停止モミの多少によって決定されるといってよい。

ところで、発育停止モミのできる原因は大別して出穂前の要因と出穂後の要因にわけられる。出穂前の要因としては、イネのからだの化学的組成、物理的構造、および着生モミ数の多少などである。イネの化学的組成としては、出穂期までに蓄積され出穂後に穂に移行されるデンプンの多少が主として関係する。この蓄積量が多いほど登熟歩合は向上しやすいが、とくに出穂後の天候がわるいばあいには、この傾向がいちじるしい。イネのからだの物理的構造としては、とくに養分の通路となる通導組織の発達のよしあしが影響し、穂軸・枝梗・小枝梗などにおける維管束《いかんそく》の発達のよしあしが、登熟に直接関係するばあいが少なくない。また、着生するモミ数の多少は、もっとも強く登熟歩合を左右する要因の一つであって、一般にモミ数の多いほど登熟歩合は低下しやすいが、とくに出穂後の天候のわるいばあいにこの傾向が強く現われる。

出穂後の要因としては、光および空気中の炭酸ガスを利用して行なわれる炭素同化作用が順調に行なわれるかどうか、サンソを吸って炭酸ガスを出す呼吸作用の大小、およびワラからモミへの養分の転流のよしあし、モミの炭水化物（糖）の受入れ能力の持続期間の長短などが関係している。炭素同化作用は、登熟歩合にもっとも決定的な影響を与えるものであり、日射の多少、イネのチッソ含量、受光態勢および健康度などが関係している。呼吸量は、とくに夜間の気温に関係し、高温ほど呼吸量が多く、炭水化物を多く消費し、登熟歩合は低下する。炭水化物の転流は日射が多くて同化作用が盛んなほど急速に行なわれるが、一方、温度にも関係し、二五度までは高いほど早く、低温なほどおそい。転流がよくないと、炭水化物がワラの中に残ったままとなって、モミが肥大せず、登熟歩合も低下する。モミの炭水化物（糖）の受入れ能力は高温下ほど早く低下しやすく、いったんモミが受入れ能力を失うと、そのまま玄米は肥大しなくなる。

以上のように、登熟歩合は数多くの要因によって決定されるので、その決まり方はきわめて複雑多岐なのである。

七、千粒重はこうして決まる

玄米の大きさを示す千粒重は、著者の研究が行なわれるまでは、もっぱら開花後に決まるものと考えられていた。ところが、多くの実験の結果、玄米の大きさは第7図のように、一次的には開花前にすでに決定していることが明らかにされた。

千粒重は第二次枝梗分化期（出穂前二八日ころ）から黄熟始期（出穂後三五日ころ）までのあいだ

第7図　千粒重の決まる期間と決まる力の時期的変化

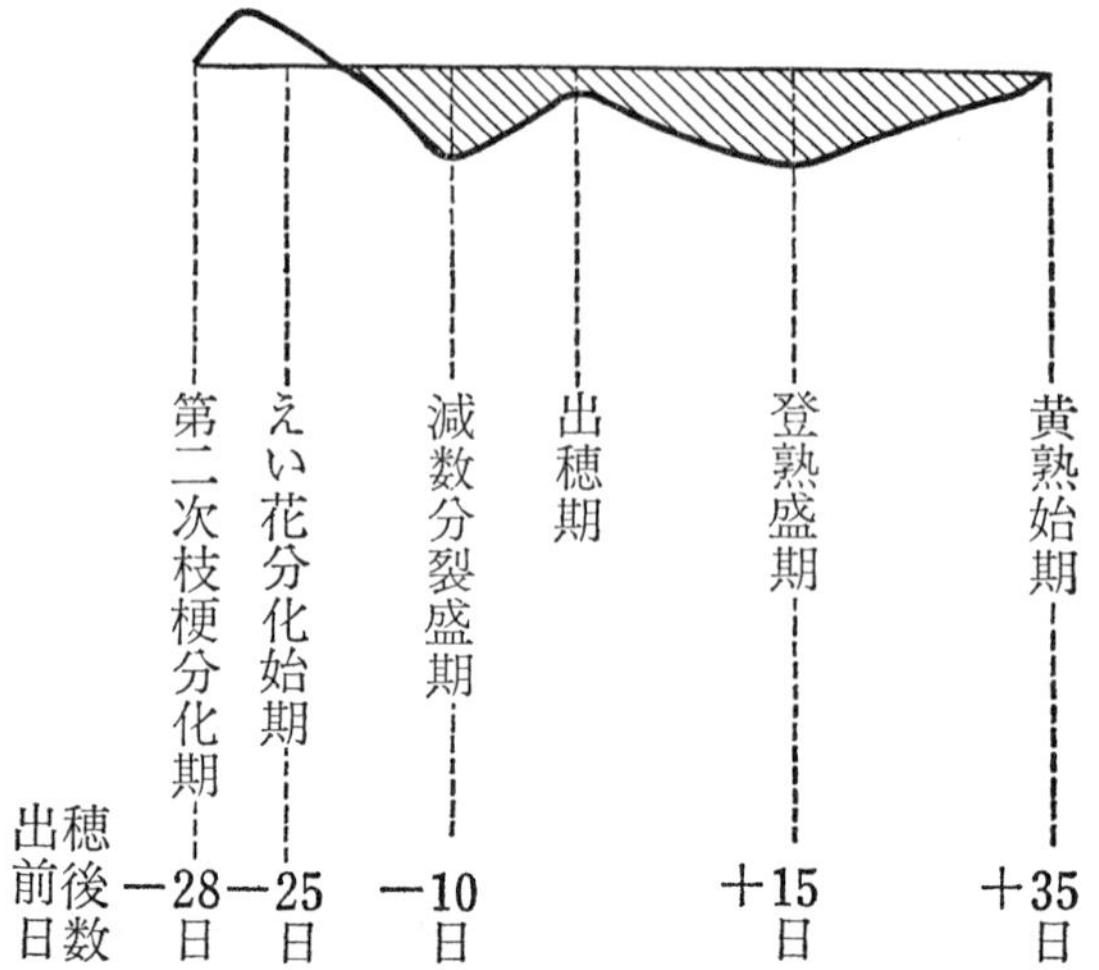

に決まる。第二次枝梗分化期から減数分裂初期にかけて千粒重が積極的に増大しやすくなる時期があるが、その後は積極的に増大する時期はなく、もっぱら減るのを防ぐ（消極的増大の）時期となる。減数分裂盛期以後は、千粒重には常に減少する力だけが働きやすくなり、減数分裂盛期と登熟盛期にはもっとも減少しやすくなる。

ここで問題となるのは、なぜ玄米の大きさが出穂前に決まるのかということである。出穂前にもっとも強い影響の現われるのは減数分裂期であるが、この時期は幼穂自身とともにモミ殻自身がもっとも伸長する時期に当たる。したがって、この時期の環境が不良で、いったんモミ殻が小さく形成されてしまうと、出穂後の環境がいかによくても玄米は決して大きくならないのである。これは、モミ殻の大きさが玄米の肥大するのを機械的に規制して、モミ殻の大きさ以上には肥大させないからである。

そこで、千粒重は出穂前に決まるモミ殻の大きさと、出穂後における玄米の発育のよしあしとの、二つの要因によって決まることがわかる。この二つの要因がからみあって玄米の大きさが決定される

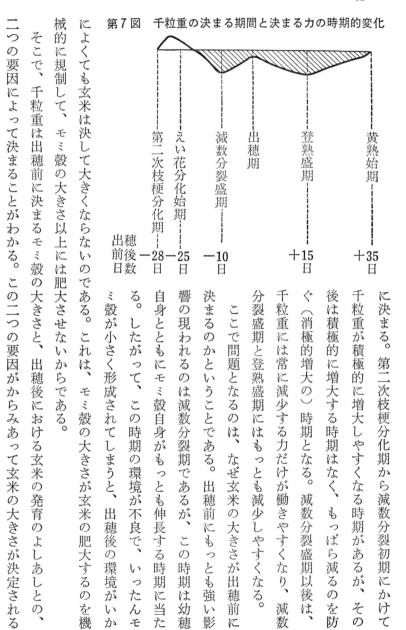

様式を第2表に示した。つまり、モミ殻が大きく形成されて、その内部に玄米がよく発育すれば、玄米は大きくなるが、モミ殻が大きくても、内部の玄米の発育が不良であれば、玄米は小さい。これに対し、モミ殻が一たん小さく形成されれば、その内部に玄米がいかによく発育しても、玄米は大きくなれない。この表の中で、玄米の大きさとモミ殻の大きさとがちがうのは、わずかにカッコで囲んだ三つのばあいだけで、この他はすべてモミ殻の大きさと玄米の大きさとは一致する。したがって、モミ殻の大きさから玄米の大きさを予言できることが多い。

第2表　千粒重の決まり方

モミ殻の大きさ	玄米の発育良否	玄米の大きさ
大	良	大
	中	(中)
	不良	(小)
中	良	中
	中	中
	不良	(小)
小	良	小
	中	小
	不良	小

八、収量はこうして決まる

収量は以上の四要素を掛け合わせたもの（相乗積）である。これらの四要素を一つの図にまとめたものが第8図である。最下段に収量の図が示されているが、これは上段の四要素の図を合計したものである。この図によれば、収量は上向きの山と下向きの山の二つの山によって成り立っていることがわかる。上向きの山は収量を積極的に増やす力を示し、下向きの山は収量

第8図　収量の成立経過模式図
農林省農事試験場（埼玉県鴻巣市）

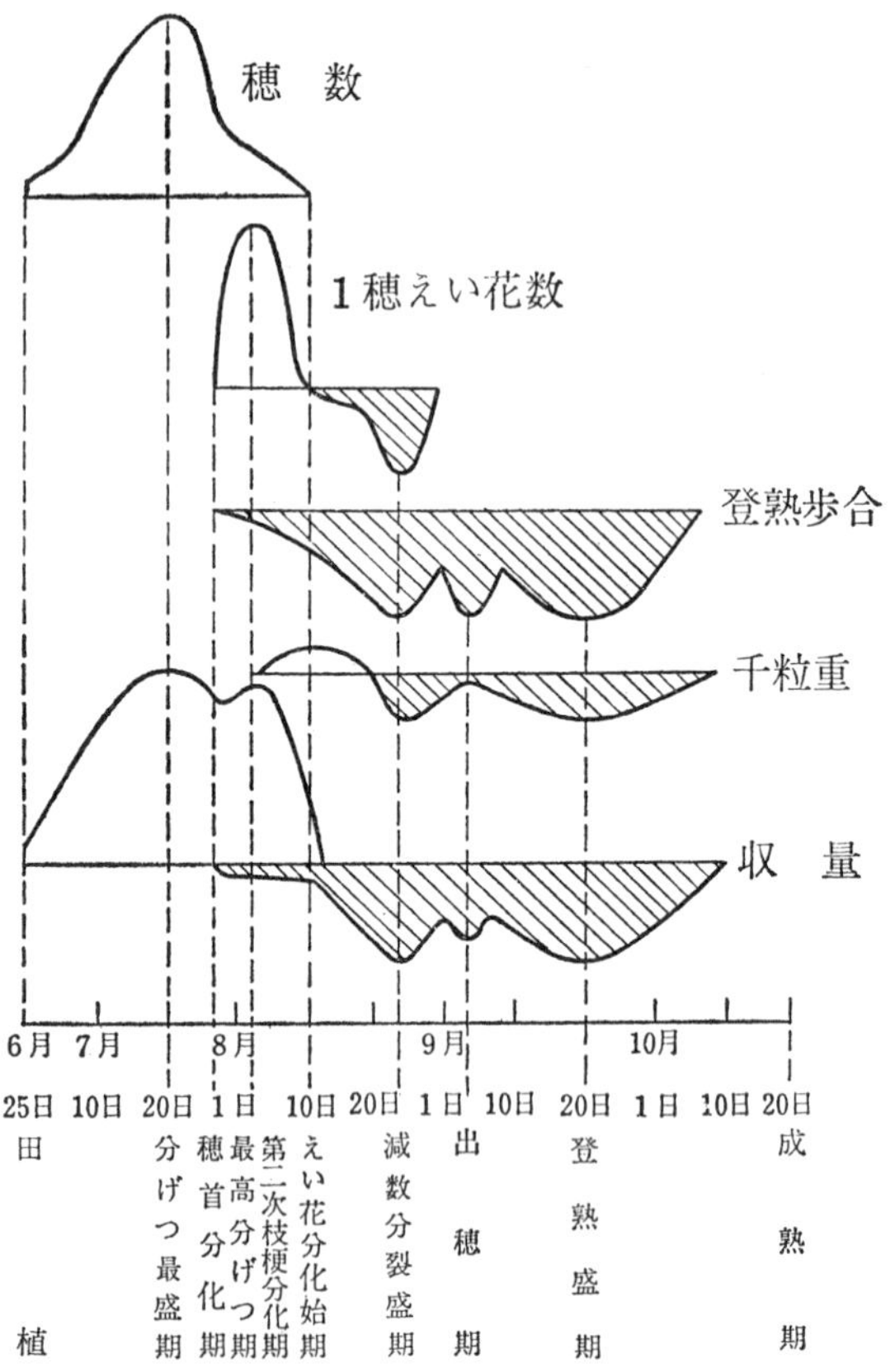

を減少させる力を示す。上向きの山は主として穂数と分化えい花数（生まれ出たモミの赤ちゃん）によってできあがっていて、この二つの要素によって分化総えい花数が決まる。平方メートル（または坪）当たりの分化総えい花数が決定したときに、その年に到達できる最高収量が決定する。

図でわかるように、上向きの山は田植前からはじまり、田植後急に増大して分げつ最盛期ころに第一の山が現われ、二次枝梗分化期ころに第二の山頂がみられ、えい花分化期にはこの山はなくなってしまう。つまり、収量を積極的に増大する力はえい花分化期までしか働かないから、到達できる最大収量はえい花分化期に決定しおわるのである。

したがって、一〇アール当たり六〇〇キロ（反当たり四石）とろうと思う人は、この時期までに六〇〇キロに相当する分化えい花数をもつイネをつくらなければならない。えい花分化期以降は、図にみるように、分化した（生まれた）えい花数の中で何割が退化し、残ったモミ数の中で何割が登熟し、決まった大きさのモミ殻の中にどのていどに玄米が肥大するかなどの、収量が減少してゆくのを防ぐ力が働くだけであり、最高収量以上に収量を増やせる要因は一つもない。わかりやすくいえば、前段の上向きの山は収量を盛る入れ物で

第9図　収量の成立経過模式図

北海道農試上川支場（旭川市）

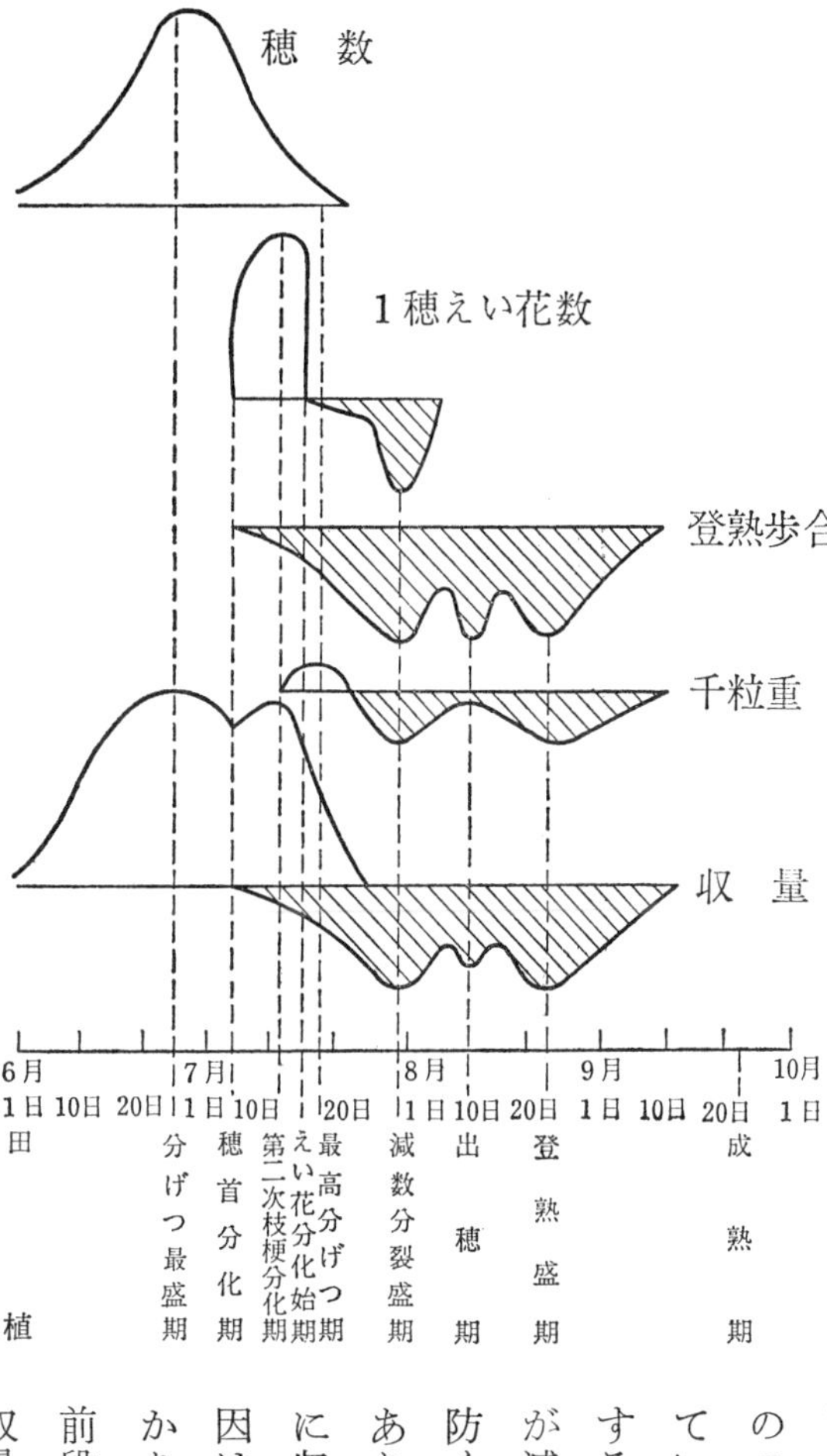

第10図　収量の成立経過模式図

鹿児島県農試　(鹿児島市)

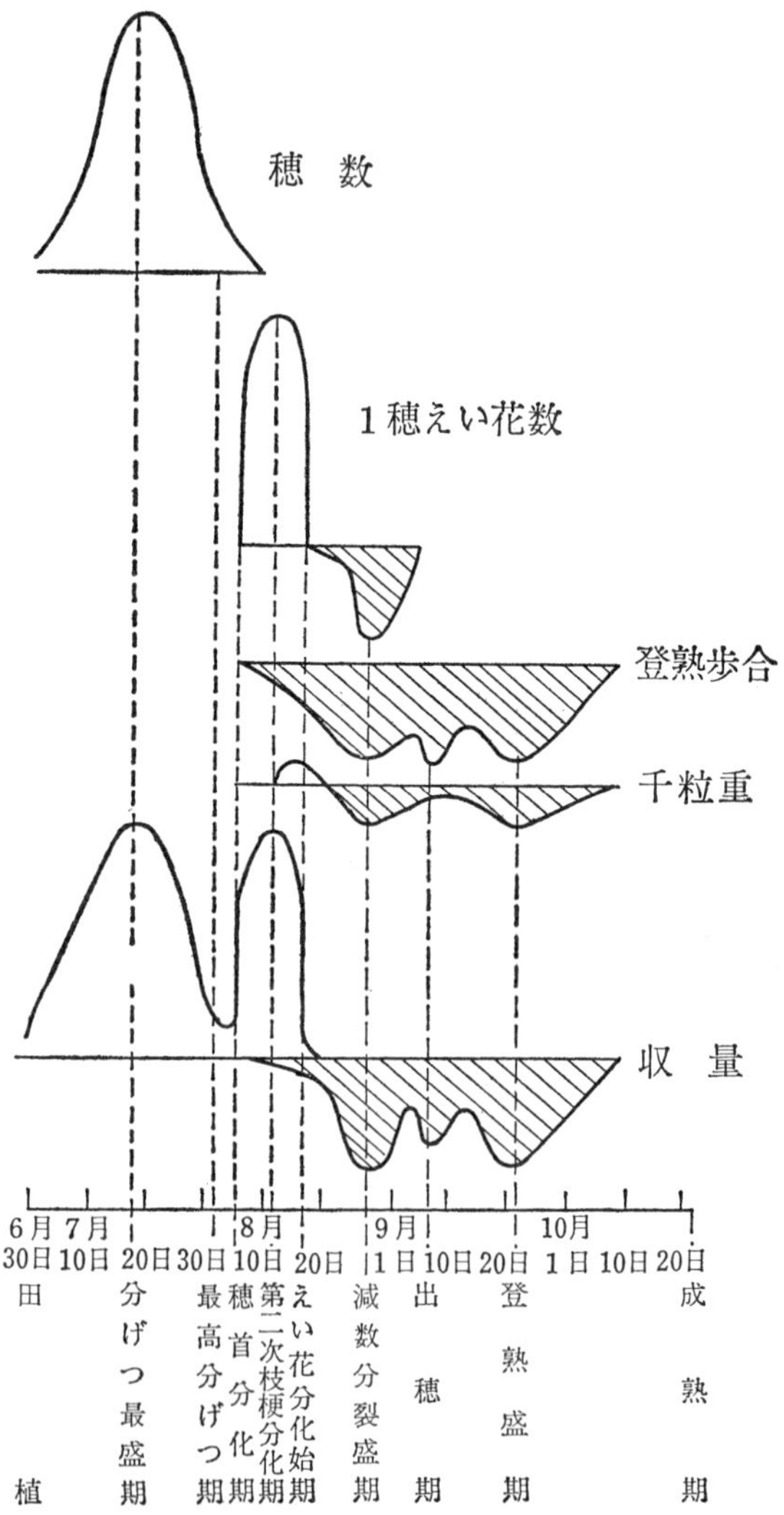

あり、後段の下向きの山はその内容物（なかみ）であるともいえよう。ここで忘れてならないことは、幼穂が肉眼で見えはじめるえい花分化期には、その年に到達しうる最大収量が完全に運命づけられるということである。

寒地の人および暖地の人の参考のために、北海道農試上川支場と鹿児島県農試の中生種を材料として収量成立経過を追ったものを、第9図および第10図に示しておく。第8・9・10図を比較すると明らかなように、寒地のイネ（東北および北陸もこれに準ずる）は最高分げつ期前にえい花分化始期がおこるのに対し、暖地のイネは最高分げつ期後にえい花分化始期がくる。このために、寒地のイネは穂数決定時期と一穂モミ数決定時期とが重なって減数分裂期近くまで収量を積極的に増大する力が働くものと考えられる。また、暖地でも早植えや早生種は第9図に近い型を示すものとみられる。しかし、いずれのばあいでも、えい花分化始期には収量を積極的に増大する力はひどく弱まるものであって、この点については疑問の余地はない。

なお、秋落型のイネは、各図の最下段（収量）の下向きの山が上向きの山にくらべて大きなばあいであり、秋まさり型のイネは下向きの山が上向きの山に比べて小さなばあいである。

九、安定多収にもっとも適した収量構成

収量は以上のような四つの要素によってできあがっているが、これらの中で、千粒重は他の三要素にくらべて年による変動のていどがたいへん小さい。極端にいえば、一定に近いほどの小さな変動しか示さないのが常である。また、千粒重と登熟歩合は多くのばあい正比例的な関係がある。この二つのことから、同じ品種または同じていどの粒大の品種について考えるときには、一応千粒重の要素を除外して考えてよい。また、平方メートル（または坪）当たり穂数と一穂モミ数とを掛け合わせたも

のは、平方メートル（または坪）当たりモミ数となるので、結局、収量は平方メートル（または坪）当たりモミ数と登熟歩合の二要素からできているとみてもよい。

ところで、安定多収に最適した収量構成は、おおよそつぎのように考えてよい。

第3表の「粒数計算による反当玄米収量早見表」または第4表の「粒数計算によるアール当たり収量早見表」によって、現在自分が用いている栽植密度(平方メートルまたは坪当たり株数)のもとで、自分の希望する収量をとるためには、一株に何粒の登熟粒をつけなければならないかが一目でわかる。安定多収のための登熟歩合はほぼ八五～九〇パーセントであるから、必要な一株のモミ数は、この数字を一割ないし一割五分増した数字である。* これだけのモミ数はぜひ必要であるとともに、これ以上多いモミ数があると、後に詳細に述べるように収量はかえっていちじるしく低下する。必要以上に多いモミ数をつけると、収量がかえって落ちるところに、イナ作上の一つの重要な秘密があるのである（次章参照）。

＊たとえば、平方メートル当たり二五株植えでアール当たり約七五キロとるには一株の登熟粒数がいくら必要かを知りたいとき、第四表の平方メートル当たり株数の25の欄をたどっていくと、74.8という数字にぶつかる。これは七四・八キロを意味する数字であり、これを左にたどれば一株登熟粒数は一三〇〇粒必要なことがわかる。これの一～一・五割増（すなわち一四三〇～一五〇〇粒）が、二五株植えで約七五キロの収量をあげるのに必要な一株のモミ数である。

さてつぎには、このぜひ必要なモミ数を、穂数と一穂モミ数にふりわけて考えなければならない

第3表　粒数計算による反当玄米収量早見表　(升)

1株登熟粒数 ＼ 坪当たり株数	45	50	55	56.3	60	65	70	75	80	85	90	95	100
200	42	46	51	52	55	60	65	69	74	79	83	88	92
300	62	69	76	78	83	90	97	104	111	118	125	132	138
400	83	92	102	104	111	120	129	138	148	157	166	175	185
500	104	116	127	136	139	150	162	173	185	196	208	219	231
600	128	139	152	156	166	180	194	208	222	235	249	263	277
700	146	162	178	182	194	210	226	242	255	275	291	307	323
800	166	185	203	208	222	240	258	277	295	314	332	351	369
900	187	203	228	234	249	270	291	311	332	353	374	395	415
1000	208	231	254	260	277	300	323	346	369	392	415	438	462
1100	228	254	279	286	305	330	355	381	406	432	457	482	508
1200	249	277	305	312	332	360	388	415	443	471	498	526	554
1300	270	300	330	338	360	390	420	450	480	510	540	570	600
1400	291	323	355	364	388	420	452	485	517	549	582	614	646
1500	312	346	381	390	415	450	485	519	554	588	623	658	692
1600	332	369	406	416	443	480	517	554	591	628	665	702	738
1700	353	392	432	442	471	510	549	588	628	667	706	745	785
1800	374	415	457	468	499	540	582	623	665	706	748	789	831
1900	395	438	482	494	526	570	614	658	702	745	789	833	877
2000	415	462	508	520	554	600	646	692	738	785	831	877	923
2100	436	485	533	546	582	630	678	727	775	824	872	921	969
2200	457	508	558	572	609	660	711	762	812	863	914	965	1015
2300	478	531	584	598	637	690	743	796	849	902	955	1008	1061
2400	498	554	609	623	665	720	775	831	886	941	997	1052	1108
2500	519	577	635	650	692	750	808	865	923	981	1038	1096	1154

1)　たとえば，坪56.3株（株間8寸×8寸）で1株登熟粒数が1200粒のばあいの反当たり収量は3石1斗2升である。

2)　この表は1升粒数6万5000として計算してあるから，極小粒種（農林1号）の登熟不良のばあいは約20%減，極大粒種（雄町）の登熟良好のばあいは約25%増として読むのがよい。

3)　正確に品種の粒大による補正を行なうには，その品種の千粒重から1升粒数を次式を用いて算出し，これを6万5000で割ってうる数字で，表中の収量を割ればよい。（yは1升粒数単位千粒，xは玄米千粒重単位g）　$y=-3.04x+135.77$
なお，この数式を表にしたものが次の早見表である。

玄米1升粒数早見表　(単位 100粒)

玄米千粒重(g)	.0	.1	.2	.3	.4	.5	.6	.7	.8	.9
16	871	868	865	862	858	856	853	850	847	844
17	841	838	835	832	829	826	823	820	817	813
18	810	807	804	801	798	795	792	789	786	783
19	780	777	774	771	768	765	762	759	756	753
20	750	747	744	741	738	735	731	728	725	722
21	719	716	713	710	707	704	701	698	695	692
22	689	686	683	680	677	674	671	668	665	662
23	659	655	652	649	646	643	640	637	634	631
24	628	625	622	619	616	613	610	607	604	601
25	598	595	592	589	586	583	579	576	573	570
26	567	564	561	558	555	552	549	546	543	540
27	537	534	531	528	525	522	519	516	513	510
28	507	503	500	497	494	491	488	485	482	479

たとえば千粒重が23.3gの玄米の1升粒数は，23の欄と3の欄とが交わったところの数字649によって，6万4900粒であることがわかる。

第4表　粒数計算によるアール当たり収量早見表　(kg)

1株登熟粒数＼m²当たり株数	10	13	15	18	20	23	25	28	30	33	35	38	40
200	4.6	6.0	6.9	8.3	9.2	10.6	11.5	12.9	13.8	15.2	16.1	17.5	18.3
300	6.9	9.0	10.4	12.4	13.8	15.9	17.3	19.3	20.7	22.8	24.2	26.2	27.6
400	9.2	12.0	13.8	16.6	18.4	21.2	23.0	25.8	27.6	30.4	32.2	35.0	36.8
500	11.5	15.0	17.3	20.7	23.0	26.5	28.8	32.2	34.5	38.0	40.3	43.7	46.0
600	13.8	17.9	20.7	24.8	27.6	31.7	34.5	38.6	41.4	45.5	48.3	52.4	55.2
700	16.1	20.9	24.2	29.0	32.2	37.0	40.3	45.1	48.3	53.1	56.4	61.2	64.4
800	18.4	23.9	27.6	33.1	36.8	42.3	46.0	51.5	55.2	60.7	64.4	69.9	73.6
900	20.7	26.9	31.1	37.3	41.4	47.6	51.8	58.0	62.1	68.3	72.5	78.7	82.8
1000	23.0	29.9	34.5	41.4	46.0	52.9	57.5	64.4	69.0	75.9	80.5	87.4	92.0
1100	25.3	32.9	38.0	45.5	50.6	58.2	63.3	70.8	75.9	83.5	88.6	96.1	101.2
1200	27.6	35.9	41.4	49.7	55.2	63.5	69.0	77.3	82.8	91.1	96.9	104.9	110.4
1300	29.9	38.9	44.9	53.8	59.8	68.8	74.8	83.7	89.7	98.7	104.7	113.6	119.6
1400	32.2	41.9	48.3	58.0	64.4	74.1	80.5	90.2	96.6	106.3	112.7	122.4	128.8
1500	34.5	44.9	51.8	62.1	69.0	79.4	86.3	96.6	103.5	113.9	120.8	131.1	138.0
1600	36.8	47.8	55.2	66.2	73.6	84.6	92.0	103.0	110.4	121.4	128.8	139.8	147.2
1700	39.1	50.8	58.7	70.4	78.2	89.9	97.8	109.5	117.3	129.0	136.9	148.6	156.4
1800	41.4	53.8	62.1	74.5	82.8	95.2	103.5	115.9	124.0	136.6	144.9	157.3	165.6
1900	43.7	56.8	65.6	78.7	87.4	100.5	109.3	122.4	131.1	144.2	153.0	166.1	174.8
2000	46.0	59.8	69.0	82.8	92.0	105.8	115.0	128.8	138.0	151.8	161.0	174.8	184.0
2100	48.3	62.8	72.5	86.9	96.6	111.1	120.8	135.2	144.9	159.4	169.1	183.5	193.2
2200	50.6	65.8	75.9	91.1	101.2	116.4	126.5	141.7	151.8	167.0	177.1	192.3	202.4
2300	52.9	68.8	79.4	95.2	105.8	121.7	132.3	148.1	158.7	174.6	185.2	201.0	211.6
2400	55.2	71.8	82.8	99.4	110.4	127.0	138.0	154.6	165.6	182.2	193.2	209.8	220.8
2500	57.5	74.8	86.3	103.5	115.0	132.3	143.8	161.0	172.5	189.8	201.3	218.5	230.0

1)　1 m² 当たり 25 株植えで 1 株登熟粒数 1200 粒のばあいは，アール当たり玄米収量は 69.0kg となる。
2)　玄米千粒重を 23.0g として計算してあるので，供用品種の玄米の粒大（千粒重）に比例して補正するのがよい。全国のイネの中庸な(平均的の)粒大は23.0gである。

が、この際、使う品種の特性に応じて、穂数型の品種か穂重型の品種かによって、このふりわけ方がちがうのである。一般に穂重型の品種ならば、一穂の平均モミ数を多くし、一株の穂数は少なくする。穂数型の品種ならばこの逆にする。たとえば、一株一五〇〇粒のモミ数を必要とするとき、穂重型の品種で平均一穂一一〇粒ていどつくばあいには、一株穂数は約一四本でたりるが、穂数型品種で平均一穂八〇粒ていどしかつかないばあいには、一株穂数は約一九本も必要となるのである。

要するに、安定多収に適した収量構成を知るには、まず、自分の希望する収量に対して必要にして充分な平方メートル（または坪）当たり登熟粒数を算出することであり、これには第3表または第4表の粒数計算早見表を用いれば、計算の手数がはぶけて一目でわかる。安定多収のためには、登熟歩合は八五〜九〇パーセントでなければならないので、必要にして充分な平方メートル（または坪）当たりモミ数は必要な登熟粒数の一割または一割五分増となる。このモミ数を品種の特性に応じて、穂数と一穂モミ数にふりわけるのである。

いいかえれば、安定多収の収量構成を知る上にいちばんたいせつな点は、必要にして充分な平方メートル（または坪）当たりモミ数を算出することと、登熟歩合を八五〜九〇パーセントにすることの二点である。

以上、第一章に述べた事項についてさらに詳細に知りたい方は、拙著『イナ作の理論と技術』（養賢堂）を参照されたい。

第二章　簡単にできるイナ作診断

一、イナ作改善はまず成熟期の診断から

収量を増すには、第一章で述べた四つの収量構成要素を増す以外に方法はない。そこで、まず、各自の水田の収量構成上の欠陥を発見することからはじめなければならない。正しく欠点を見つけ出すこと、つまり、正しい診断が改善の第一歩であり、これがまちがえば、改善の努力も水のアワとなるばかりでなく、かえって害をおよぼすのである。

第一章―九で述べたように、イネの収量は、おおよそ、平方メートル（または坪）当たりのモミ数と登熟歩合とを掛け合わせたもの（相乗積）である。いま、太郎さんの水田が登熟歩合が低いという欠点をもっていたとする。このとき太郎さんが一生懸命努力して、穂数と一穂につくモミ数を増加して、平方メートル（または坪）当たりのモミ数をどんなに増加しても、収量は少しも増加しないばかりか、かえって減収する。努力が水のアワになるばかりでなく、努力すればするほど、減収となるのである。改善の努力が的をはずれているからである。

この点はきわめてたいせつなので、つぎに実例によって説明するが、このように成熟期に収量構成

要素の診断をするだけでも、急所をついたイナ作改善ができる点に注意を向けていただきたい。

二、モミ数と登熟歩合と収量との関係

収量は平方メートル（または坪）当たりモミ数と登熟歩合とを掛け合わせたものでほぼ決まるので、この三者の関係を充分検討しておく必要がある。

十数年前に各種の試験圃《ほ》場から採取したイネを定量分析し、一株全体としての炭水化物（主としてデンプン）がほぼ同じになった試験区をえらび出し、一株モミ数と登熟歩合および収量との関係を図にしてみた。それが第11図である（栽植密度は一定）。

この図によれば、一株の炭水化物量が二三～二五グラムのばあい（左）は、一株モミ数が一二五〇粒以上になると、登熟歩合は着粒数が多くなるのにつれて、明らかに低下している。そして、収量は一株一二五〇粒のばあいに最大の二七・五グラム（一アール当たり四二・九キロ、反当たり二・八四石）となっている。一株一二五〇粒のばあいに最高収量が現われたのは、一二五〇粒以下では、粒数が少ないために着粒数に応じて登熟粒が減少したからであり、一二五〇粒以上では、着粒数が多いほど発育停止モミ（クズ米）が増加し、そのために登熟粒が減少したからである。

一株の炭水化物量が一六～一九グラムのばあい（右）は、一株モミ数に反比例して登熟歩合が低下する。そして、収量は一株モミ数一一〇〇粒ていどのところに最大収量が現われ、これより一株着粒

数が多くなるのにつれて低下し、また、一一〇〇粒以下のばあいにも収量は減少する傾向がみとめられる。

第11図　1株モミ数と登熟歩合，1株モミ数と収量はどんな関係があるか

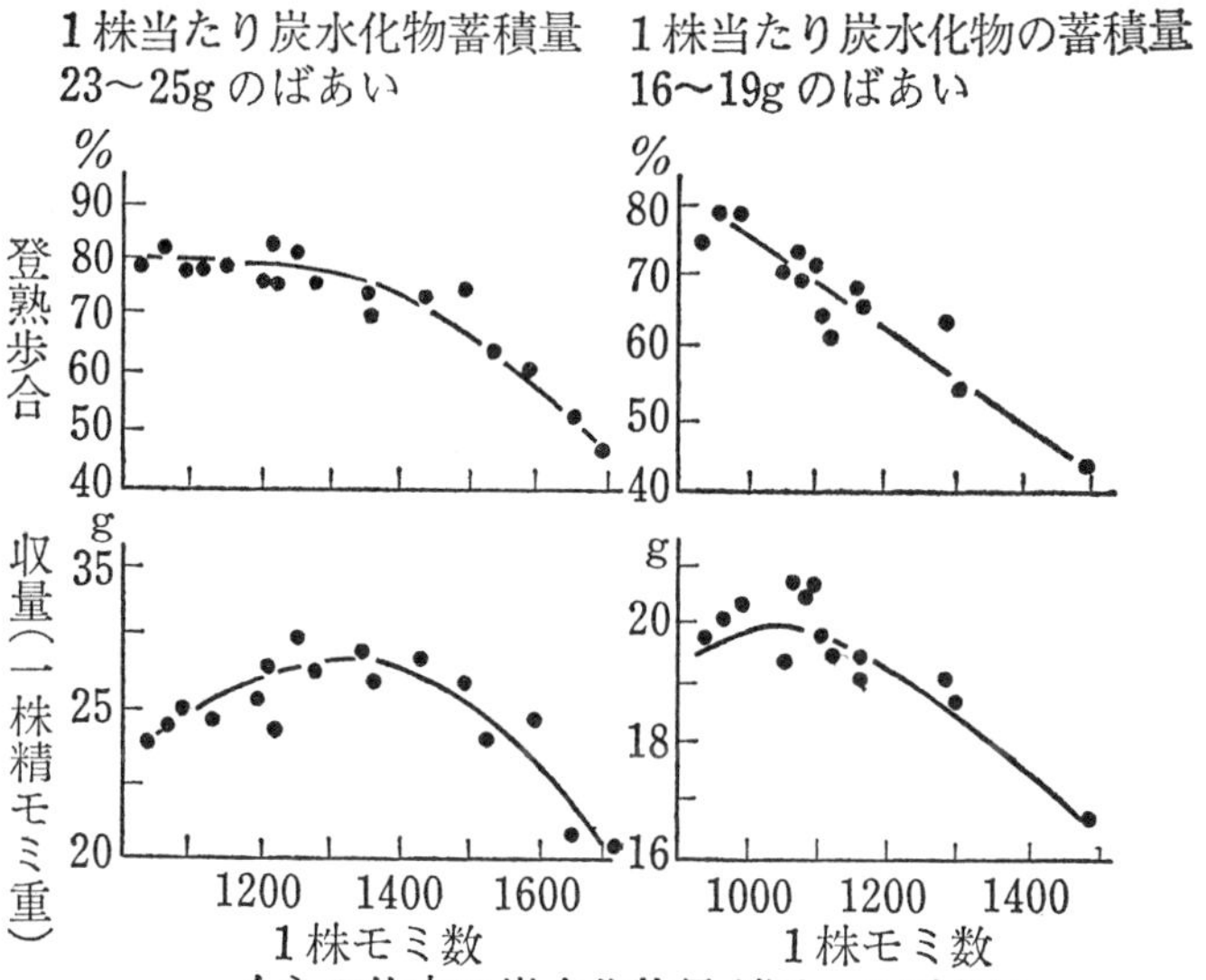

イネの体内の炭水化物量が同一のばあい

この二つの例からみても、増収のためにも、一株の炭水化物量に対応した**最適一株モミ数**のあることがみとめられよう。

ここで注意すべき点がある。常識から考えると、イネの体内にある炭水化物量が同じならば、米になるべきデンプンの量は決まっているのだから、モミ数が多くなれば、登熟歩合は低下するにしても、登熟粒数と収量とはほぼ一定であろうと思われる。だが、事実は常識に反して、登熟粒数が減るとともに収量はひどく低下する。なぜこうなるのか。そのおもな理由は明白であって、ついたモミ数が多くなるにしたがって、炭水化物を分配すべきモミ数が多くなるために、不充分な分配を

受けるモミ（つまりクズ米）が増加して、充分に分配を受けて完全に充実するモミが減少するからである。

第11図の一株二三〜二五グラムの炭水化物を含んでいるほうの図をみると、一株一二五〇粒のモミをつけたときに一アール当たり四二・九キロ（反当たり二・八四石）がえられたのに対し、一六九〇粒つけたときにはわずか一アール三三・三キロ（反当たり二・二石）となり、四四〇粒多くつけたことによって、九・六キロ（反当たり六・四斗）の減収となっている。また、一六〜一九グラムの炭水化物を含んでいるほうでは、一株一一〇〇粒つけたときには一アール当たり三三・三キロ（反当たり二・二石）であるのに対し、一株一四九〇粒つけたときには二六・五キロ（反当たり一・七五石）となり、一株三九〇粒多くつけたために六・八キロ（反当たり四・五斗）減収している。これは、病害も発生せず、倒伏もしないのに、単にモミ数が多くなっているだけで減収となっているのである。

三、成熟期の簡便なイナ作診断

田が黄色に色づきはじめるころから（刈取期前一五日ころから）収量はほとんど増加しなくなるので、このころから刈取期までのあいだが成熟期のイナ作診断をする適期である。

まず、その水田から中くらいの株を引抜いてきて、この収量をつぎに述べるように分解して調査するのである。この株のえらび方については、正確に行なうばあいには、その田の全地点にわたって刈取る「五斜線刈取り法」（拙著『イナ作の理論と技術』参照）によらねばならない。しかし、簡便に行なうばあいには、①目測で穂数と穂重が中くらいな株をえらぶか、②生育ていどのよくもわるくもない地点で、二〇株の穂数と稈長を測定し、その平均値に近い穂数と稈長の株をえらんでもよい（直播田のばあいには、生育の中ていどのところの三〇センチ間の全部の穂を用いる）。

こうしてえらんだ株を、その水田を代表する株（代表株）として、診断に利用する。つまり、この株を用いて収量構成要素その他の診断をするのである。診断項目と診断方法とは、ほぼつぎのようである。

(1) 平方メートル（または坪）当たり穂数　一定面積当たりの穂の数であり、代表株の穂数に平方メートル当たりまたは坪当たり株数を掛ければよい（直播きのばあいには、一株の代わりに三〇センチ間穂数を用いる。第一章—一参照）。

(2) 平均一穂モミ数　代表株の一株全部のモミ数を数えて、これをその穂の数で割ればよい。

(3) 登熟歩合　穂についたモミの何割が精玄米になるかを正確に示す数字である。代表株を二日ほど乾かし、モミを手で新聞紙の上に落とし、枝梗を取り除いて、モミが二つ以上つながっていないようにする。このモミを一・〇六の比重液（塩水または硫安水）に入れ、充分かきまぜるとモミの一部は沈む（第12図参照）。このとき浮き上がるモミは全部シイナやクズ米となるモミであり、脱穀調製の途上で全部淘汰されるものである。沈んだモミはどれも、一般に取引される三等米以上の精玄米

第12図　比重選で精玄米をえらぶ

比重1.06の塩水にモミを入れると、浮くものと沈むものとが、きれいにわかれる

となるモミである。* したがって、沈んだモミ数を一株全部のモミ数で割った数字が登熟歩合である。

*比重一・〇六の液をつくるのに比重計がないときは、第13図のように生卵を使って計る。水底で卵の尻が斜めに浮き上がるていどまで塩または硫安をとかせば、それが比重一・〇六の液である。卵の大小・新旧などでは変わらないので便利である。

(4) 千粒重　玄米やモミの大きさを数字的に表わすもので、千粒の重さを計ったものである。この測定方法は、(3)で沈んだモミを、水洗いして充分に乾かし、この一〇グラムを測りとって、その中に何粒あるかを数え、千粒の重さを逆算する。千粒数えてその重さを計るより、このほうが正確である。

(5) 収量の算出　収量を玄米重量で知りたいばあいには、(4)でつくった、乾燥した沈下精モミの一株分全部の重さをグラムで読みとり、これに平方メートル当たり株数を掛け、これを一〇〇〇倍する。これが一〇アール当たり乾燥精モミ重である。これに〇・八四を掛ければ、一〇アール当たり玄米収量がグラムで算出される。

また、収量を反当たりの石斗升で知りたいのなら、(4)でつくった、乾燥した沈下精モミの一株分全部の重さを匁で読みとり、これに坪当たり株数を掛け、これを三〇〇倍する。これが反当たりの乾燥精モミ重である。これを貫で算出し、この値に二・一〇を掛ければ、モミずりや選別をしなくても、すぐに反当たり玄米収量が石斗升で計算できる。

*これらの理論的根拠については、拙著『イナ作の理論と技術』を参照されたい。

(6) 退化モミ数　穂の基部を注意してみると、小さな突起がたくさんみとめられることがよくある(第14図)。穂軸の基部に直接付着している小突起は一次枝梗(子枝)が伸びずにおわった跡(退化痕跡・第14図の左)であり、一次枝梗の基部に付着している小突起は二次枝梗(孫枝)の退化痕跡である(第14図の右)。一穂につくモミの数はもっぱら二次枝梗の数で決まるから、退化した一次枝梗の上に何本の二次枝梗がついていたかを、退化していない穂を参考にして推定する。たとえば、一次枝梗上に三本の二次枝梗がついていれば、退化一次枝梗に三を掛けて、一次枝梗を二次枝梗に換算し、退化一次および二次枝梗をすべて退化二次枝梗で表わすようにする。そして退化二次枝梗を二・五倍すれば、これがその穂の退化モミ数となる。この調査を全部の穂について行なうのはめんどうだから、一株の穂を長さ

第13図　生卵による比重液の調整

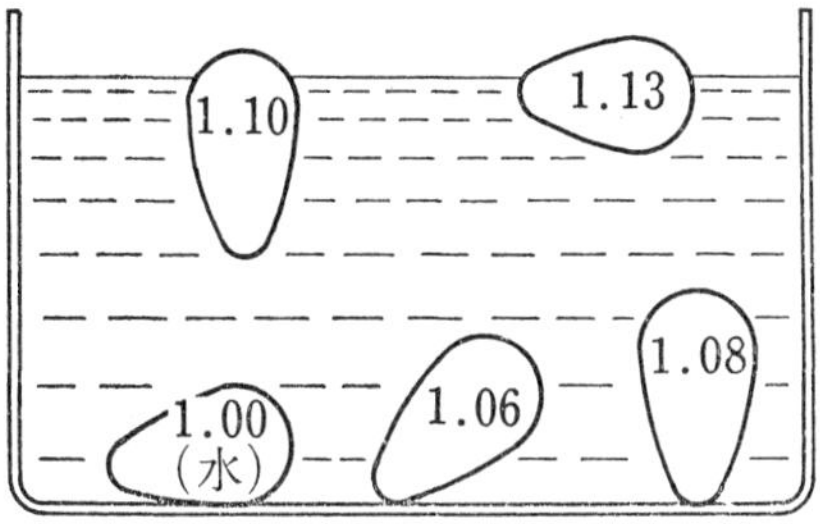

第14図　枝　梗　の　退　化

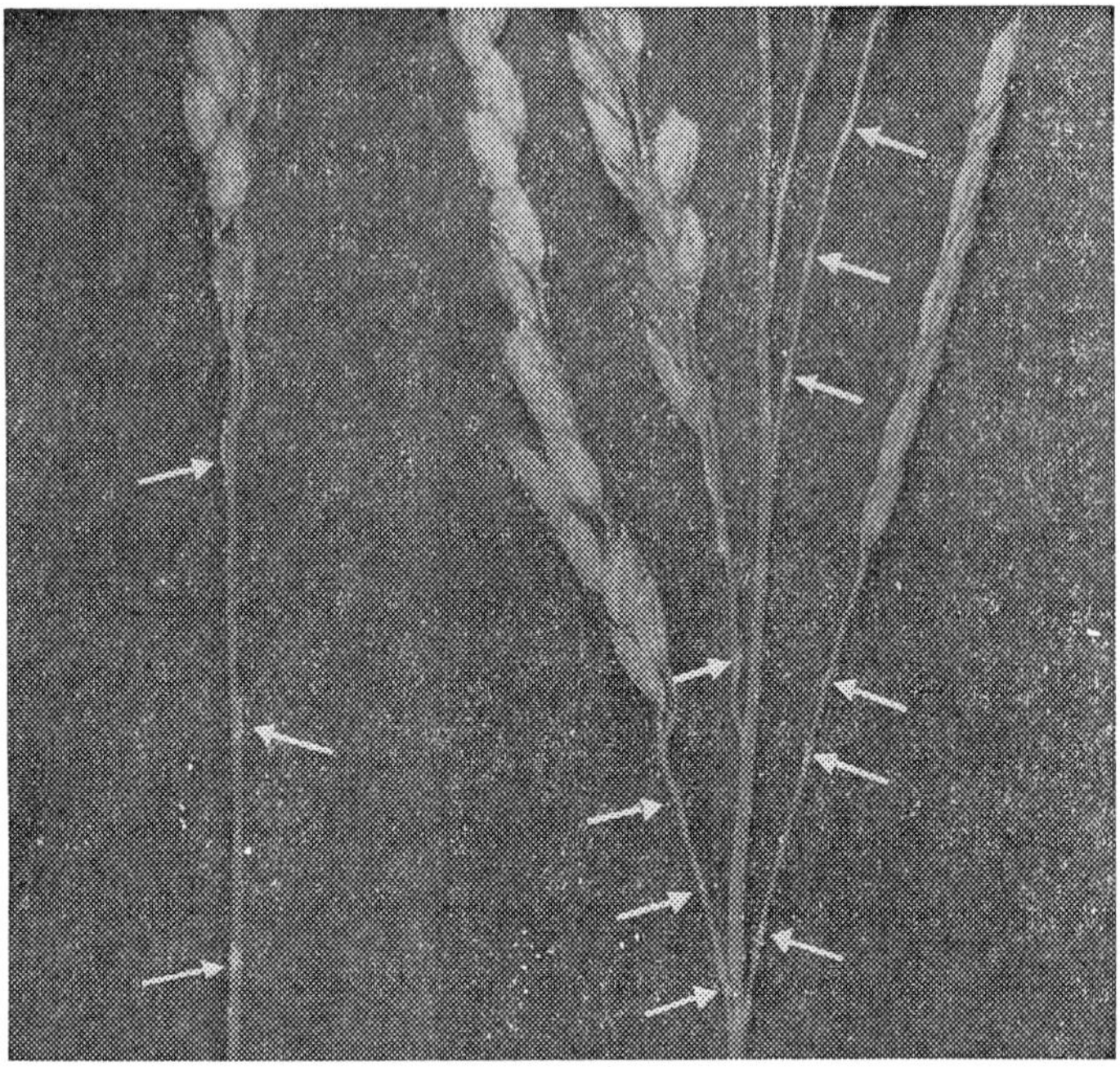

一次枝梗の退化　　二次枝梗の退化

の順に並べ、いちばん長い穂・中くらいの穂・いちばん小さい穂から二穂ずつとって、この六つの穂について行なえばよい（ただし、おくれ穂は除外する）。

(7)　分化モミ数　平均一穂モミ数に平均一穂退化モミ数を加えたものが、平均一穂分化（生まれ出た）モミ数である。これに、穂数を掛ければ、一株分化モミ数になる。さらに平方メートル当たり株数を掛ければ、平方メートル当たり分化モミ数が算出される。

(8)　不受精モミ　完全にシイナのモミ、つまりモミの中に、玄米が少しも発育していないもののことである。正確に不受精モミを判定するにはヨー

第15図　収量簡易速決診断器

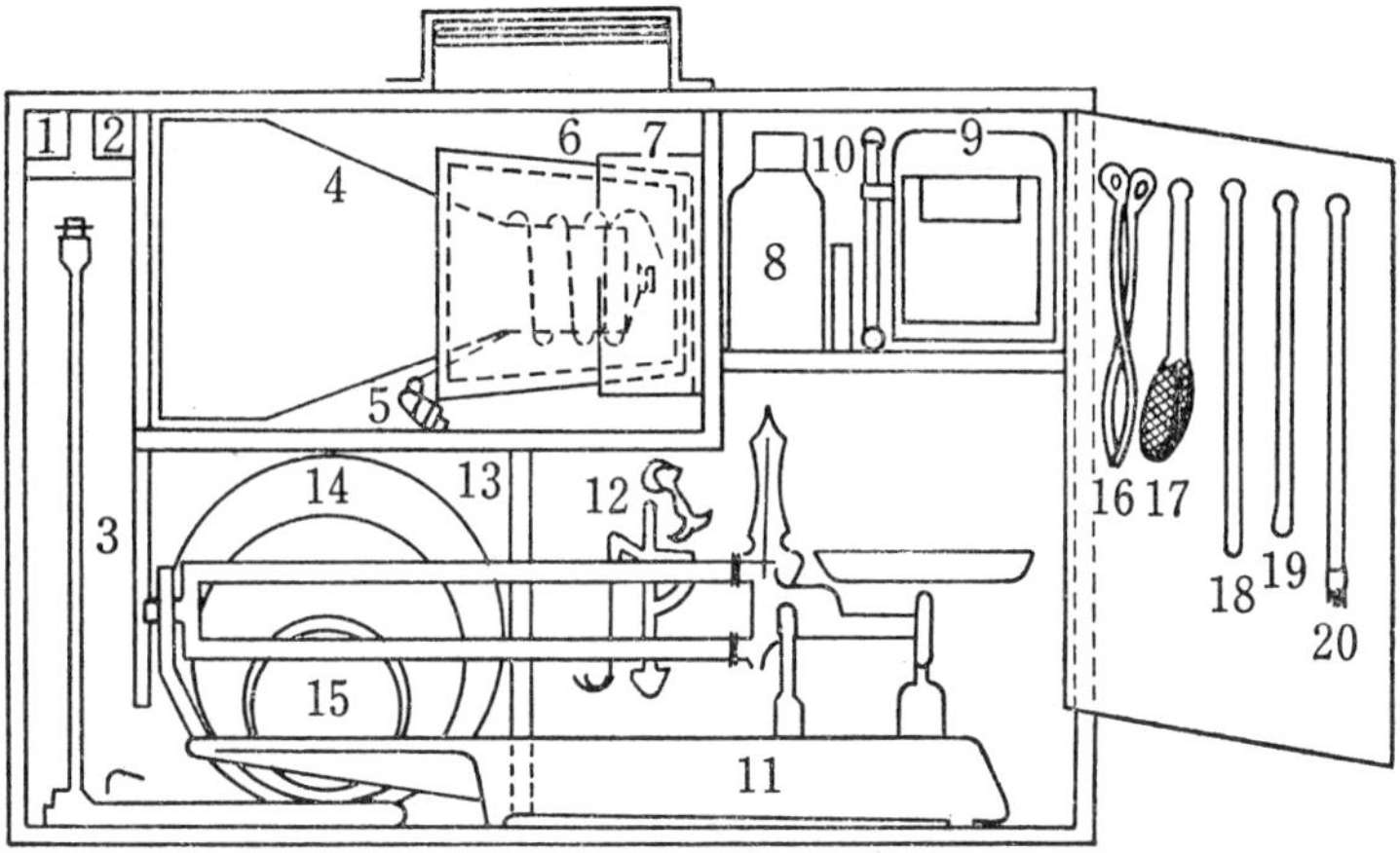

1　塩水選用比重計
2　乾燥器用温度計
3　赤外線乾燥器スタンド
4　赤外線ランプ笠（ランプつき）
5　コードおよびさしこみ
6　塩水選器（大小各1）
7　水選器
8　試薬瓶（2）
9　穀粒粉砕器
10　ハンドル
11　精密ハカリ
12　代表株穂重選抜器
13　穀類試料容器（2）
14　乾燥秤量皿（3）
15　シャーレ
16　皿挟み
17　網サジ
18　攪拌棒
19　穀粒粉用スプーン
20　清掃用ブラッシ

ド反応を応用するが、およその推定には、比重選のときに浮いたモミを指先で押さえて完全にカラとみとめられるものを不受精モミとみなしてよかろう（その他はクズ米である）。

簡易速決収量診断器　以上のような診断をするためには、乾燥のために数日を要するなどの不便があるので、著者は簡単に、しかも短時間でできる診断器を考案した。

　診断器の構造は第15図のとおりである。この診断器のおもな部分は、代表株穂重選抜器・精密ハカリ・比重選用具・乾燥用具（粉砕器と赤外線ランプ）・不受精モミ鑑別液などのほかに査定に必要な早見表がついている。早見表は、平方メートル当たりの株数早見表、アール当たりの収量早見表が用意されている。そして、タテ・ヨコの株間がわかれば、た

第16図　女穂（双生枝梗穂）

だちに株数が読みとれるし、代表株の乾燥精モミ重と粉砕モミ乾燥重とがわかれば、ただちに収量が読みとれるようにつくられている。

やり方の手順は、まず、代表株のモミを赤外線ランプで五分間乾燥して、水分含量を一二〜一四パーセントにする。これを比重選用具を使って比重選をし、精モミを水洗いした後に一〇分間赤外線ランプで乾かす。乾いたモミをハカリで測る。

さらに、水分を正確にするために、精モミの一部を粉砕し、これを一〇グラムとり、赤外線ランプで一〇分間乾燥すると〇・五％の水分になる。こうして粉砕モミの乾燥重がわかれば「代表株による収量早見表」から収量を読みとることができる。

なお、この診断器の特徴は、収量査定の経過の中で、穂数・一穂モミ数・登熟歩合・千粒重が算出できるし、その他退化モミ数や不受精モミ歩合もわかるので、イナ作技術の欠点が容易に発見できるところにある。

この診断器は、丸井加工株式会社（茨城県筑波郡谷和原村）で製作販売され、農林省で実用に移しうる新技術として登録されている。

(9) 女《め》穂　第16図のように、穂首の節から一次枝梗が二本または三本出ている穂のことである。

(10) イネの姿勢　出穂後のイネの姿勢が受光態勢を左右して、登熟歩合に影響する。とくに過繁茂のばあいに影響がひどい。第17図上段のように上位三葉が短く、直立的であることが光を効率よく利用し、したがって登熟歩合を向上させる。上から数えて第三葉から止葉まで、しだいに短くなっている姿がよい。繁茂した水田では、長い葉が彎曲しているのがもっともわるい（第17図下段）。

第17図　イ　ネ　の　姿　勢

正しい姿勢

わるい姿勢

四、成熟期の診断結果を利用する道すじ

さて、以上で成熟期の収量構成に直接関係ある診断ができた。つぎに、この診断結果をどう利用するかについて、おおよその道すじを述べ

よう。

もっともたいせつな診断材料は登熟歩合である。登熟歩合のよしあしによってイナ作の改善方向が正反対に変わるからである。なぜそうなるのか。前に述べたように、まず収量は登熟歩合と平方メートル（または坪）当たりモミ数とを掛け合わせたものであり、その上、この両者のあいだには逆の関係があって、モミ数が多くなれば、登熟歩合は低下しやすいのが一般であるからである。

1、登熟歩合が七五パーセント以下のばあい

このばあいには、登熟歩合を向上しなければ収量は増大しないとみてよい。もしも、誤ってモミ数を増加する方向にイナ作改善を行なえば、ますます収量は低下する。登熟歩合が良好（八〇～八五パーセント以上）のばあいにはじめて、モミ数を増加する方向へのイナ作改善が効を奏するのである。

登熟歩合が低いばあいには、第一章―六の「登熟歩合はこうして決まる」の項と、第三章―六の「登熟歩合はこうすれば高まる」の項を参照して、各自の水田に適する対策をたてなければならない。ここでは、その手のうち方のすじ道を述べよう。

登熟歩合の低いばあいには、一般に穂首分化期（出穂前三二日ころ）から出穂後三五日ころの黄熟始期までの期間に、なんらかの欠陥があったと考えてよい（ただし、まれには、生育初期の不良環境が、初期の正常な分げつの発生を抑制して遅発分げつを発生させ、これが登熟歩合を低下させる原因

になることもある)。つぎには、第一章—六の不登熟モミの成因にしたがって、その原因が不受精モミの多いことによるものか、それともクズ米の多いことによるものかが明らかにされなければならない。そして、それぞれの原因に応じた対策をたてる。一般にはクズ米が多いために登熟歩合が低下することが多い。

不受精モミの発生は、幼穂の生まれるころから開花のおわるころまでのあいだ、とくに、減数分裂期と開花期に、不良環境(低温・高温・低水温・高水温・土壌の還元・雨天・干ばつ・水害・塩害など)・病虫害・チッソの異常多施などによっておこることが多い。

クズ米(発育停止モミ)の発生原因は、出穂前と出穂後にわけられる。出穂前の原因の中で、もっとも重要なのはモミ数の多少であり、単位面積当たりモミ数の多いほどクズ米が多くなる。これは、イネを大きくつくり過ぎた結果であるから、出穂前四〇〜二〇日の二〇日間にイネが肥切れするようにくふうする。つまり、葉色を落とすことが必要である。出穂後の原因の中で、もっとも大きな影響をおよぼすものは、炭素の同化生産量の多少である。これには、出穂後の日照・葉の同化能力・受光態勢などが関係している。したがって、出穂後二五日間のもっともたいせつな時期を、気象統計から曇雨天の少ない時期に合わせるように品種をえらび、栽培時期を移動させる。同化能力は、出穂後の葉のチッソ含量が高いほどよいので、このためには、第三章—一〇で述べる穂ぞろい期追肥がもっとも効果的である。受光態勢がわるいばあいには、イネの姿勢を正さなければならず、このためには、イネの姿勢の運命づけられる時期（出穂前四〇〜二〇日のあいだ）に肥切れさせるように努めればよい。またケイカルを多量に施しておくこともよい。

千粒重も登熟歩合と深い関係がある。登熟歩合が高ければ、千粒重も重いことが多い。ただし、千粒重は品種によってひどく異なるから、同一品種について比較しなければならない。千粒重がかるいばあいには、二次枝梗分化期（出穂前二七日）から出穂後三五日ころまでの期間に原因がある。そこで、まず、この原因がモミ殻の大きさにあるのか、玄米の発育のよしあしにあるのかを検討しなければならない。*

*モミ殻の大きさの比較はつぎのようにやる。白紙に直線を引き、この直線上に無作為に五〇粒のモミをえらんでタテにのりではる。すきまなく、しかも重ならないように正しく並べる。そしてその五〇粒の長さをはかる。

もしモミ殻がふつうより小さかったら、減数分裂期（出穂前一五〜五日のあいだ）の肥料不足・日照不足・干ばつ・低水温・高水温・水害・根ぐされ・病虫害などが原因であることが多い、また、玄米の発育不良のばあいは、出穂後の天候不良・チッソ不足・受光態勢の不良・過剰なモミ数・病虫害・風害などによることが多い。

2、登熟歩合八五パーセント以上で、なお収量の少ないばあい

このばあい平方メートル（または坪）当たりモミ数が少な過ぎることに低収の原因があると判断し、

その増大について考慮すべきである。平方メートル（または坪）当たりのモミ数の検討は、平方メートル（または坪）当たり穂数・平均一穂モミ数・分化モミ数・退化モミ数の四点から行なうべきである。もし、穂数が少なければ、生育の初期から最高分げつ期後一〇日ころまでの期間、とくに分げつ盛期の肥培管理と環境に欠陥があると考えてよい。穂数の少ないばあいには、一応、つぎの点を検討してみる必要がある。

(a)　苗がわるくはなかったか（健苗であったか）
(b)　田植がおそくなかったか
(c)　元肥が適正であったか
(d)　活着がおそくなかったか（植えいたみがなかったか）
(e)　深植えではなかったか
(f)　分げつ初期にチッソ追肥を施したか
(g)　分げつ初期および中期に浅水であったか
(h)　除草は充分行なわれていたか
(i)　株元に土が盛りあがっていなかったか
(j)　病虫害はなかったか
(k)　昼間の水温が低過ぎたり（二一度以下）、高過ぎたり（三五度以上）しなかったか

(l) 夜間の水温が高過ぎなかったか（二五度以上）
(m) 保水力が弱くはなかったか（一〇センチの深さの水が五昼夜でなくなるていどが最適）
(n) 天候が不良ではなかったか
(o) 株間が広過ぎはしなかったか

ただし、弱小の穂は収量に役だたないので、極力抑制したほうが収量は多くなる。平均一穂分化モミ数が少ないばあいには、おもに穂首分化期（出穂前三二日）から七～一〇日間のイネの体内にチッソが不足していることがもっとも多い。したがって、穂首分化期にチッソ追肥を施すことが必要になるが、これは、モミ数が多くなり過ぎて、登熟歩合が低下し、かえって減収となることが多いので、一般にこの追肥は危険であり、極端な肥切れのばあい以外は、施さないほうが安全である。穂数で早く必要なモミ数を確保したほうがよい。

退化モミ数の多いのは、主として減数分裂期間（出穂前一五～五日）に肥切れ（とくにチッソ）したばあいがもっとも多い。これを防ぐには、出穂前一八日ころに、チッソを成分として一〇アール当たり二～四キロ追肥するとよくきく。このほか、冷温・低水温・高水温・土壌の還元・病虫害・曇雨天・干ばつなどが関係していることが多い。

女《め》穂の出現は、その水田のイネの登熟歩合が高く、倒伏の危険のない限りは、むしろ好ましい現象であるが、登熟歩合が低いか、または倒伏しやすい水田では、かえってわるい兆候であって、穂首分化期ころにチッソが効かないように施肥の方法を改善しなければならない。

五、イネの生育段階の診断法

さて、イナ作改善を行なうに当たって、もっともたいせつなことは、イネの生育段階を正確に診断し、これに合致した肥培を加えることである。たとえば、追肥を施すにしても、生育段階を正確につかまないで施すと、かえってわるい結果が現われることも多い。このことは、小学生に中学教育を施してでも、なんの役にも立たないばかりか、かえってわるい結果を招くのと同じことである。

これまで、イネの肥培管理は主としてこよみの日付（暦日）によって行なわれてきた。毎年同じ月日ころには、イネの生育段階の遅速にかかわらず、同じ肥培が行なわれたのが常である。だが、気候は年ごとにちがうし、まして、品種が異なれば、それらの生育段階はいちじるしく異なる。このことが、ある年にある品種に施して成功した肥培が、暦日上では同一月日であっても、他の年にはまったく効果のみられない理由の一つとなるのである。生育段階に適合した肥培を行なうことこそ、収量を増大する上にも、イナ作技術を科学化する上にも、もっとも必要なことの一つである。したがって、生育段階の正しい判断こそ、イナ作技術の基礎であるといってよかろう。

ところで、イネの生育段階をもっとも正確簡便に診断できる方法の一つは、著者の考案した葉令指数による方法であろう。この方法の概略をつぎに述べよう。

1、葉令指数による診断法

われわれの一生が年令によって区分されるように、イネの一生も年令ともいうべき葉令によって区分すると便利なことが多い。

葉令というのは、イネが発芽してから、主稈（親茎）が出す葉の数によって示されるものである。発芽してから出穂するまでに、主稈が出す葉の数は、だいたい、早生種ほど少なく晩生種ほど多い。つまり、多く葉を出さないで出穂するイネが早生種で、多く葉を出さなければ出穂しないイネが晩生種ともいえる（ちょうど、人間でも若いうちに一人前になる者が早生といわれ、年とってから一人前になる者が晩生《おくて》といわれるのと同じことである）。そして主稈が出穂までに出す葉の総数が主稈総葉数と呼ばれるものである。同一品種を毎年同一耕種条件のもとで栽培すると、正常な年では、主稈総葉数は毎年ほぼ同一であって、品種固有の総葉数を示すのがふつうである（同一品種でも播種期および田植時期が異なれば、主稈総葉数はかなり異なる）。

葉数の数え方　第18図にみるように、種モミが発芽するとき、芽を包んでいる白い皮のような葉（鞘葉またはコレオプティルという）を別にして、これから以後に出る葉を順次にそれぞれ第一葉・第二葉・第三葉……と呼び、各葉身が充分展開したときを、それぞれ一令・二令・三令……と呼ぶ。展開しきらないときはつぎのように数える。たとえば、第六葉がこの葉身の充分伸びきったばあいの三割ていどしか伸びていないときは、これを五・三令といい、七割ていどまで伸びたときを五・七令というのである。この際、第六葉の伸びきった長さはわからないので、第五葉や第四葉の長さから推定する。葉数を数えるには、古い葉はつぎつぎと枯死してゆくから、一〜二葉おきにエナメル、*またはマジックインキで葉身に小さな印をつけて、各印が何葉であるかを記帳しておくのが便利である。なお、ちかごろは、葉令を数えるばあいに、鞘葉のつぎに出る不完全な葉を鞘葉とともに除外して、第二葉を第一葉とする方法も行なわれているから注意する必要がある。

＊エナメルは、白・黄・赤の三色を買っておくのが便利であり、直径三センチていどの小さなカン入りのものを雑貨屋で売っている。

田植どきに印のない苗の苗令を読む方法は、つぎのようにすればよい。第18図に見るように、鞘葉は必ず種モミのついている方向につき、第一葉は種モミの反対側から出る。そして、鞘葉の上は第二葉・第四葉・第六葉……が、第一葉の上には第三葉・第五葉・第七葉……が出る。すなわち、種モミのついている側には偶数葉がつき、種モミの反対側からは必ず奇数葉が出る。したがって、種モミを落とさないようにして苗を抜き取って、最上葉が種モ

第18図　葉令の数え方

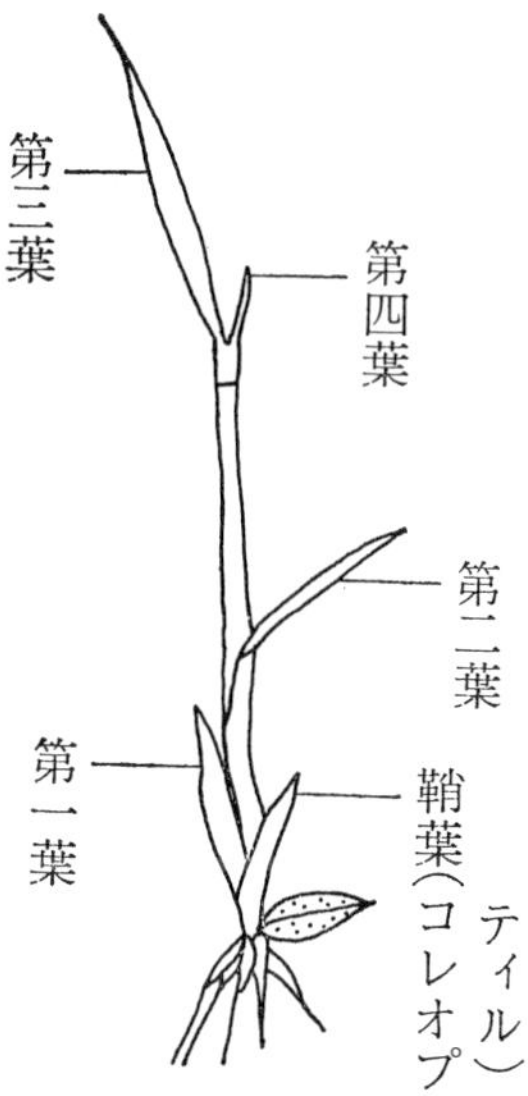

この図のイネの葉令は約3.2ていどである

ミの方向から出ているかどうかを調べれば、奇数葉か偶数葉かが判定できる。もし最上葉が奇数葉であることがわかれば、第五葉か第七葉かいずれかである。この中のいずれであるかは、苗代でときどき苗令に注意していれば、容易に判定できる。要するに、種モミさえついていれば、苗代で葉にエナメルの印をつけなくとも、すべての苗の苗令を判定できる。その秘訣は種モミのついている側から偶数葉が出ることに注目することである。

田植の際に、最上展開葉に印をつけて、五〜一〇株を田の一隅に（最外列はさける）植えておき、一〜二葉おきにつぎつぎと印をつけておけば、常に各自の水田のイネの年令を正しく知ることができる（活着後の分げつ盛期には、葉腋から分げつがつぎつぎに出るので、葉数をまちがえやすいから、七日ごとに印をつけるのがよい）。

葉令指数　さて、同じくらいの主稈総葉数をもっている品種どうしならば、葉令が同じときには内部の生理的発育段階もほぼ同じていどであるといってよい。ところが、主稈総葉数の異なる品種どうしでは、同一葉令のときでも、必ずしも同じ発育段階でないのがふつうである。たとえば、同じ五令の苗でも、主稈総葉数一四の品種と一八の品種とでは、発育段階にはかなりの差があることが容易に想像される。そこで、単に葉令だけで比較するのは不合理になってくる。これを是正し、異なった主稈総葉数の品種どうしでも、相互に内的発育ていどを比較するため、著者は葉令指数という考え方を創案した。葉令指数とは、現在の葉令を主稈総葉数で割ってえられる数字を一〇〇倍したものである。すなわち、そのときまでに主稈総葉数の何割の葉が出たかを示す数字が葉令指数である。そして、この数字の大小によって、後で述べるように、イネの内部の発育段階がかなりはっきりと推定できる。したがって、同じ六令でも主稈総葉数一四枚の品種の葉令指数は四三であるが、一八枚の品種では三三となる。そこで、もし主稈総葉数が一四枚の早生種の移植適令を六令とすれば、一八枚の晩生品種の適令は七・七令であることがわかる。この点からも、晩生品種の苗代日数が早生種より長くても、悪影響の現われにくい理由が理解できる。

要するに、葉令指数は発芽から出穂期までを通じて、その内部の生理的な発育のていどを、各品種共通の数字で表現できる一つの指標であるとみてよかろう。

葉令指数と発育段階　ところで、まずもっともたいせつな点は、葉令指数と幼穂の発育段階との関係であろう。幼穂の発育段階を正確に判定するのに、いちいち顕微鏡で診断することは、一般的な技術とはいえない。そこで、著者は数年にわたって、顕微鏡を用いないで、幼穂の発育段階を診断する各種の方法を検討したが、この中でもっとも利用価値の高いとみられるものが葉令指数であった。葉令指数と幼穂発育段階との関係は第5表の通りである。

すなわち、葉令指数さえわかれば、解剖したり顕微鏡を使ったりしなくても、イネの体内の幼穂の発育状況が推測できる。たとえば、幼穂分化の第一歩というべき穂首分化期は、他のどのような方法によっても判別しにくい点であったが、葉令指数七七ていどの時期がほぼこの段階であるとみてよ

第5表　葉令指数と幼穂発育段階との関係

	幼穂発育段階	葉令指数
Ⅰ	止葉分化期	72
Ⅱ	穂首分化期	77
Ⅲ	穂の節の増殖期	80
Ⅳ	第一次枝梗分化初期	81
Ⅴ	〃　分化中期	82
Ⅵ	〃　分化後期	84
Ⅶ	第二次枝梗分化初期	85
Ⅷ	〃　分化後期	86
Ⅸ	えい花分化始期	87
Ⅹ	〃　分化初期	88
Ⅺ	〃　分化中期	90
Ⅻ	〃　分化後期	92
XⅢ	減数分裂準備期	95
XⅣ	〃　初期	97
XⅤ	〃　盛期	98
XⅥ	花粉形成開始期	100

XⅢの減数分裂期以降は穂の先端えい花の発育段階を示した。

い。また、二次枝梗分化初期には八五ていどとなり、えい花が生まれるころには九〇ていどとなり、止葉の葉耳（葉身と葉鞘の境）が現われはじめるころ、つまり葉令指数一〇〇となるころには、先端のえい花は花粉形成開始期となり、穂の中位のえい花は減数分裂盛期となる。

なお、わが国のイネの主稈総葉数は一六葉のものがいちばん多く、全体の二五・六パーセントを占め、これについで一七葉のものが二三・八パーセント、一五葉のものが一二・八パーセントであり、この三つで、全体の六二パーセントを占めている。葉令指数と発育段階との関係は、一六葉を中心として前後一葉の範囲内では、そのまま補正せずに用いてよいが、一八葉以上または一四葉以下の品種については、多少の補正を行なわなければならない。すなわち、主稈総葉数一六を基準として、供用品種の主稈総葉数との差の一〇分の一と、その品種のその時の葉令指数を百から引いた数字との相乗積を補正値として、その時の葉令指数に加えれば、簡単に補正される。つぎに、計算の実例を示そう。

一四の主稈総葉数をもつ品種が一二・六令のばあいには、この時の葉令指数は九〇であるが、これを補正

すると、

$$90+(100-90)\times\frac{16-14}{10}=92$$

となり、えい花分化後期（Ⅻ）に当たる。

また、一九の主稈葉数をもつ品種が一六・五令の時、葉令指数は八七になるが、これを同様に補正すると

$$87+(100-87)\times\frac{16-19}{10}=83$$

となり、第一次枝梗分化後期（Ⅵ）となる。

要するに、葉令指数を用いれば、単に幼穂の発育段階を知ることができるばかりでなく、幼穂の生まれる前の栄養生長期におけるイネの生育段階をも数字的に知ることができてきわめて便利である。

2、茎数による診断法

イネの一生を二つに分け、前半期を栄養生長期、後半期を生殖生長期と呼ぶ。栄養生長期はイネが自分自身のからだを増大する時期で、この時期の特徴は茎数の増加である。生殖生長期はイネが子孫のための増殖を行なう時期であり、この時期の特徴は幼穂の分化発達とモミの結実である。したがって、イナ作上では、この二つの時期を明確に診断しておくことが、いろいろの肥培管理の上で望ましいことである。

ところで、栄養生長期は茎数が増加しなくなったときまでであるので、一般に最高分げつ期までで

第19図　最高分げつ期と有効分げつ終止期の調査法

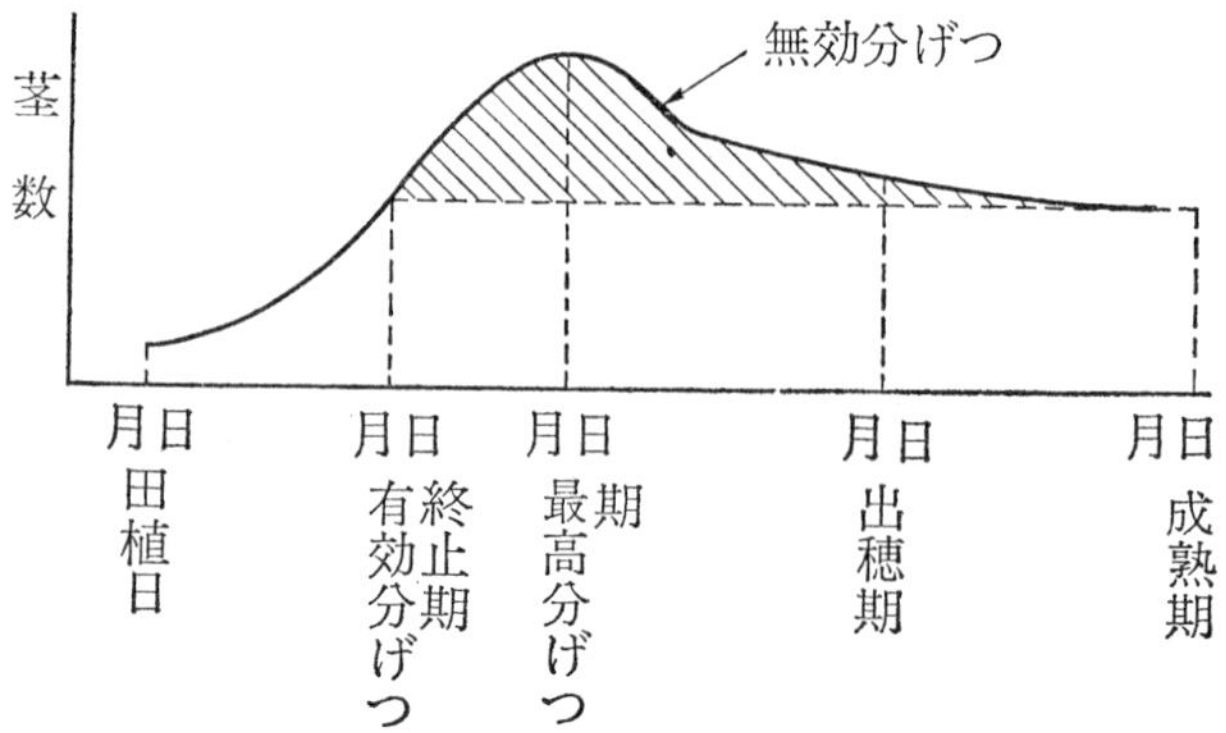

ある。最高分げつ期の判別は、水田の周辺の列を除いた場所で、数日（たとえば五日）おきに、同一の株一〇～二〇株について茎数の調査を行なえばよい。そして、この結果を方眼紙上に記入すれば、第19図のような結果がえられる。ただし、この曲線は頂部が鋭角でなく鈍角になることが少なくないので、最高分げつ期の判定は必ずしも容易ではない。このために、茎数が最高を示した日を機械的に一応最高分げつ期とみなすとともに、最高茎数の九五パーセントに達した日をも参考として読みとっておくのがよい。

栄養生長期でもう一つ重要な時期は、有効分げつ終止期の診断である。有効分げつ終止期というのは最終の穂数と同じ茎数をもった時期をさすので、第19図のように、最後の穂数の点から横軸に平行線を引いて、この線が茎数の増加曲線に交わる点から、下の横軸に垂線をおろして、その月日を読めばよい。有効分げつ終止期以後に出た分げつは、ほとんど大部分無効分げつになるとみてよい。そして、有効分げつ終止期は多くのばあい最高分げつ期の一二～一五日前におこる。つまり、穂となる分げつの大多数は最高分げつ期の一二日前ころには、ほとん

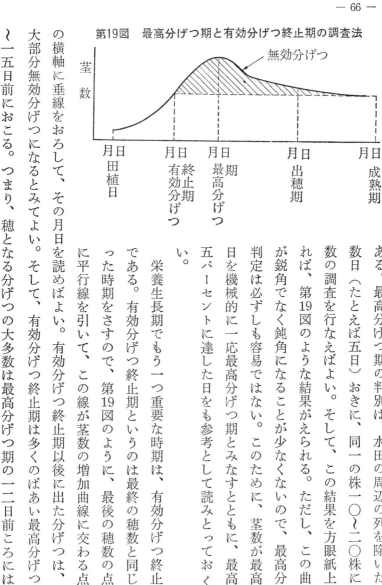

ど全部出現していることがわかる。最高分げつ期が品種の早晩によって異なることがないのと同じように、有効分げつ終止期も品種の早晩によって大きく異なることはない。

ところで、有効分げつ終止期は、最後の穂数が決定しおわった出穂期以後にならなければ認定することはできない。そこで、実際には、最終穂数のかわりに目標穂数を用い、有効分げつ終止期のかわりに、目標穂数とおおむね同じ茎数になる時期をとらえるほうがよく、肥培管理の上からもこのほうが有意義である。

要するに、イネの栄養生長期のもっとも大きな特徴は茎数の増加であり、茎数の消長がそのまま一つの生育段階を示すことにもなるので、この時期の生育段階を知るには、直接茎数を調査すればよい。そして、同時に葉令指数の調査をあわせて行なえば、内外両面の発育段階を知ることができる。さらに、この際、草丈の調査をも同時に行なえば、草丈と茎数を掛け合わせた数字はイネの地上部の乾物重（乾かした目方）を表わすとみなされるので、イネの大きさが数字的に診断できる。つまり草丈・茎数・葉令指数の三者を定期的（たとえば七〜一〇日おき）に調査すれば、イネの内外両面の生育経過が手にとるようにわかり、肥培管理にきわめて便利である。

なお、ここでもっとも重要な診断は第一章—四で述べた最高分げつ期と幼穂形成始期との関係である。一般に幼穂形成始期といわれているのは、正確にいえば、えい花分化初期であるとみてよいので、葉令指数八八ていどと考えてよい。したがって、最高分げつ期になった日に葉令指数が八八に達しているかどうかを検討するだけで、最高分げつ期と幼穂形成期との関係がわかる。

3、幼穂長・葉耳間長・出穂前日数などによる診断法

幼穂の発育段階は、葉令指数だけでほぼ正確に診断できるのであるが、葉令の印をつけていなかったり、その品種の主稈総葉数がわかっていないときには、この方法は適用できない。そこで、つぎに葉令指数以外の方法をいくつか述べよう。

幼穂長による方法　第一章—四（二三ページ）で述べたように、針で幼穂を取り出して、その長さを測り、これから発育段階を推定する方法である。同一発育時期における幼穂長の変異（個体ごとの差）は初期のうちは比較的小さいが、発育段階がすすむにつれて大きくなる。このため、幼穂長から幼穂の発育段階を推定できるのは比較的初期（えい花分化期ころ）までのあいだに限られ、それ以後は精度の高い推定は困難である。しかし、おおよそつぎの方法で診断できる。

幼穂が肉眼でみとめられるころになると、幼穂長は〇・五ミリていどになる。この時期は二次枝梗分化期である。二次枝梗分化後期になると、幼穂長は〇・五〜一・〇ミリとなり、えい花分化始期には〇・八〜一・三ミリのものが多い。幼穂長が一ミリになったら、すべて、えい花分化期にはいっているとみてよい。えい花分化期のおわりには二〇ミリに達するものがあるので、えい花分化期間は一ミリ弱から二〇ミリにわたる広い変異のあることがわかる。しかし、えい花分化中期には一・五〜三

・〇ミリていどのものが多く、えい花分化後期には八ミリていどのものが多い。一センチをこえると、減数分裂準備期にはいるものが多く、先端えい花が減数分裂準備期になるころには、幼穂長は一〜五センチていどのものが多い。減数分裂初期に達した幼穂の中で、もっとも短いものは、著者の調査では約三・二センチであったが、ふつうは四〜六センチていどとみられる。減数分裂盛期は一〇〜二〇センチのものが多く、減数分裂終期にはほぼ全長に近づく。すなわちイネの一生の最大危険期の一つである減数分裂期は五センチころからはじまり、一五〜一六センチころ盛期となり、ほぼ全長に達するころ終期になるとみてよかろう。この関係は、イナ作上重要な点であるから、記憶しておくと便利なことが多い。

第20図　減数分裂盛期の見分け方

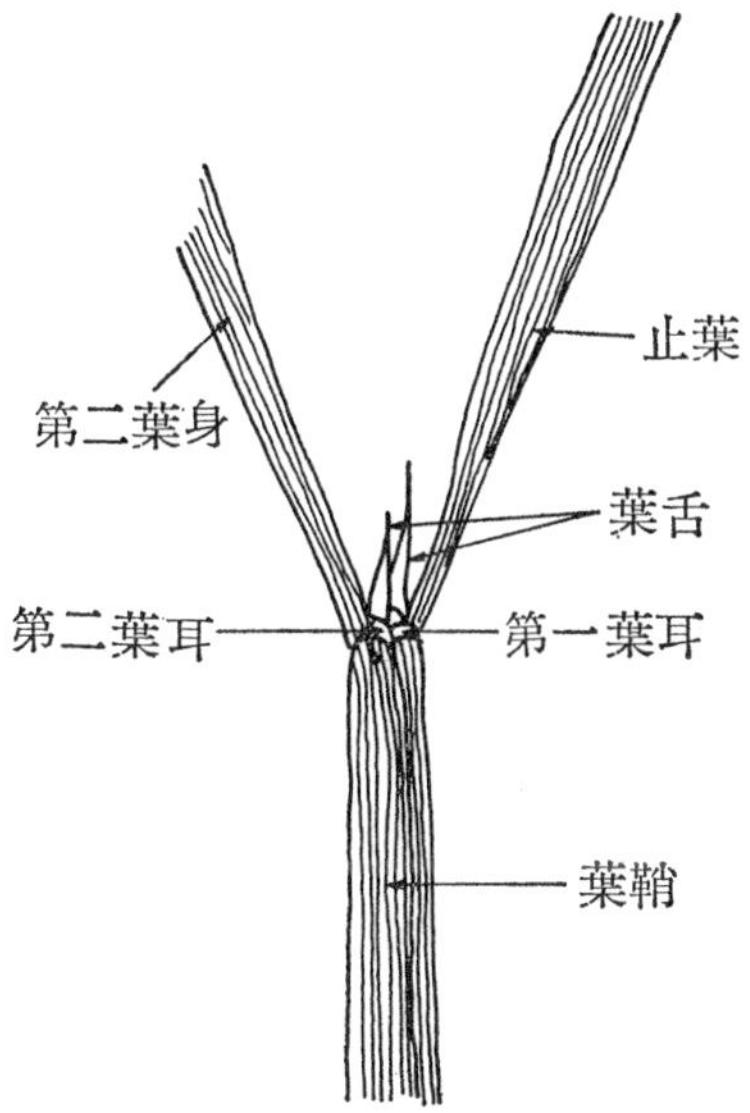

葉耳間長による方法　葉耳間長というのは、止葉（最上葉）の葉耳（葉身と葉鞘の境目にあるカギ状の小片）とその下の葉の葉耳との間隔をさすのであって、著者が使いはじめた言葉である。葉耳間長には（＋）、（0）、および（－）があるが、これは第21図に見られるように、止葉の葉耳がつぎの葉鞘から抽出しているばあいを（＋）、止葉の葉耳とつぎの 葉の葉耳とが合

第21図　葉耳間長の見方

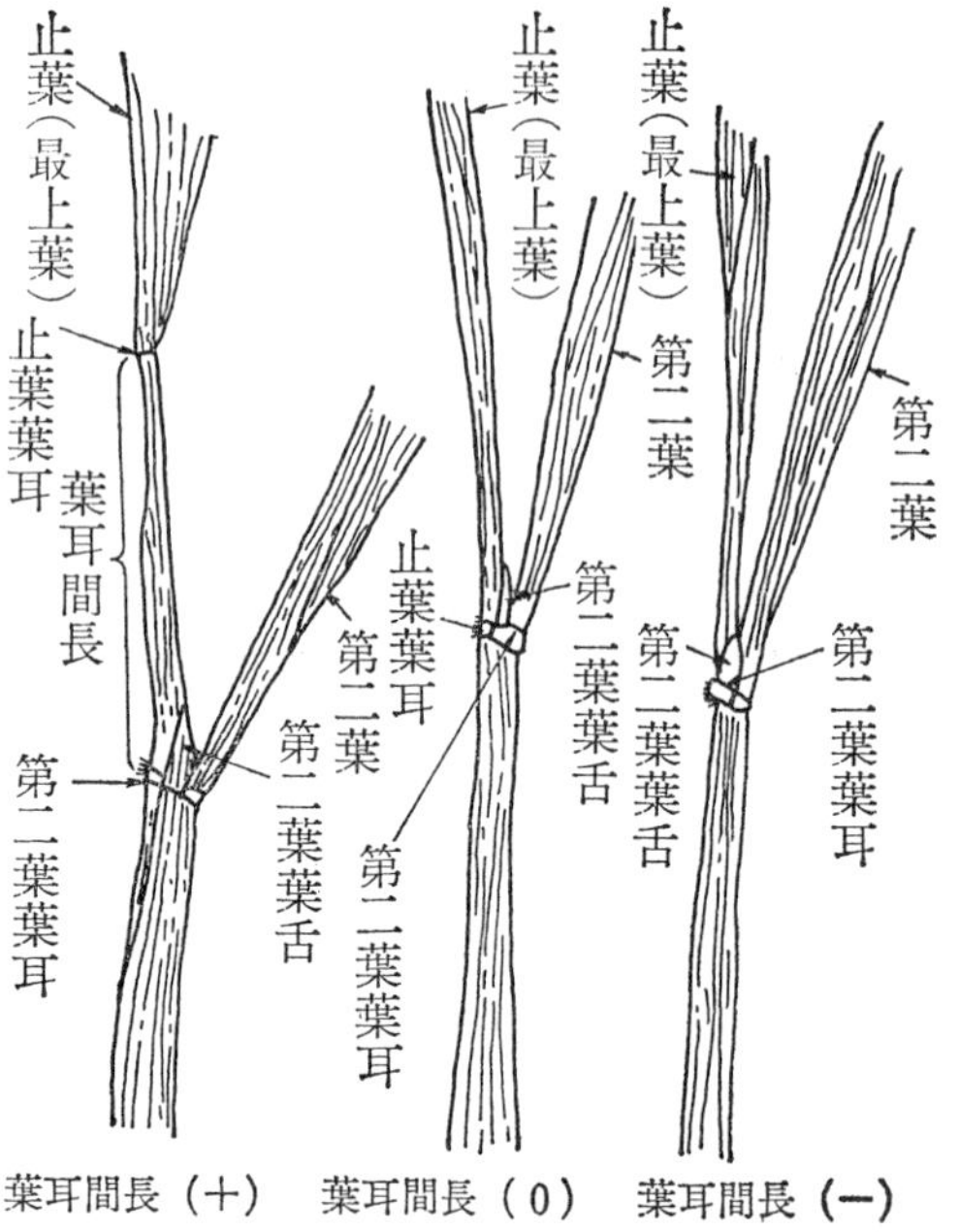

致しているときを（０）、止葉の葉耳がつぎの葉の葉鞘内にある期間を（ー）で表わすことにしている。減数分裂は葉耳間長が（ー）一〇センチころからはじまり、止葉の葉耳が見えはじめるころ（葉耳間長０・第20図）からその穂の減数分裂の盛期となり、葉耳間長が（＋）一〇センチころになると、減数分裂は終期に近づくとみてよいであろう。減数分裂期は、イネの一生中の最大危険期の一つであり、この時期の正しい診断法はイナ作上きわめて必要であるのにかかわらず、簡単に判定する方法が案出されていなかった。しかし、この葉耳間長を用いれば、かんたんに減数分裂盛期を認定することができるようになり、これはイナ作上の一つの福音であるといえよう。著者がこの方法を発表して以来、すでに二〇年を経たので、現在はかなり広く普及し、片倉権次郎氏*の著書にも早くから利用されている。

＊山形県のイナ作農家で、著書に『五石どりイナ作』（農文協刊）がある。

出穂前日数による方法　これまで、発育段階を推定したり表現したりするのに、もっとも広く用いられてきた方法は、出穂前日数である。しかし、各発育段階を出穂前日数で表わすと、年によりあるいは栽培条件によって、かなりひどいちがいの出るばあいが少なくない。出穂前日数による方法は間接的であるだけに、前述のイネ自体を直接診断する方法にくらべれば、精度は劣る。しかしながら、一般には穂首分化期から出穂期までの日数は三二日ていど、えい花分化始期からは約二五日ていど、減数分裂始期からは一五〜一三日ていど、減数分裂盛期からは一〇日ていどとみられるばあいが多い。したがって、正常な気象条件下で、品種および田植期などを毎年同じにしたイネについては、出穂前日数による発育段階の推定も、あるていどは信頼できるとみてよいであろう。

節間伸長による方法　茎の基部の節と節とのあいだが伸びはじめる現象を節間伸長開始というが、これが幼穂分化期の特徴の一つとされていた。しかし、節間伸長と幼穂発育ていどとの関係は、品種によってひどく異なり、節間伸長の大小は幼穂発育ていどを示す尺度としては一般に利用しにくい。しかしながら、肉眼で幼穂がみとめられはじめるころには、どんな品種でも、その茎の節間は常に伸長をはじめている点は注目すべきである。また、同一品種については、栽培条件による変動はあまり大きくないと思われるので、品種ごとに節間伸長のていどと幼穂の発育段階との関係を調査しておけば、かなりに利用できるばあいもあろう。

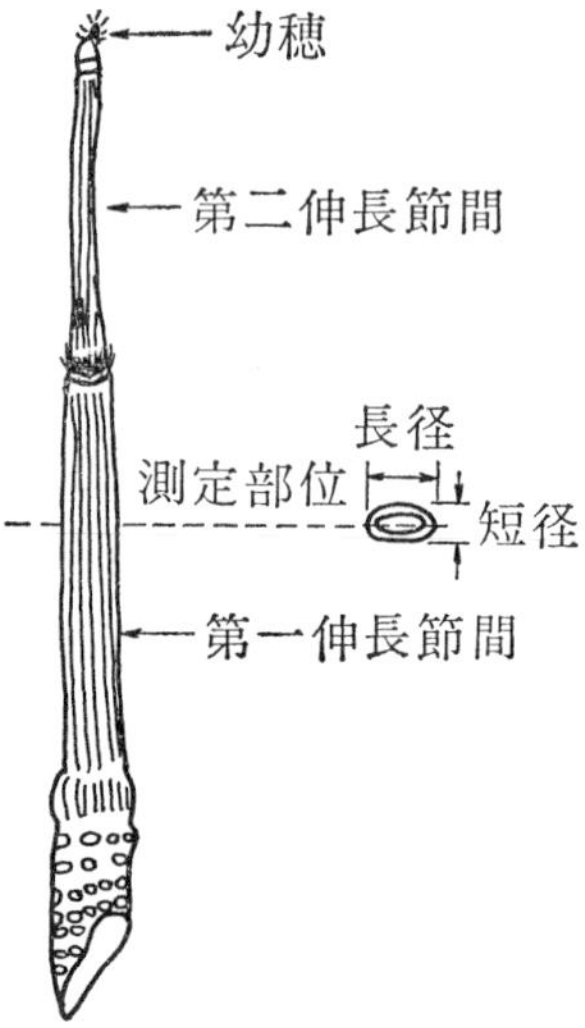

第22図　節間伸長の初期の状況と，第1節間の太さを測る位置

六、節間の伸長と幼穂の伸長との関係

イネが生殖生長期にはいると、この時期のもっとも明瞭な特徴は、節間の伸長と幼穂の伸長であるので、この両者の相互関係を知っておく必要がある。

一般に、出穂前三〇日ころになると、第22図に見るように、茎の基部の節と節とのあいだが伸びはじめ、これが肉眼でもわかるようになる。節間の伸長は、各節間が同時に伸長するのではなくて、下部の節間から伸びはじめ、順次に上部の節間におよぶものである。

第23図に節間の伸長状況の一例を示した。これは農林一八号の伸長した六節間について、その伸長経過を示したものである。この図によって、各節間の伸長状況とともにそれらの相互関係、さらに幼穂伸長状況との関係をも知ることができる。この図によれば、各節間はいずれもS字型生長曲線に類似した伸長を示しながら、下位より上位に順次伸長をしていくことがみられる。そして、幼穂の伸長する時期は上から数えて第四節間と第三節間の伸長する期間に相当し、とくに第三節間の伸長する時期と一致し、幼穂の伸長がほぼ停止してから後に上部二節間が伸長することがわかる。また、最上位

の節間（図の１）を除けば、任意の節間がもっとも盛んに伸長しはじめるころには、その下の節間の伸長はおわりに近づいていることもみとめられる。

なお、第23図によれば、最下位の節間伸長は、出穂前三二日ころよりみとめられはじめ、最上節間の伸長は出穂後九日ごろまでつづくことがみられる。そして、出穂期を起点として、各節間の伸長開始期および伸長停止期をおおよそ知ることができる。また、各節間の伸長する期間は、下部節間では

第23図 節間の伸長と幼穂の伸長状況（嵐）

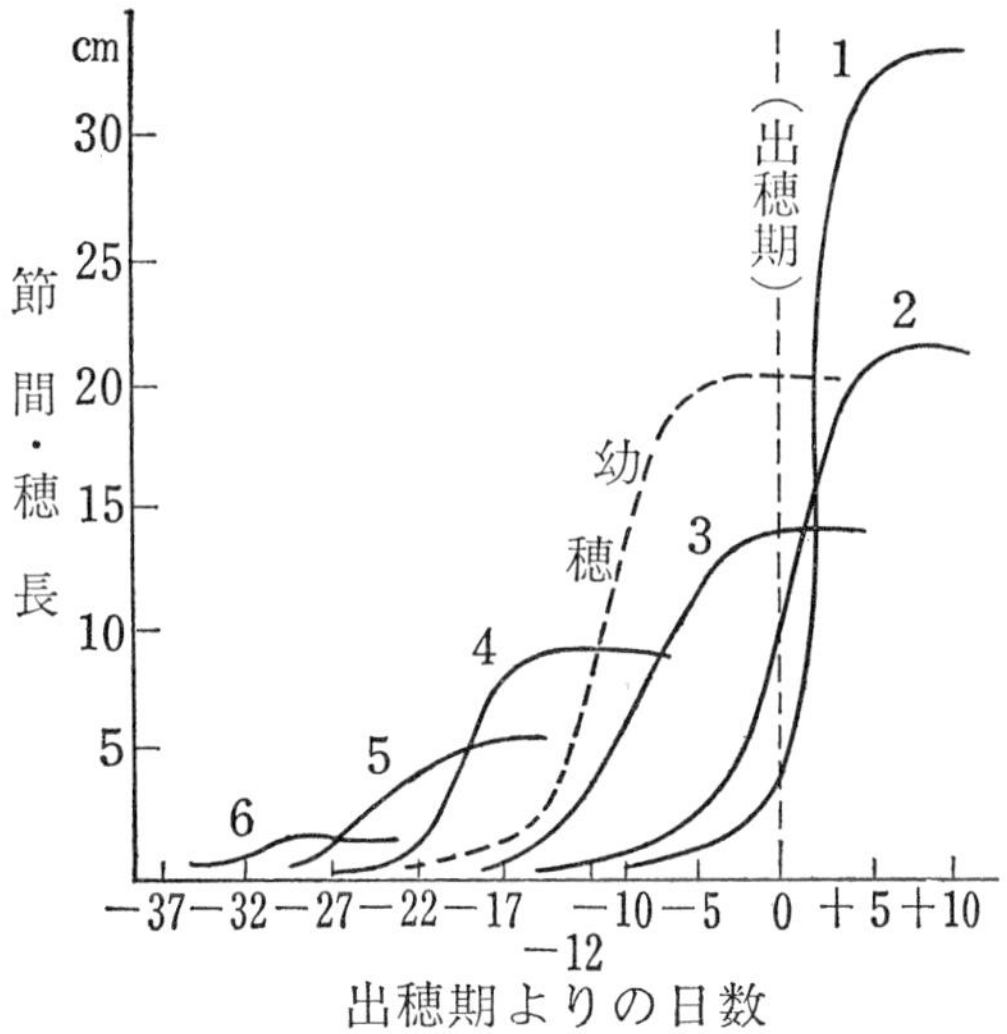

数字は上位から下位に向けてつけた節間の番号。

第24図 稈の伸長（各節間伸長の和）と幼穂の伸長との関係（嵐より改図）

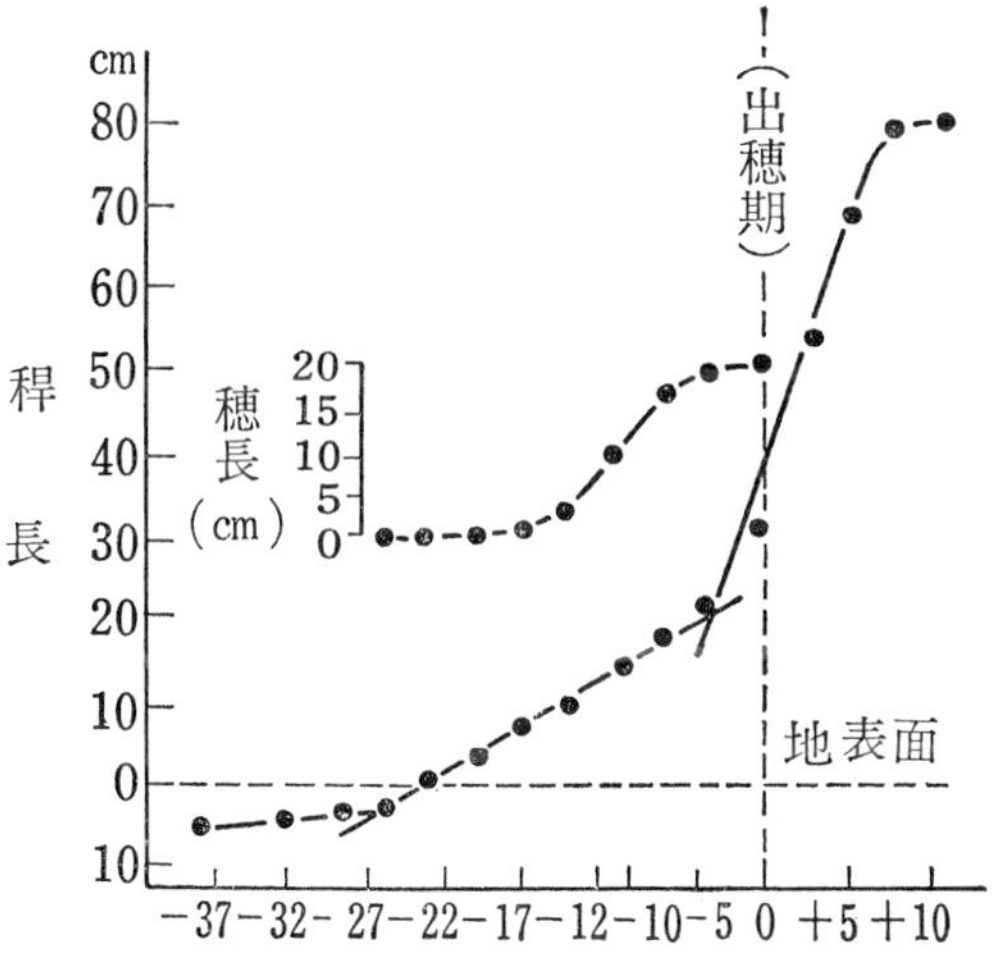

一〇日ていどであるのに対し、上部になるにしたがってしだいに増加して、二〇日もかかることがみとめられる。

各節間それぞれの伸長状況は以上のようであるが、つぎに、これら各節間の伸長の総和である稈の伸長経過、ならびにそれと幼穂伸長状況とのたがいの関係を知る必要がある。これらの点を図示したものが第24図である。この図によれば稈の伸長はだいたい三期にわけることができ、第一期および第二期における一本ずつの直線と、第三期における一本の直線と曲線との組み合わせとから成っているとみられる。第一期は節間伸長開始より幼穂伸長開始期の直前までに相当し、直線の傾斜はもっともゆるやかである。第二期は幼穂伸長開始期の直前より幼穂伸長停止期までに相当し、幼穂の発育期とまったく一致する。第三期は幼穂伸長停止期より稈の伸長完了期までのあいだであって、直線の傾斜はもっとも急であり、最後には伸長末期のゆるやかな増加曲線となっている。

以上によって、節間伸長状況と幼穂の伸長状況とのたがいの関係をおおよそ知ることができたと思われる。これらの知識も、肥培管理の上に、欠くことのできないものである。

七、葉身・葉鞘・節間の伸長の相互関係

つぎに、ある葉身が伸長するとき、どの葉鞘とどの節間が伸長するかという関係を知っておくことも、栽培上きわめてたいせつである。

葉身・葉鞘・節間が伸長して外部に現われる順序はつぎのようである。まず、外側の若い葉鞘が伸びる。それとともに、その葉鞘に包まれている一つ上の葉身が先端をややつき出したかたちで伸びる。ついで、その葉身を着生している葉鞘が伸びて葉身を押出し、最後にその葉鞘を着生している節間が伸びて葉鞘（あるいは穂）を押しあげる。すなわち、第25図のように、節間の先端に葉鞘が、その先端に葉身がついているものを一つの生長単位（系列）と考えれば、この単位内では先端の器官から順次に伸長がはじまり、つぎつぎに伸長が完了するものとみられる。そして、これらの葉身・葉鞘・節間の節位別伸長のたがいの関係はつぎのようである。以下、記載を簡単にするため、穂をB^0とし、葉身を上から順にそれぞれB^1・B^2・B^3……、葉鞘をS^1・S^2・S^3……、穂と止葉節との間をN^0、それより下へN^1・N^2・N^3……とすれば、これら諸器官の伸長最盛期は第6表の通りである。

第25図　生長単位と生長順序

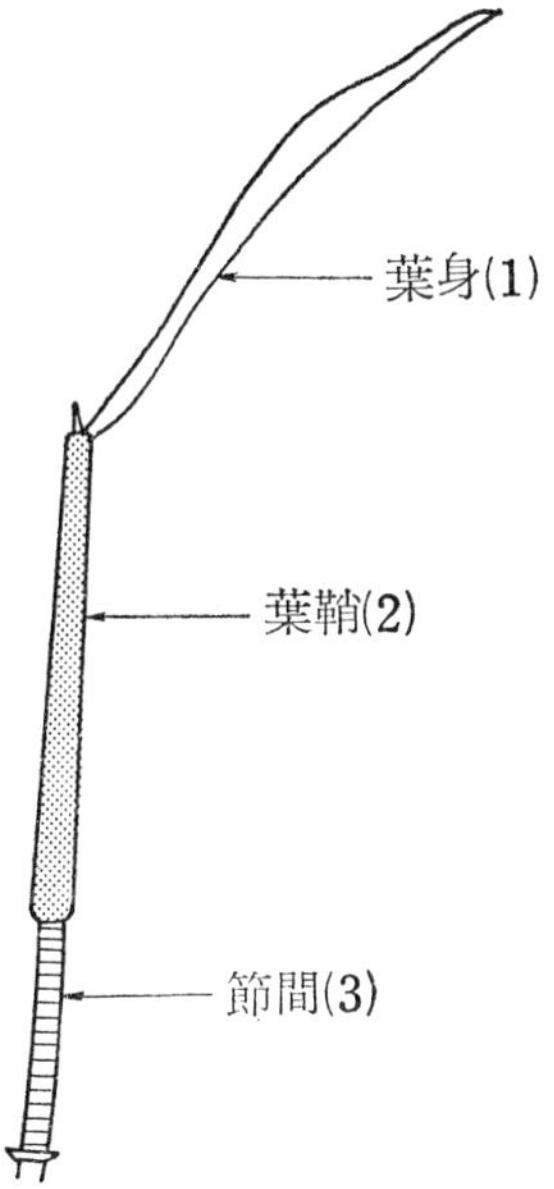

この表によれば、もっともおそく伸長する器官はN^0・N^1であるが、それにつづいて、N^2・B^0・S^1がおそく伸長し、さらに、N^3・S^2・B^1が日を接してその前に伸長するのがみられる。したがって、ほぼ同時に伸長最盛期となる器官はつぎのように対

第6表　節位別の節間・葉鞘・葉身および穂の伸長最盛期の相互関係(瀬古)

年度	節間						葉鞘					穂および葉身				
	N_0	N_1	N_2	N_3	N_4	N_5	S_1	S_2	S_3	S_4	S_5	B_0	B_1	B_2	B_3	B_4
1950	+1	-1	-10	-18	-26	-36	-12	-20	-26	-32	-41	-11	-19	-25	-31	-39
1952	0	-1	-9	-18	-25		-11	-19	-26	-31	-38	-10	-18	-24	-30	-37

N_0・N_1……，S_1・S_2……，B_1・B_2……，はそれぞれ上位よりの節間・葉鞘・葉身を示す。B_0は穂を示す。＋は出穂後日数，－は出穂前日数を示す。

第26図　節位別諸器官の伸長の相互関係の模式図 (瀬古らより著者作図)

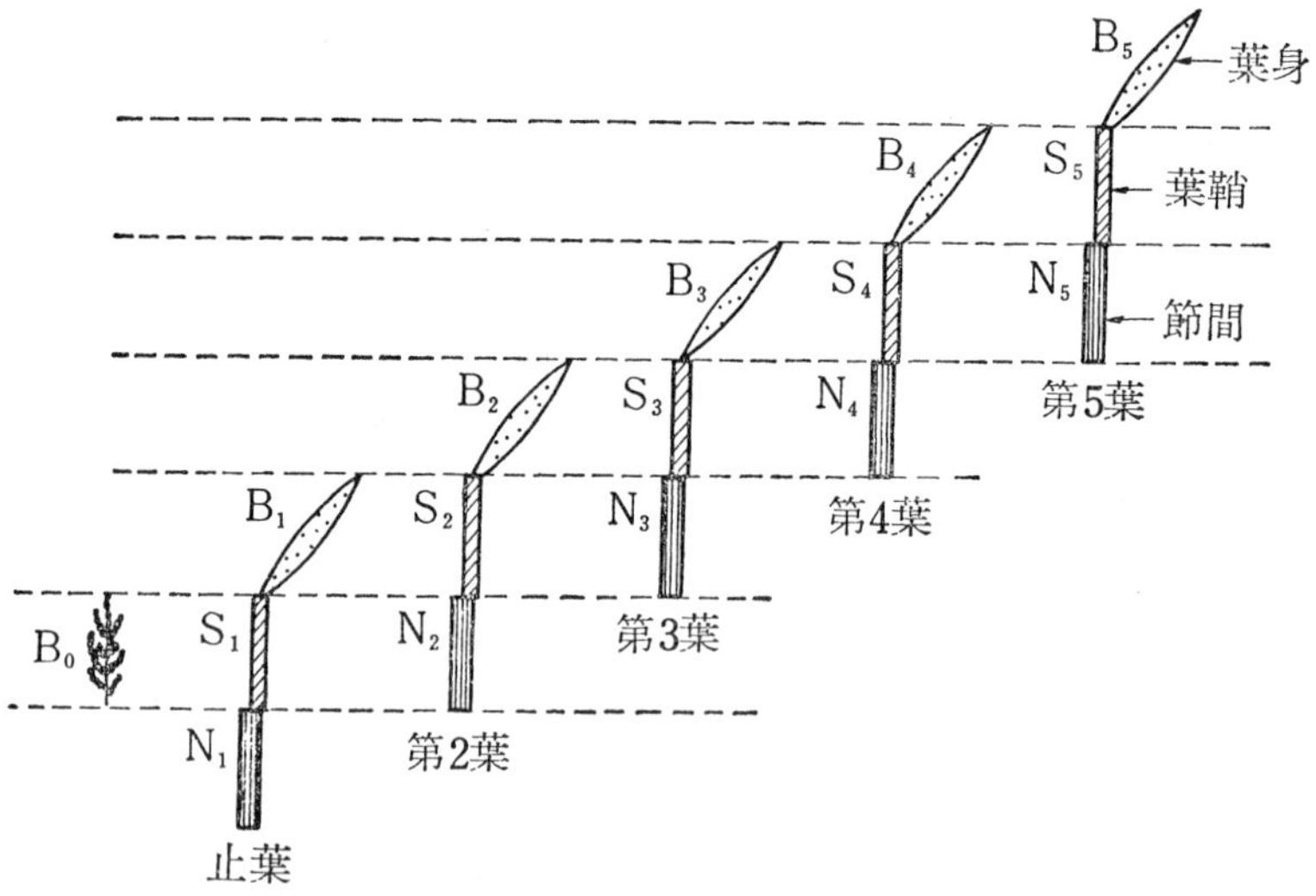

応するとみてよい。ここにも一つの生長の秩序のあることがみられる。

B_0とS_1とN_2、B_1とS_2とN_3、B_2とS_3とN_4、B_3とS_4（とN_5）。これらの関係をわかりやすく図示したものが第26図である（同じ横線上の器官は同時に伸長する）。

第27図 チッソの施肥時期と葉身の伸び方との関係

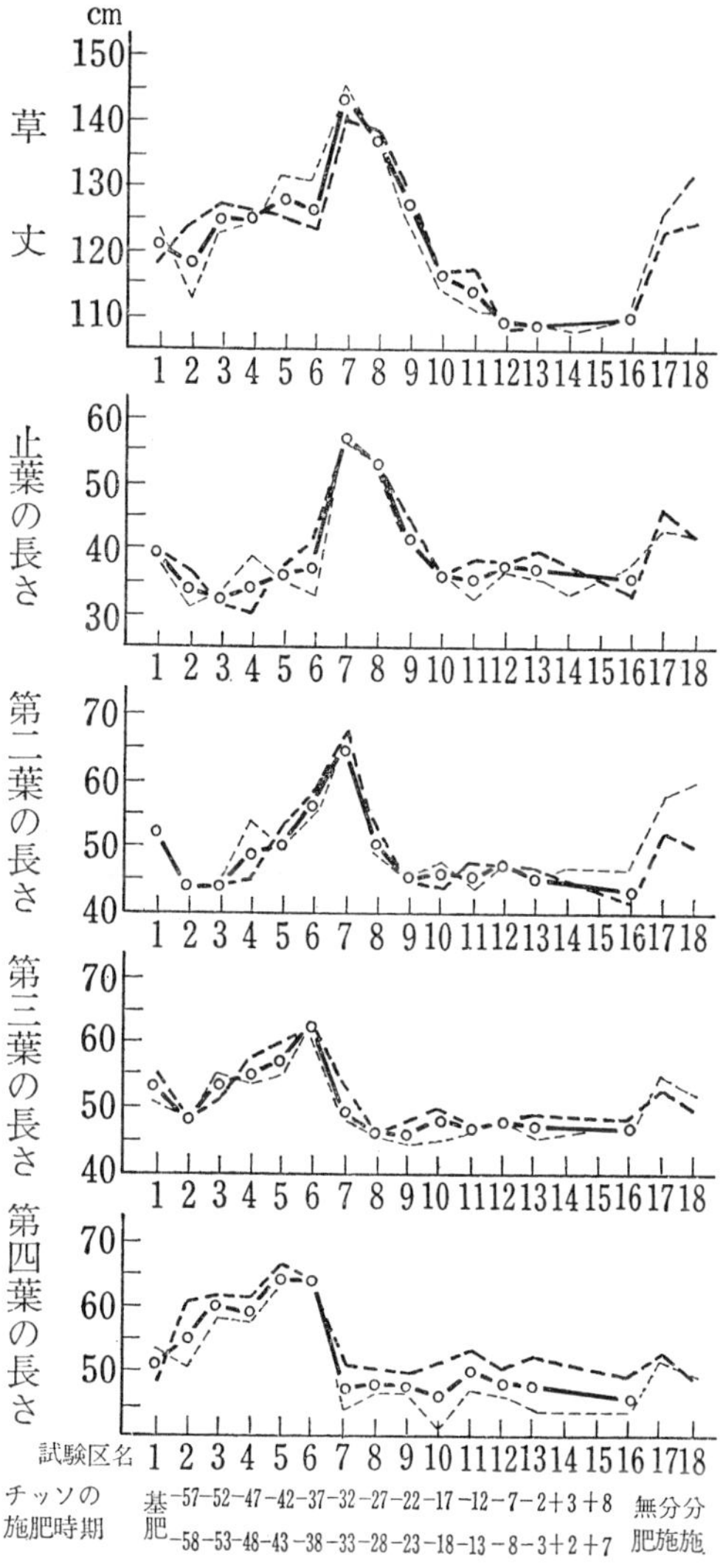

1） 施肥の時期は出穂前後日数で表わし，上段は昭和32年(1957)，下段は昭和33年（1958）と昭和34年(1959)のものである。
2） 葉の番号は上から数えたもの。

八、葉身の長さから肥効時期を診断する方法

以上において、葉身・葉鞘および節間の伸長のたがいの関係がわかった。そこでいま、もしある葉身が長く伸びていたとすれば、それと同時に伸長する葉鞘や節間も長いはずであろうと推定できる。

そして、実際調査の結果も、同時に伸長する器官の一つが大きければ、他の器官も大きく、一つが小

さければ、他の器官も小さいことが確かめられた。したがって葉身だけに着目してイネのからだを診断すれば、葉鞘や節間は直接調査しなくてもよいことになる。そこで、ここでは煩雑をさけて、肥料のきき方と葉の伸び方の関係を述べよう。

第27図は、活着期から登熟初期までにわたって、五日おきにいろいろの時期に硫安を充分に追肥して（リンサンとカリは基肥に充分与えておく）、その肥効がどの葉に現われるかを、圃場で試験した三カ年の平均成績である。この図の最上段は草丈を、第二段には第一最上葉身長（止葉の長さ）を、第三段には第二最上葉身長（上から二番目の葉の長さ）を、第四段には第三最上葉身長を、第五段には第四最上葉身長をそれぞれ示してある。この図から、どの時期の肥効（追肥）が草丈をもっともよく伸長させ、さらにまた、どの節位の葉身をもっともよく伸長させるかがよく理解できる。

草丈　出穂前三三日の穂首分化期に追肥したもの（第七区）がもっともよく伸長した。これにつぐのが第八区（出穂前二八日の一次枝梗分化期の追肥）であり、これらの草丈の増加量は無肥料区（第一六区）に対して三割増、基肥施用区（第一区）に対して二割増である。生育前半期に与えられたチッソは、第七区の時期（穂首分化期）までは、おくれるほど草丈を高くする働きのあることがみられる。これに反して、第七区の時期を過ぎると与えられたチッソの草丈を伸ばす力は急に衰えはじめて、施用される時期のおくれるほど草丈は低くなる。そして、第一一区の時期（減数分裂中期ころ）まではなお草丈を伸ばす力が多少残ってはいるが、第一二区（減数分裂後期）以後のチッソは草丈を伸ばす働きのまったくないことも注意を引く点である（稈長は第五区と第六区が最大となり、草丈とちがった反応を示す。これは、草丈の長短は節間の長短によって決定されるのではなくて、主として葉身長と葉鞘長の長さによって左右されるとみられるからである）。これらの知識は、後で述べる多収穫栽培にきわめて必要である。

止葉　出穂前三三日の穂首分化期に追肥したもの（第七区）と、出穂前二八日の一次枝梗分化期ころに追肥したもの（第八区）がもっともよく伸長する。第九区（出穂前二三日、えい花分化中期）でもなおわずかに伸びるが、第一〇区（出穂前一八日、えい花分化後期）になると、追肥による伸長はまったくみとめられない。ここで、注意を引く点は、第六区（出穂前三八日）以前の施肥では、第一最上葉（止葉）はほとんど伸びないことである。これは、おそらく第六区以前のチッソは、主稈総葉数や分げつや他の葉を増大させるのに利用されて、止葉の長さを伸ばすことには利用されにくいものと考えられる。第七区および第八区のものがいちじるしく長い理由は、止葉の始原体（止葉の赤ちゃん）が分化しおわり、主稈および各分げつの総葉数が決まった直後であるので、集中的に、ここに肥効が現われるものであろう。

第二最上葉　第六区（出穂前三八日）および第七区（出穂前三三日）、とくに第七区で長い。第八区（出穂前二八日）の追肥もまだやや伸長に役だつことがみられる。止葉に比べれば、もっとも伸ばしうる施肥時期が一区（五日）だけ前にずれていることに気づく。

第三最上葉　第六区（出穂前三八日）が最高であり、第七区（出穂前三三日）の追肥まで伸ばす力のあることがみられる。第八区（出穂前二八日）以降はまったく伸ばす力がないとみてよい。

第四最上葉　第五区（出穂前四三日）および第六区（出穂前三八日）が最高である。これ以前の各区の追肥には伸ばす力があって、これ以後の各区にはその力がない。

以上の結果から、各葉身をもっともよく伸ばす最適施肥時期のあることがはっきりわかるし、その最適施肥時期とは各葉の始原体（赤ちゃん）が生まれた後、間もないころであることも理解できる。別に行なった試験の結果から、ある任意の葉の先端が見えはじめたころ追肥すると、その一つあとの葉身と二つあとの葉身が伸長することが明らかにされた。つまり、追肥によってもっとも葉身が長くされるのは、まだ葉鞘中で伸びつつある、分化して間もない小さな葉であり、外部に見えはじめてからの追肥は、その葉身の伸長には役だたないことがわかった。

要するに、ある時期の施肥が特定の葉だけをとくに伸長させることが明らかになったが、この事実は、生育各期の肥効を判定する上に、もっとも好都合の指標と考えられる。たとえば、同一品種について、甲の田と乙の田を比較したばあいに、第三最上葉身長が、乙より甲のほうが長ければ、出穂前三八日ころのチッソの肥効は甲が乙よりまさっていたことを物語るものである。* なお、同様の比較は同じ水田での栽培年度別についてもできるのである。

*同一品種のあいだでは、そのまま実数で比較してよいが、異なった品種を比較するときには、第四葉身の

長さを一〇〇とした比率で比較するのがよい。

このように、各節位の葉身長を比較するだけで、肥効時期を診断できるが、それだけでなく、いつの時期の追肥がどの節位の葉を伸長させるかを知っておくことは、後で述べる多収穫栽培の上に、きわめて必要なことである。

九、根の生育と地上部の生育との関係

イネの根は、節から出るもので、各節から出る根の数は生育ていどが同じであればほとんど差はない。したがって、根数は根を出す節の数に左右されるから、生育に伴う根数の増加は分げつ数といちばん関係が深いことになる。

第28図に分げつ数の増加と根数の増加とを対比して示した。この図によれば、分げつは活着後急速に増加するが、根数の増加ははじめはかんまんで、分げつより一六～二〇日おくれてだいたい同じ傾向で急に多くなる。イネでは、主稈でも分げつでも、第四葉が出るときに、同時に第一節から根が出はじめる。いいかえれば、第四葉と第一節から出る根とが同時に生長し、以下順次に第五葉と第二節から出る根、第六葉と第三節から出る根とがそれぞれ同時に出現し生長する。したがって、ある分げつが出現してから約一五日後にはじめてその分げつの第一節から根が出てくる。根数が分げつより一六～二〇日ていどおくれて、分げつの増加に伴って急速に増加するのはこのためである。そして、出

第28図　分げつ数の増加と根数の増加との関係（藤井）
（1株1日当たり増加数）

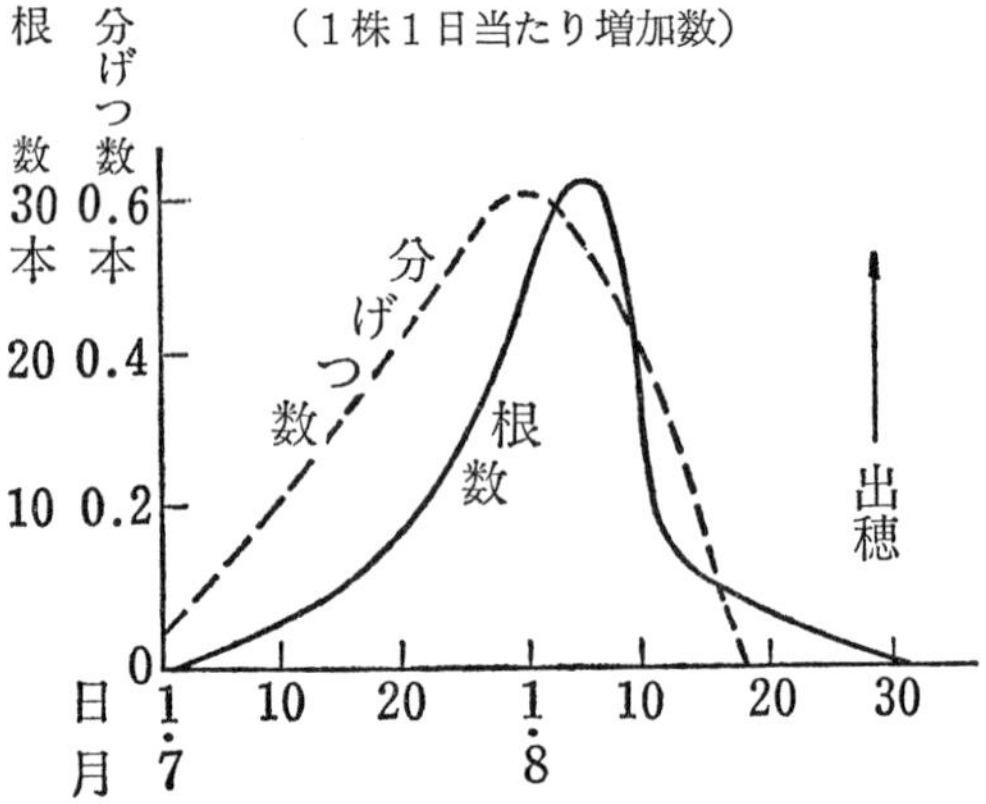

穂前二〇日ころ、一株当たりの根数は最大になる。このころは、すでに節間伸長が開始されており、伸長した節では休眠する根がしだいに多くなるから、その後の根数の増加は少ない。このように、分げつ数と根数はだいたい同じ傾向をたどるのである。

根は、活着後から分げつ期までは、地表から二〇センチ以内に浅くヨコにひろがる。分げつの発生がおわるころから節間伸長期になって、地上部が上方に伸びるとともに根は急速に下方に伸長し、出穂期には最長に達する（六〇〜八〇センチ）。その後は、ほとんど伸長しない。このように、根は分げつ期に急にその数を増し、節間伸長期にかけて下方に伸長する。

つぎに、根がどのように地中の深さに分布するかを調べてみると、二〇センチ以内に八〇パーセント前後の根が分布し、五〇センチ以下に伸長するものはわずか三〜四パーセントに過ぎないのが一般である。したがって、イネの根の活動するのは深さ二〇センチまでであって、とくに節間伸長期以後に発達するうわ根は、地表から二〜三センチの表土に分布する。

イネの苗は、移植後なるべく早く活着させることが増収上たいせつであるが、この際の活着のよしあしは主として移植後新しく出る根に負うものである。健苗のもっとも重要な特徴は活着時の発根のよしあしである。苗の発根力は、厚播き苗になるほど劣り、とくに苗代日数が長くなったばあいにその劣り方がひどい。苗代日数についても、適令苗（四〇〜五〇日苗）の発根力がもっともまさり、若苗でも老苗でも劣る。また、畑苗代の苗は一般に水苗代の苗よりいちじるしく発根力が高い。

ところで、イネでは原則として一つの節から、一枚の葉と一本の分げつと数本の根が出る。第一章—三で述べたように、同伸葉理論にしたがって葉や分げつが規則的に生長する以上、同じ節から出る根の生育もその規則性にしたがって、同じ速度ですすむであろうことは容易に推定できる。実際調査した結果も、根は下の節から上の節へ一定の周期をもって、つぎつぎに出現し伸長するが、その周期は葉の出る周期と同じであって、ある節の根はそれより三節上の葉と同時に伸長する（たとえば、第三節の根と第六葉）。いいかえれば、節位別にみると、根は下の節から上の節へ葉より三節おくれて同じ歩調で出現伸長し、たがいに密接な関連を保ちながら規則的に生育をつづけてゆく。このように、根の生育は地上部の生育と密接不離な関係をもっているのである。

一〇、根の診断法

イネの生育は根のよしあしに左右されることが大きいので、イナ作改善には根の診断をおろそかに

第29図　古い根と新しい根　（稲田）

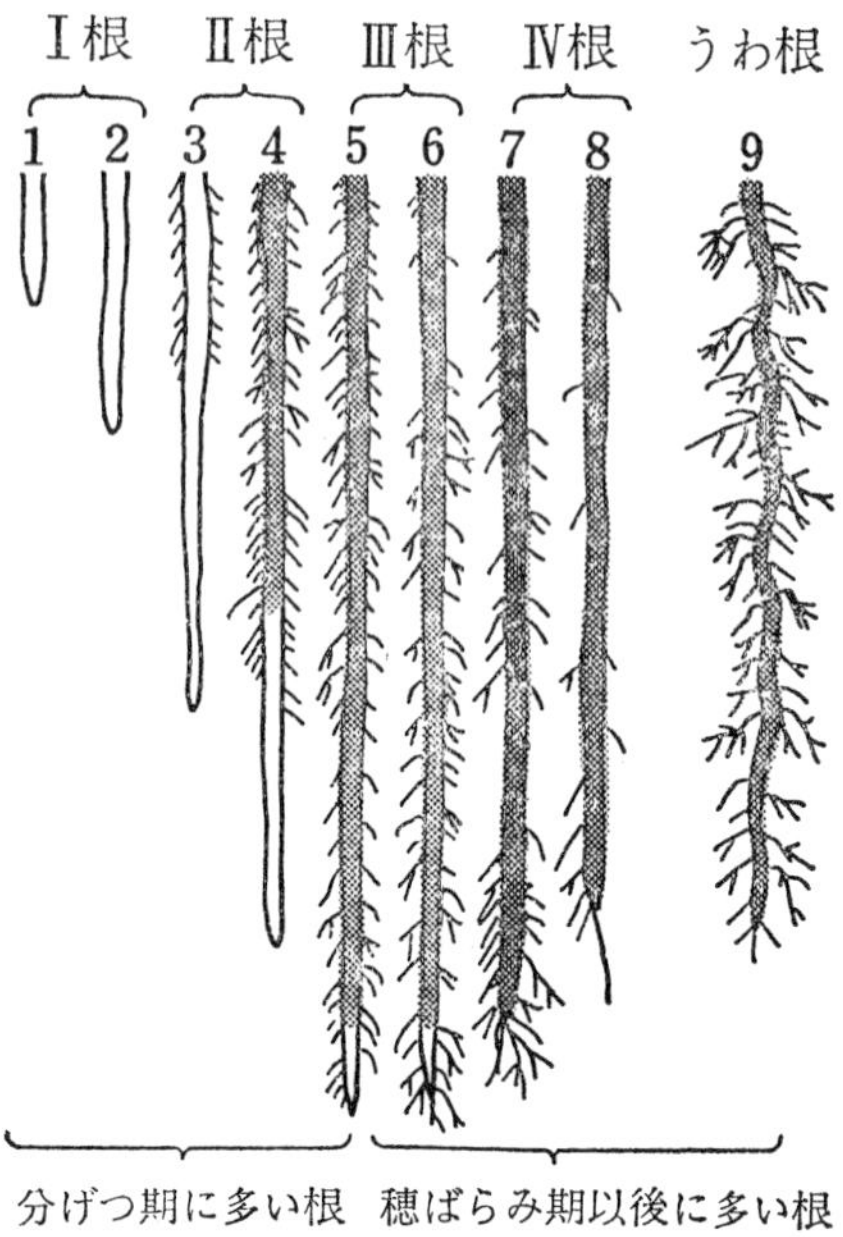

することはできない。しかしながら、イネの根の研究は、最近になってようやく盛んになりはじめたもので、根の診断についての知見もまだ不充分であるといえよう。現在の段階で、実際の栽培上に役だつ、簡単な診断法を述べればつぎのとおりである。

1、根の新旧の診断法

根の診断では、まず最初に注意を向けなければならない点の一つは、根が古いか新しいかという点である。根の新旧を判別する方法の中で、現在もっとも広く用いられているものは、馬場・稲田氏による形や色によって分ける方法と、太田・山田氏による節位によってわける方法とであろう。

形や色によってわける方法

この方法は根の形態・色などから根の新旧を判別し、ⅠからⅣまでの四種にわけるものである。Ⅰがもっとも新しく、Ⅳがもっとも古い。第29図からそのだいたいの様相をうかがうことができる。

Ⅰ根は、乳白色で、まだ分岐根の発生がみられない。一見して新根と思われる根で、長さはだいたい一〇センチ以下である。

Ⅱ根は、先端部の四〇～六〇パーセントはまったくⅠ根と同様であるが、基部は黄色ないし淡褐色を帯び、分岐根を発生している。一〇～二〇センチのものが多い。

Ⅲ根は、先端二～五センチはⅠ根と同様であるが細い。他の部分は分岐根の発生が多く、一般に黄褐色をしていて、長さはⅡ根より長い。*

*Ⅲ根はさらに、その黒化のていどによって、Ⅲ$^{-}$、Ⅲ$^{+}$、Ⅲ$^{++}$、Ⅲ$^{+++}$の四つにわけられる。Ⅲ$^{-}$は黒化のないもの、Ⅲ$^{+}$は黒化部が全根の〇～三〇パーセントを占めるもの、Ⅲ$^{++}$は黒化部が全根の三〇～六〇パーセントを占めるもの、Ⅲ$^{+++}$は黒化部が全根のおおよそ六〇パーセント以上を占めるものである。

第30図　生育にともなう根の変化
（馬場・稲田）

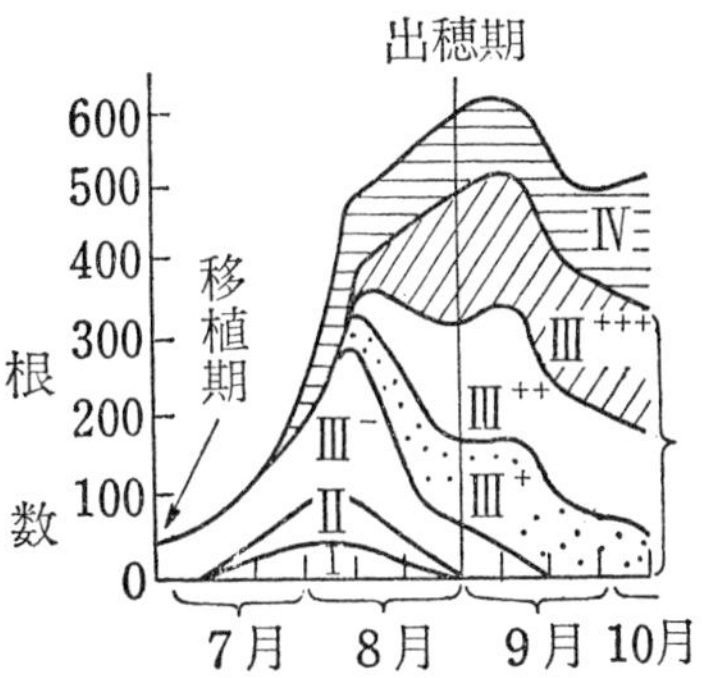

Ⅳ根は、汚褐色をしていて、根基部では分岐根が脱落した形跡がみられ、先端部まで分岐根がある。分岐根の多くはもろくなって途中で切れてしまっている根で、それが黒化したり、腐敗して透明になっているのもある。

つぎに、これらの根が生育に伴ってどのように変化するかを知っておく必要がある。この関係を図示したものが第30図である。

第31図　根の新旧による呼吸とチッソの吸収力の差異

（稲田）

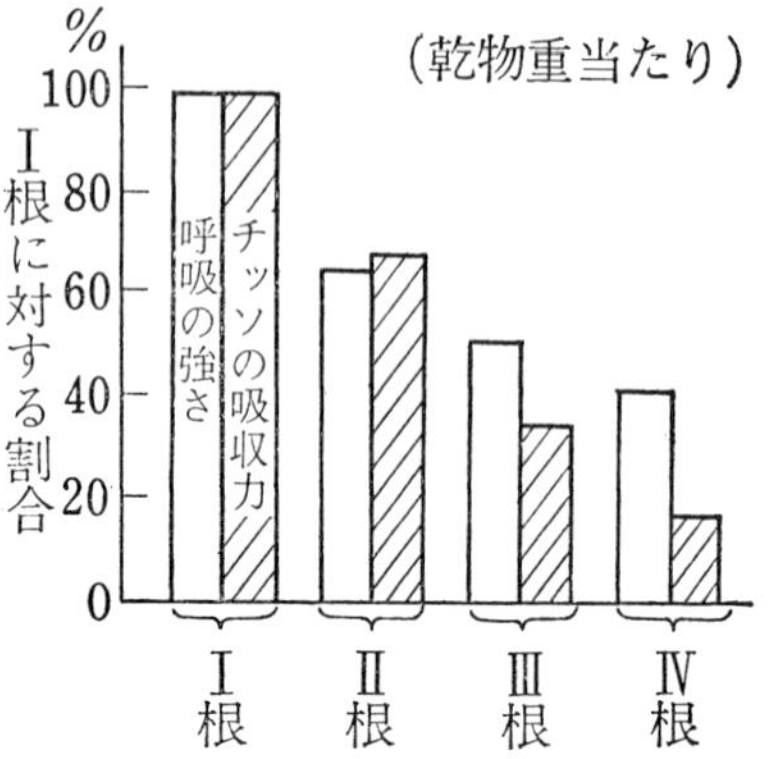

この図は中生種を埼玉県鴻巣で六月末に田植したものなので、七月上旬は活着期、七月中・下旬は分げつ期、八月はじめは最高分げつ期と幼穂形成期に相当する。この図によれば、分げつ期にはⅠ・Ⅱ・Ⅲ根がほとんど全部を占め、幼穂形成期から出穂期にかけてⅠ・Ⅱ根が少なくなり、Ⅲ根がだんだん黒くなる。Ⅳ根も少しずつふえはじめ、出穂後はⅠ・Ⅱ根はほとんどなくなり、多少とも黒色になったⅢ根およびⅣ根で占められるようになる。

なお、このわけ方は外観で行なわれるものであるが、Ⅰ根からⅣ根へと根が古くなるにつれて、呼吸率や根内の無機成分量が規則正しく変化することも確かめられている。たとえば、根内のカリ含有率はⅠ→Ⅳの順に低下し、鉄およびケイサン含有率は逆に増加し、根の乾物重当たりチッソ吸収力や呼吸率は第31図のようにⅠ→Ⅳの順に低くなる（一本の根についてみると、先端ほどチッソ吸収力は強い）。

節位によってわける方法

この方法は、前の方法が主として形態・外観でわけるのに対し、根の着生する節位を基準として新旧をわけるものであり、太田・山田氏によって発表されたものである。これは、前節（八一ページ）

で述べた原理、つまり、根は葉と同様に、下の節から上の節へ向かって一定の周期をもって出現し、伸長していくという原理に立脚している。第一章で述べたように、同伸葉理論によって葉と分げつの出現とのあいだには一定の規則性があるように、葉と根の出現とのあいだにも一定の法則があり、前節で述べたように、葉が一定の周期をもってつぎつぎに出現するにつれて、根は最上葉から数えて三葉下の節からつぎつぎ出現する。したがって、根は下の節から上の節に向かって、葉と同じ周期をもって出現するから、ある時期のイナ株を診断すれば、下の節から出ている根ほど古く、上の節から出ている根ほど新しいはずである。

根の太さは、最初に出る一本の種子根（モミから直接出る根）はやや太いが、そのつぎの鞘葉（コレオプティル）の節から出る根はもっとも細く、その後、上の節になるにつれてしだいに太くなり、かなり上位のある節（たとえば第一〇節）で最大になり、それより上の節の根からはまた細くなる。

これらの各節から出る根のサンソ消費量（乾物一グラム当たり）を測定してみると、上位節の根ほど、すなわち新しい根ほどサンソをたくさん消費する。

さらに、根の出る角度を主稈各節について調べてみると、第32図に見るように、上位節から出る根ほど、しだいにその角度が大きくなる。とくに第一〇節・第一一節の根のうち、上方に向かう根は水平に伸び、根の先端も下方に向かわず、その上、分岐根が異常に発達して網状となり、他の根とは一見して異なる形を示している。これをうわ根と呼んでいる。分げつの根についても、だいたい主稈と

第32図　節位別の根の出る角度　（藤井）

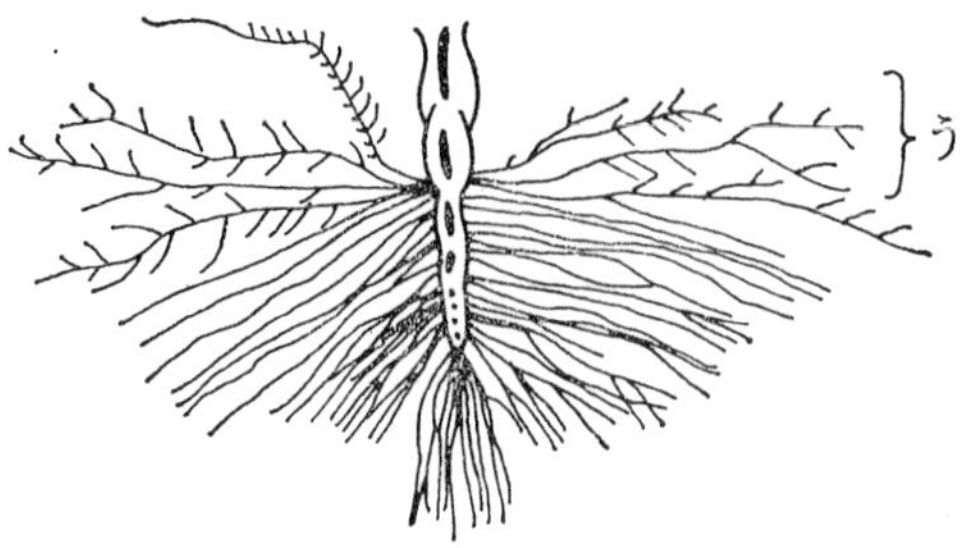

第33図　根の節位別のわけ方を示した模式図　（山田）

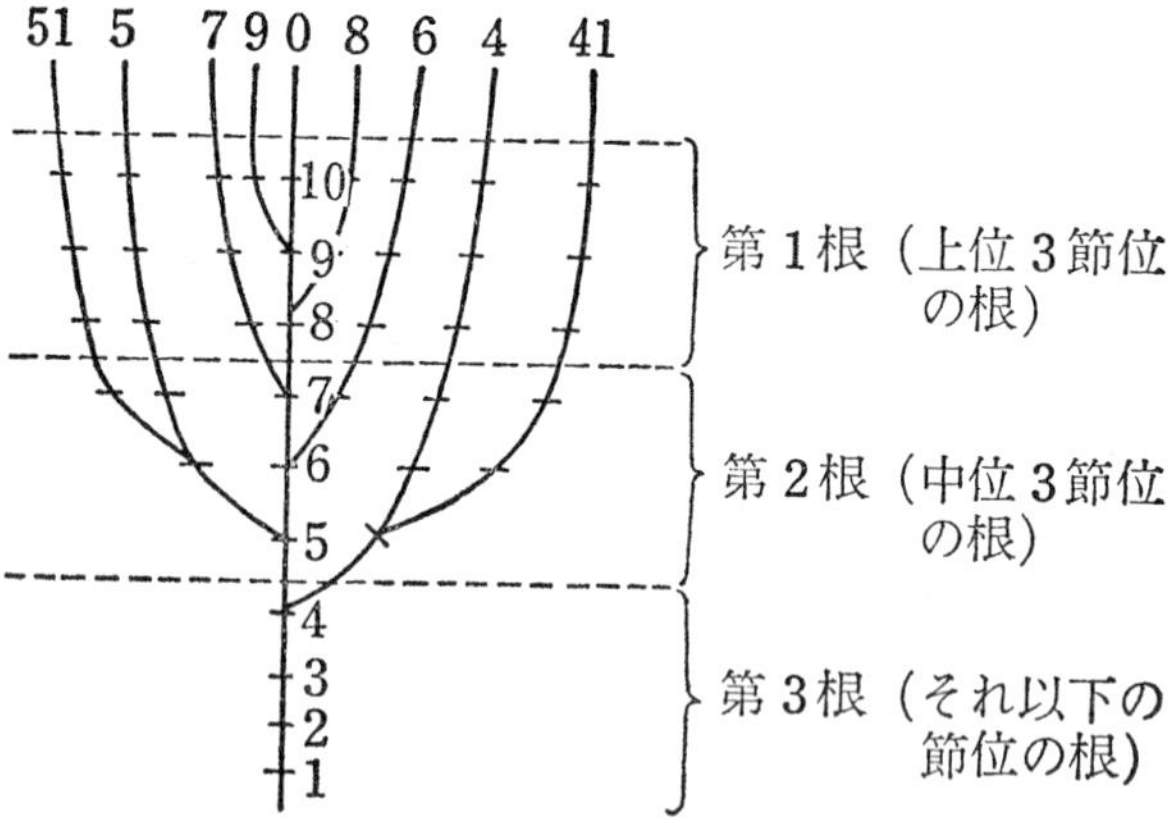

発根最上節から3節ずつにわけたばあい

同様の傾向がみとめられる。

節位別のわけ方（分級）は、以上の原理を利用して、根を、古さを異にする群に分級しようとする方法である。まず、採取したイナ株をていねいに根洗いし、地上部と根を切り離さないで、水中でていねいに一茎ずつバラバラにする。それぞれの茎について、発根している最上節から下に向かって数節ずつ（たとえば上部三節、中位三節、それ以下の節）に、根のついているまま根茎を切りわける。切断されたそれぞれの根茎から発生している根群を一つのグループとして考えるわけである。つぎに根茎をカミソリでタテに裂いて、その断面について節位を判別する。最初は節位を区分するのがむずかしいように思われるが、なれると比較的容易にできる。

この方法の特色は、①全然主観をまじえないで同じ古さの根は同じグループにわけることができること、②同じ古さの根について、いろいろのイナ株を比較できること、③古さのちがいによる比較も容易にできること、などである。

いま、上位三節・中位三節およびそれ以下の下位節の三つにわけたばあいに、一株の各茎の根がどのようにわけられるかを示すと第33図のようになる。この図によって、主稈・分げつ茎の区別なく、発根を示す最上節から一定数だけ下方に区分してゆけば、同一の古さの根が得られることがわかる。

2、不健全な根の診断法

いろいろなイネの根を掘り取り、泥をよく洗って、注意して観察すると、第34図のように、さまざまな根のあることがわかる。この中で、黒根・腐根・虎の尾状の根・獅子尾状の根の四種類は不健全な根と診断してよく、左端の根だけが健全な根である。

黒根は赤褐色の根のところどころが黒くなっており、ことに分岐根の黒いことが多い。これは生育中期以後に一般にみられるものである。

腐根は腐って半透明になり、中心柱（根の中心をとおっている組織）が根の外部からよく見える。

第34図　健全な根と不健全な根　（稲田）

土中の硫化水素におかされたときなどに現われることが多い。

虎の尾状の根はところどころに酸化鉄の膜が図のように厚くつくのが特徴である。硫化水素の害などで先端が腐るとこうなる。

獅子尾状の根は先端部が生長を停止し、先端近くから多くの分岐根が出る。硫化水素などで先端が腐るとこうなる。

健全な根は先端が白く、その他の部分は無数の分岐根でおおわれており、分岐根の発生するところは、うすい赤褐色となっている。

3、分岐根の多少による診断法

根を少し注意して見ると、同じ古さの根で比較しても、第35図のように、分岐根の多い根と少ない根とがある。分岐根の少ない根は一般にサンソ不足の水田にみられることが多い。これは、一つには

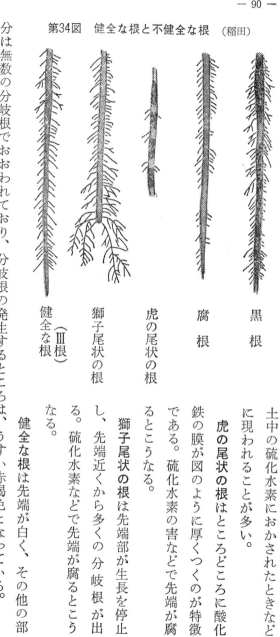

老化した分岐根が脱落したためであるが、他方では図のように、表皮を破って外へ出られないためにおこるものである。このような根は呼吸作用が弱く、養分吸収が少ないのがふつうである。こんな根が多ければ、根の全体の活力が衰えていると診断してよい。

第35図　分岐根の多い根と少ない根　（高橋・渋沢・林田）

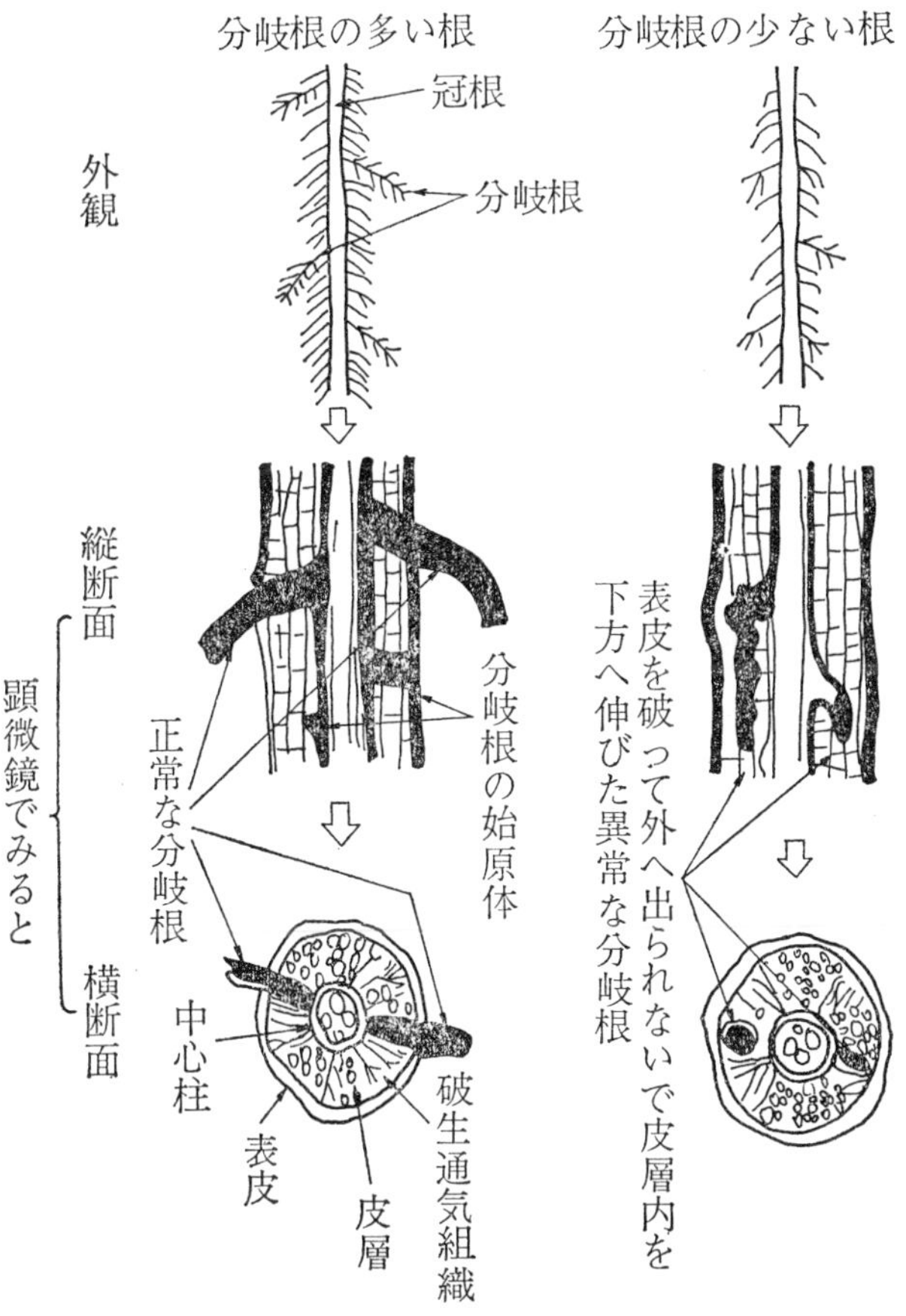

分岐根の多い根は、排水や透水のよい水田とか、田畑輪換した水田などのように、土の中のサンソが不足していない水田や、畑状態の水田などのように、サンソの豊富な水田に多い。分岐根には、太いものと細いものとがあるが、太い分岐根はさらに分岐する。また、若い分岐根は呼吸作用

が盛んで養分吸収が強い。したがって、このような根が多ければ、根全体の活力は高いと診断してよい。

4、二段根による診断法

分げつ期を過ぎてからイナ株を抜きとり、土を洗ってみると、第36図の右側のように、根群が二段または三段に形成されていることがある。正常ならば、左側の図のように、地中の節間（下位節間）は伸長しないで圧縮された形になっているので、各節から出る根はかたまって、一見、一箇所から出ているように見える。これに対して、二段根（ときに三段根）のばあいは、地中の節間が伸長して、節と節とのあいだに間隔ができ、わかれた二群（または三群）の節からそれぞれ根が出るために、根が二群（または三群）に分離して、二段（または三段）に見えるのである。

二段根にはつぎの二つの意味がある。

第一には、苗代日数が長すぎて、老熟苗になったものを植えた証拠である。適令を過ぎた老化した苗を植えると、必ずこのような現象が現われる。この理由は、苗代ですでに苗が生殖生長期にはいっていて、肉眼ではみとめにくいが、苗が節間を伸長しはじめてしまうからである。二段根（または三段根）になっているイナ株は、正常なイナ株に比べて、強大な分げつが少ないか、遅発分げつが多いか、などの欠点があって、収量の低下するのが一般である。二段根が収量の低い一原因となっていることも少なくないので、各自の水田の根を診断してみる必要がある。もし、二段根がみとめられ、しかも深植えでないことがわかったら、苗代日数の長過ぎたことにまちがいないので、今後は苗代日数を短くするよう注意しなければならない。最適苗代日数は、品種・気温・水温・播種量などによって異なり、いちがいにはいえないが、葉令指数でいえば、三五～四〇であろうと思われ、五〇を過ぎると、二段根が現われるとみるのが安全であろう。

第36図　二　段　根

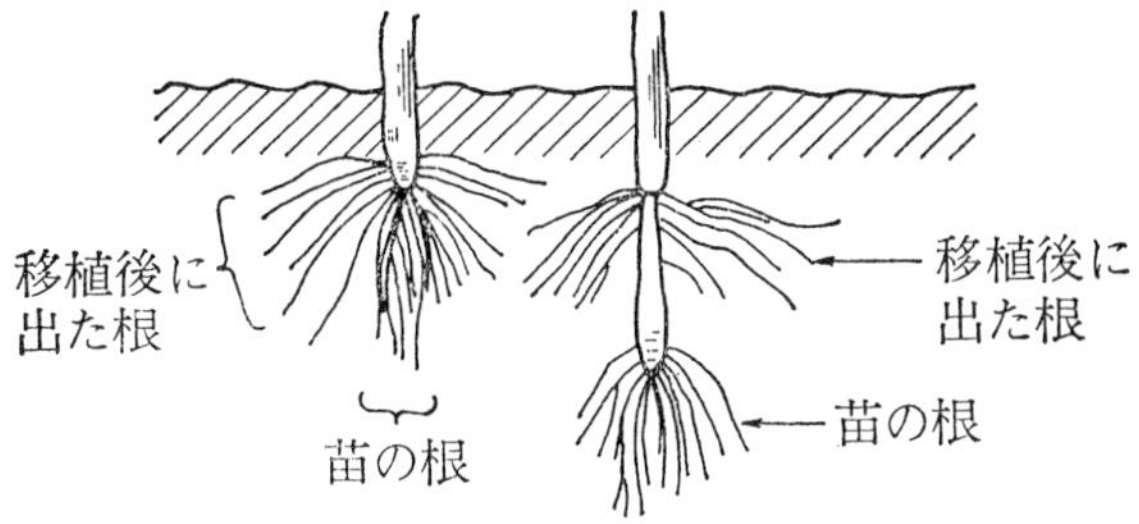

　第二には、田植の際の深植えの結果から、このような二段根が現われるのである。苗が深く植えられると、土の中の深いところでは一般にサンソが欠乏しやすく、節から根が発生しにくい。このために地中の節間（下位節間）が伸長して、発根する節を地表近くまで押しあげ、サンソの供給を充分にして、発根しやすくするのである。このばあいにも、イナ株は強大な分げつの数が少なく、遅発分げつが多く、収量が低下するのが常である。

　したがって、根を診断して、二段根を確認し、それが深植えによるとみられたら、翌年からできるだけ浅植えにしなければならない。一般に浅植えにするほど強大な分げつが多くなり、登熟歩合もよくなって、収量も高まるので、二段根の見られるほどの深植えの水田では、浅植えにするだけでもはっきりした増収が必ず期待できる。

二、健苗の診断法

増収の基礎は健苗にある。増収をこころざす者はまず健苗を育てなければならない。ところで、健苗とはどんな苗をいうのであろうか。この定義はなかなかむずかしく、人によっていろいろちがっていて必ずしも同様ではない。しかし、著者は昔から、常識的に、健苗の資格の外部的特徴として、少なくとももつぎの三条件をそなえていなければならないと確信している。この三条件はどんな苗にも通用するが、近年は田植機用に稚苗や中苗が多く用いられてきたので、最後にこの診断法をもつけ加えよう。

1、健苗の三条件

第一条件は**ズングリ苗**であることである。この特徴としては、茎は太く、短く、葉身は強剛で幅は広く、長さは短く、基部には太い根がたくさんついていて、一見地上部より地下部に力のある感じの苗をいうのである。したがって、葉鞘の長さも短く、葉身は直立していて、彎曲することなく、硬い感じの苗であって、細くて長く、根の発達のわるい、いわゆる線香苗のちょうど反対のものである。

このような苗は活着が早い上に、活着後つぎつぎと太い分げつを出しやすいのが一般である。

第二条件は**病斑のない苗**であることである。これは当然なことであり、平凡なことであるが、詳細に観察すると、病斑のない苗は意外に少ない。病斑のある苗を移植すると、本田へその病気を持ち込むばあいが多く、活着がおくれる。

とくに注意すべき点は、活着の遅延である。病苗は、増収にもっとも役だつ分げつを出す田植直後のたいせつな時期を、病気をなおすために浪費することが多い。したがって、われわれの目にはまったくわからないが、当然とれるはずの米をたくさん失っているのである。

第三条件は**苗ぞろいのよいこと**である。イナ作の秘訣の一つは、田を均一につくることであって、田全体にできむらがなく、各株がそろっていることが多収の条件である。このためには、本田の出発点で、まず苗が均一であることが必要なのである。

以上の三条件の中で、第二と第三の条件の診断はむずかしくないが、第一条件（ズングリ苗であること）は必ずしも簡単に診断できない。とくに微細なちがいなどは表現できないばあいが少なくない。そこで、つぎのような各種の診断方法が考案されている。

2、乾物重と草丈の比率による方法

この方法は、ズングリ苗のていどを数字的に表わすために、香山俊秋氏らによって考案されたもの

第37図　苗の乾物重対草丈比率と最高茎数の関係　（香山）

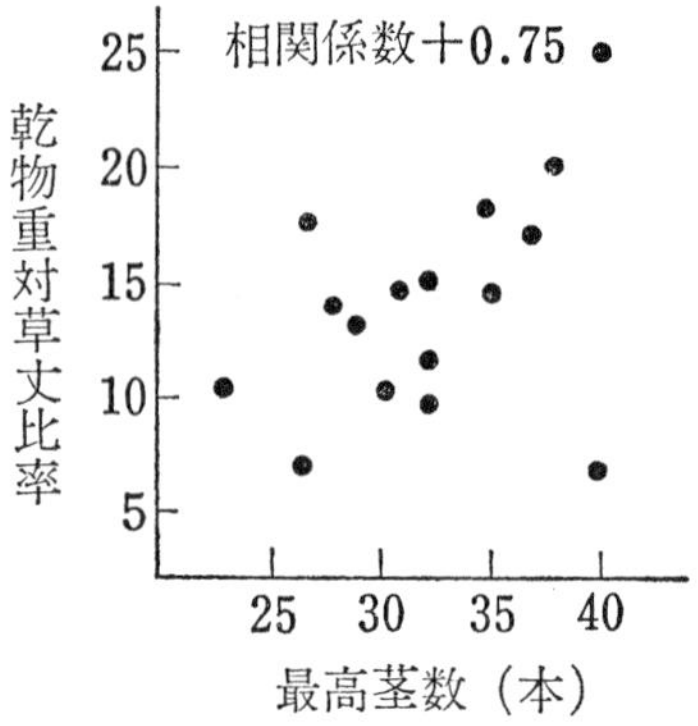

である。根をとった苗を充分乾燥してその目方を計り、これを草丈で割った数字を乾物重対草丈比率というが、この数字の大きいものほど、本田に移植してからの分げつの増加が盛んで、最高分げつ数が多くなる。逆に、この数字の小さいものほど、田植後の分げつ増加が少なく、最高分げつ数が少ない。この数字の大小と最高分げつ数との関係を示したものが第37図であり、乾物重対草丈比率の大きいものほど、最高茎数が多い。苗のよさを数字的に表わすのには、これも簡便なよい方法であると思われる。ただし、使用する苗は苗代の中ぐらいの生育の場所で、少なくとも三〇本採取する必要があろう。一般の農家では乾物にすることはむずかしいから、風乾重（充分日乾した重さ）を用いればよい。

3、横たえた苗がおきあがる速度による方法

この方法は、台の上に厚地のネルを敷き、それを充分にしめらせ、この上に苗を並べ、苗の根もとを針で固定して、苗のおきあがるのを直接測定するのである（第38図）。この方法は片山佃氏によって考案されたものであり、客観的に苗のよさを表現する方法の一つであろう。こうしておくと、苗は

うつ伏せに倒れた人が両手でおきあがるように、二枚ぐらいの葉を腕のかわりに屈折させ、これを支柱にして図のようにおきあがる。このおきあがるていどや早さと、苗のよさとは深い関係があって、畑苗は水苗よりおきあがるのが早く、適令苗は老化苗より早い。一般に、苗の診断の一つとして、手のひらで苗の葉先を床面に向かって静かに押しつけ、その復元力をみるのは、この方法の原理を応用した診断法である。

第38図　苗のおきあがる現象（片山）

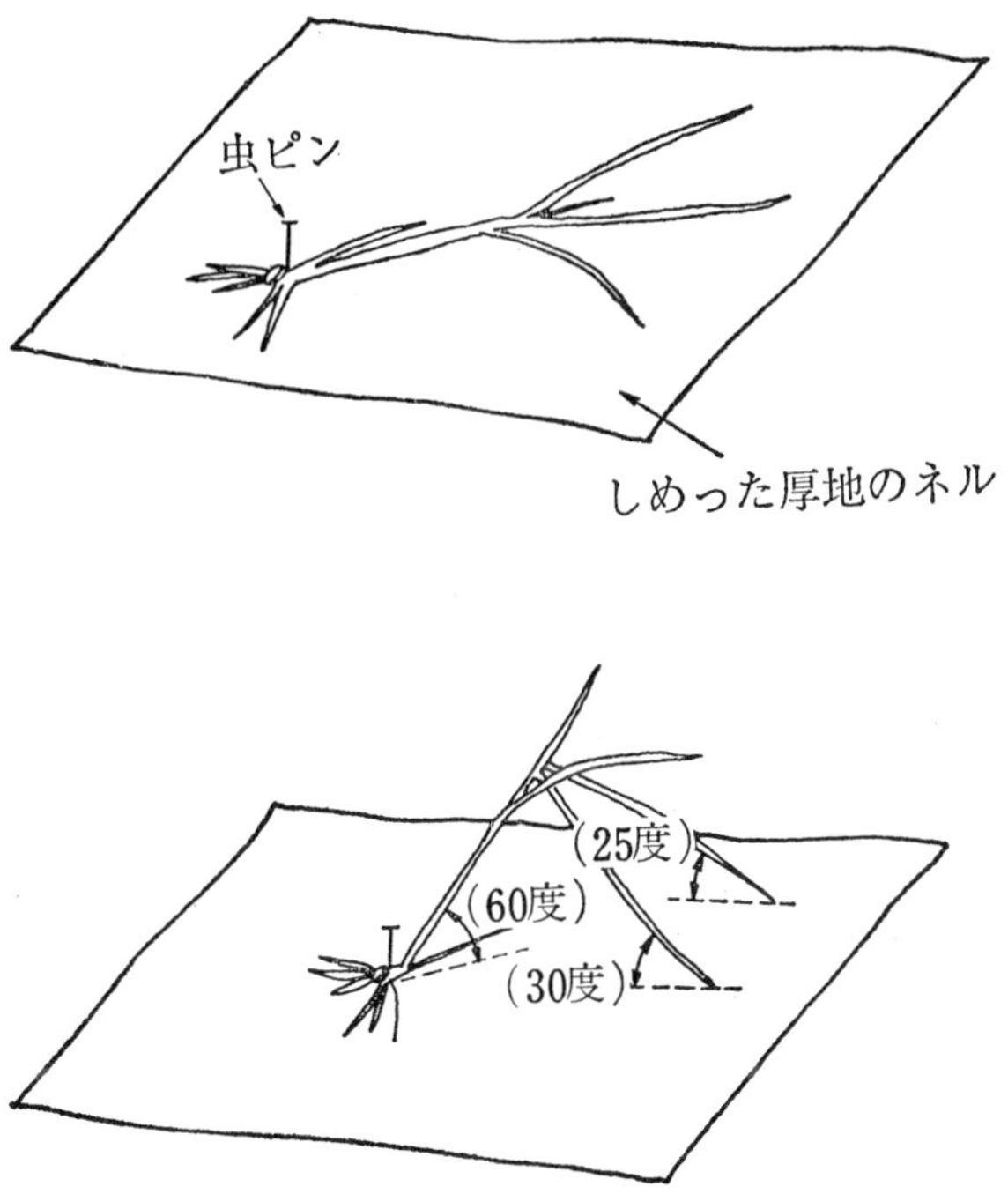

4、苗の新根の再生力による方法

この方法は、山本健吾氏によって考案されたもので、苗の根もとからすべての根をハサミで完全に切り取り、この苗を水中に固定して（茎の基部を水中につけておく）、その後に新しく再生してくる根を調べる方法である。発

第39図 理　想　的　な　稚　苗（星川）

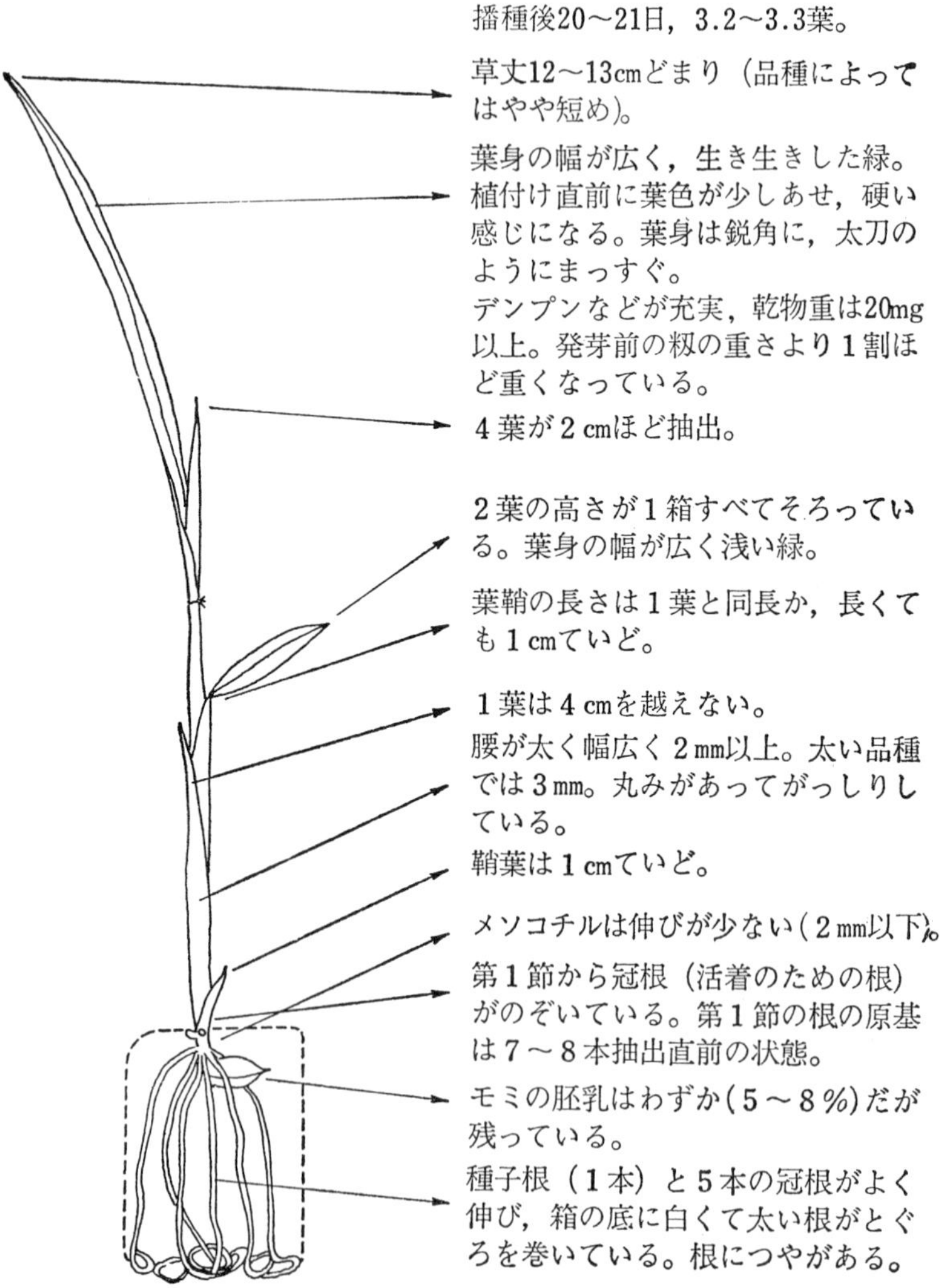
播種後20～21日，3.2～3.3葉。

草丈12～13cmどまり（品種によってはやや短め）。

葉身の幅が広く，生き生きした緑。植付け直前に葉色が少しあせ，硬い感じになる。葉身は鋭角に，太刀のようにまっすぐ。

デンプンなどが充実，乾物重は20mg以上。発芽前の籾の重さより1割ほど重くなっている。

4葉が2cmほど抽出。

2葉の高さが1箱すべてそろっている。葉身の幅が広く浅い緑。

葉鞘の長さは1葉と同長か，長くても1cmていど。

1葉は4cmを越えない。

腰が太く幅広く2mm以上。太い品種では3mm。丸みがあってがっしりしている。

鞘葉は1cmていど。

メソコチルは伸びが少ない（2mm以下）。

第1節から冠根（活着のための根）がのぞいている。第1節の根の原基は7～8本抽出直前の状態。

モミの胚乳はわずか（5～8%）だが残っている。

種子根（1本）と5本の冠根がよく伸び，箱の底に白くて太い根がとぐろを巻いている。根につやがある。

第40図　わるい稚苗（星川）

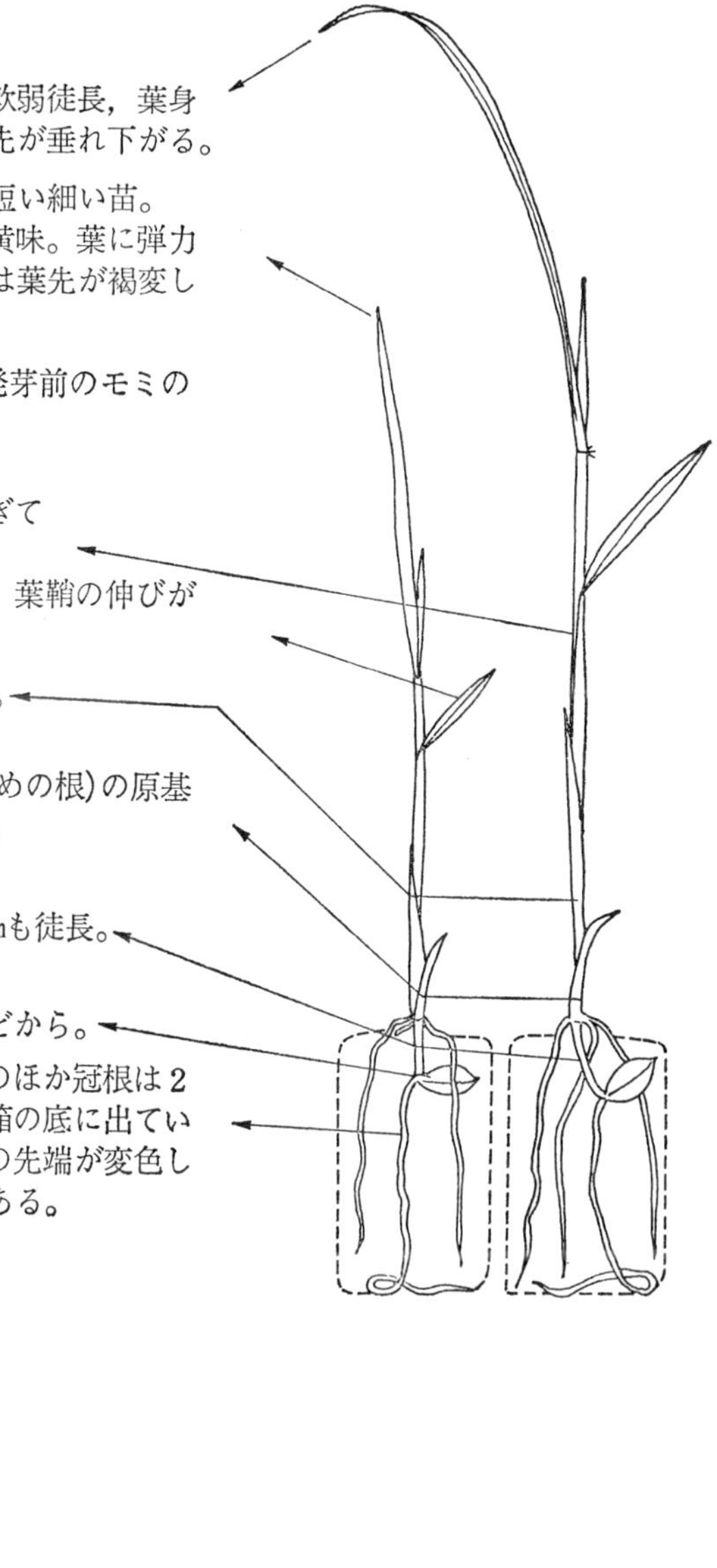
草丈15cmにもなり，軟弱徒長，葉身細長く，濃い青緑で先が垂れ下がる。

長さ10cmに満たない短い細い苗。葉身細くつやのない黄味。葉に弾力がなく直立，ときには葉先が褐変している。

乾物重は19mg以下。発芽前のモミの重さより軽い。

2葉の葉鞘が伸びすぎている。

2葉の葉身が小さく，葉鞘の伸びがわるい。

腰が細く幅がない。

第1節の根(活着のための根)の原基は少ない（3～5本)。

メソコチルが5～10mmも徒長。

モミの胚乳はほとんどから。

根数が少なく種子根のほか冠根は2～3本。根が短く，箱の底に出ている根量が少ない。根の先端が変色して腐っているものもある。

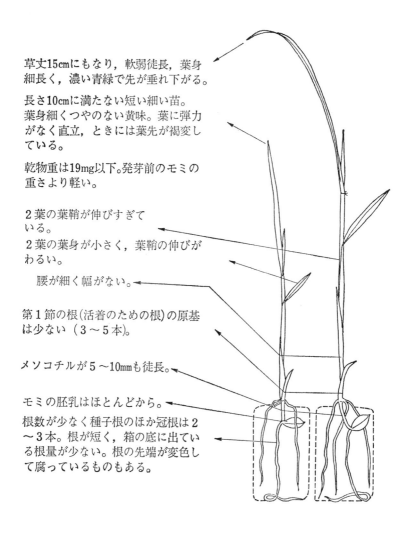

根力の盛んな苗ほどよい苗とみなすのである。一定時間内に出た新根の数と長さを調べて、総根長で比較するのが便利である。多くの実験の結果からも、いわゆる良苗は発根力が強く、不良苗は弱いことが実証されていて、苗のよしあしを判別する上の一つの簡便な方法といえよう。

5、稚苗の診断法

つぎに、稚苗の診断法を主に星川清親氏の研究に基づいて述べよう。

まず、理想的な稚苗の姿と特徴が九八ページの第39図に示されている。

第二に、わるい稚苗と特徴が第40図に示されている。

第39図と第40図を基準として、稚苗を比較検討すれば、稚苗の良否がかなり詳しく診断できよう。

6、中苗の診断法

中苗というのは、三～五令以上の苗であって、暖地では五・五～六・〇令を上限とし、寒冷地では五・〇令未満の苗を指すばあいが多い。中苗の診断法を星川清親氏の研究に基づいて述べよう。

中苗の良否は播種密度によって、また苗令によっても異なるが、平均的な例として、一五〇グラムまきの五・五令の苗を選び、暖地形（標準形）と寒地形の良苗の形態的特徴を図示したものが第41図である。どちらも乾物重は五〇ミリグラムであり、その特徴はつぎのようである。

①第一・第二葉は稚苗のばあいより短く、幅は広く、葉色はややあせ始めているが、黄化したり枯れたりはしていない。

②第三葉も稚苗より短く、一〇センチ未満。葉身は厚く幅広く、葉先まで鮮やかな緑色で彎曲していない。

③第四・第五葉と上位になるほど、葉身も葉鞘もしだいに長くなる。第五葉がもっとも緑色が濃い。分げつは出ていないが、箱の周縁の個体では第二葉腋から二号分げつが出ているものもある。

第41図　よい中苗（星川）

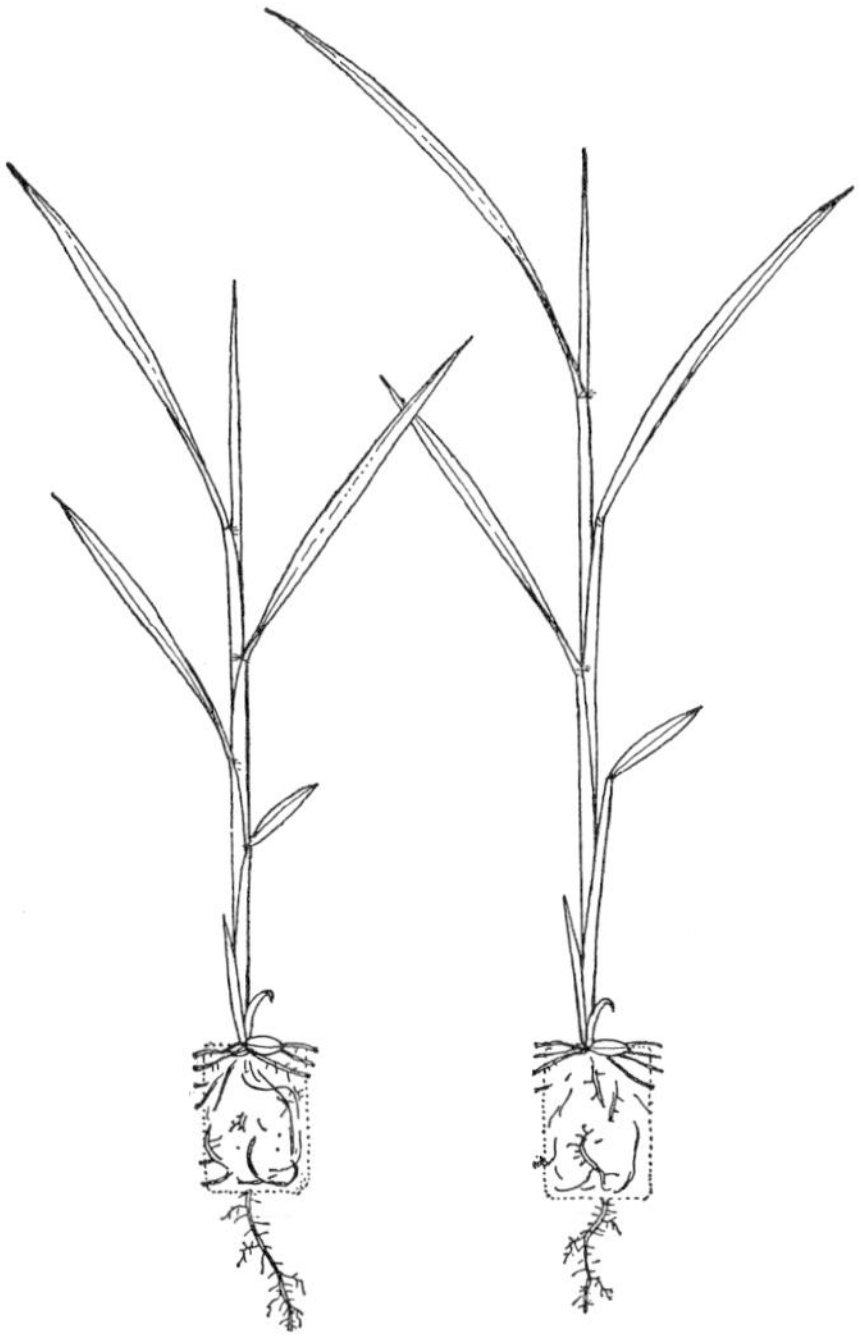

右：標準形，左：寒地形，いずれも5.5令

④根は第二節冠根まで発根している。種子根はすでに茶褐色になっているが、枯死したのではなく、その分枝根の先端はまだ活力がある。

つぎに、わるい苗の形態的特徴の一例を第42図に示した。著者のいう線香苗であり、その特徴はつぎのようである。

①第一・第二葉ときには第三葉まで枯れあがっている。第三葉の色が

第42図　わるい中苗の一例

（星川）

徒長線香苗

淡く生気がない。第三葉にくらべて上位葉ほど、葉身が短くなり、草丈が伸びないで一五センチほどでとまる。極端なばあいは、第四葉や第五葉の葉鞘が第三葉葉鞘から外に現われない。あるいは逆に、第三葉・第四葉が徒長して草丈二〇センチ以上になるが、第五葉のころから伸びが劣り、全体として細く、線香苗になる。

②種子根は活力を失ってほとんど枯死している。鞘葉節根も三〜四本で、活力が衰えて褐色になっているものが多い。第一・第二節冠根の発根が少なく、それぞれ三〜四本しか出ていなく、根長も短い。

③箱全体からみて、苗令・草丈・葉形に個体変異がいちじるしい。

一二、葉の色・形などによる栄養診断法

「イネと語る」とか「イネの顔色を見る」とかいわれるが、そのなかには葉の色や形状によって栄

養を診断するという面がかなり多く含まれているとみてよかろう。この章の第八節でも葉身長からチッソの肥効時期を診断する法について記したが、ここではさらに範囲を広げて、イネの一般の葉の色や形状とその栄養状態との関係について述べよう。

1、六要素欠乏とその症状

まず、チッソ・リンサン・カリ・石灰・苦土および鉄の六要素の欠乏症状を述べよう（三井・今泉両氏の説参照）。

チッソが欠乏すると、葉は小さく、下葉から黄緑色となって、つぎつぎと黄変する。黄変する順序は必ず下葉から上葉にすすむ。ひどいばあいは枯死する。イナ株全体の生育はいちじるしく不良となり、草丈は短く、分げつも少なく、葉色は緑色がうすくなり、黄色が増してくる。茎葉は健全なイネにくらべると硬い感じで、葉は直立の姿勢となる。

リンサンが欠乏すると、葉の色は暗緑色となり、紫色をおびることさえある。はげしいときには、下葉から黄色くなって枯死する。草丈は健全なものと大差はないが、分げつ数は少ない。葉のケイサン含量が高まり直立の姿勢をとる。出穂期もおくれる。

カリが欠乏すると、葉脈に沿って赤褐色の斑点を生じ、下葉から上葉におよぶ。症状がすすむと、下葉の周辺から黄色くなり、枯死する。分げつは健全なものにくらべて、やや少ないていどである。

草丈はいちじるしく短く、葉色は濃厚となり、下葉の先端部からゴマハガレ病に似た褐色の斑点が現われ、葉先から枯れあがる。無カリ栽培や堆厩肥の少ないばあいにおこる。

石灰が欠乏すると、中位葉の緑がまだらに白くぬけ、展開中の葉は巻いて枯死するようになる。または、新葉の先端が白くちぢれてきて、しばらくすると、しだいに褐色となる。下位の葉には一般に症状が現われない。この点は苦土欠乏と対照的である。

苦土（マグネシウム）が欠乏すると、下位および中位の葉がまだらに色あせ、葉脈に沿って黄化する。さらに症状がはげしくなると、黄化は全面におよんで、巻いて枯死する。最上葉だけが緑色を保ち、その他の葉はクロロシス（葉緑素が消失）となることがある。分げつや草丈が劣り、下葉から黄化する。はげしいときには、全葉が黄化するが、軽いときには脈間が帯状に黄化する。イネ全体の色があせるか、とくに下葉がしま状に黄化し、黄化した葉は直立性を失って水平に広がったり葉鞘のつけ根からたれさがり、ついには枯死する。上位葉にはいちじるしい症状はみられない。水持ちのわるい砂質老朽田で、堆厩肥の施用が少ないばあいにおこる。

鉄が欠乏すると、葉脈間にまずクロロシス（葉緑素消失）がおこり、症状がすすむと、葉脈まで黄色となり、葉全体がクロロシスとなる。古い葉は緑色を保ち、新葉が黄化するので見分けやすい。可溶性鉄塩を散布すると、その付着点付近だけが緑化して症状が回復する。

以上六要素の欠乏の中で、実際の水田で発見しやすいのは、カリ欠乏と苦土欠乏である。前者は、赤枯れ地帯やカリを施用しない地帯に多く、後者は、水持ちのわるい老朽化水田で堆肥を施用しないところに多い。

2、葉の色・形などによる栄養診断法

前項のように、極端に各要素が欠乏しているばあいは症状もはっきりするので、診断はむしろたやすい。しかし一般にはこのような極端に欠乏することは少ないので、診断は必ずしも容易ではない。葉の大きさと栄養状態との関係について、松尾（大）氏はつぎのように述べている。

① 葉が長く、広く、硬い……栄養良好、健全。
② 葉が長く、広いが、薄くて軟弱……光線不足、チッソ過多。
③ 葉は長いが、割合に幅が狭い……リンサン不足。
④ 葉が短小で色が淡い……チッソ不足。
⑤ 葉が短くて割合に幅が広い……カリ不足。このばあいには葉の色が濃くなり、節間伸長期以後には葉先に小斑点が現われる。

また、葉色と葉の硬さについては、
(1) あるていど濃い色で硬く、つやがある感じのもの……健康。
(2) 濃い色で軟らかく、暗色で、つやのないもの……不健康。

(3) 淡色であるが、葉は比較的軟らかなもの……一度(2)をとおったもので、あまり健康でない。

堆厩肥が充分に施され、化学肥料に頼らず地力本位でつくると、チッソもケイサンも充分含まれた(1)の型になり、やせ地で化学肥料本位の栽培をすると、(2)の型となり、(2)のような生育をして後に肥切れがすると、(3)の型になりやすい。(2)や(3)の型はいずれもケイサンの含量が少ないのが特徴である。

3、葉色の科学的診断法とその利用法

以上の方法では、葉色はいずれも肉眼で判別されるので、人による差が含まれるとともに、微細な葉色の差はとうてい区別しがたい。そこで、近年に至って、葉の透光度を測定する方法(稲田)、葉緑粒の濃度を比色測定する方法(山口ら)、または色差計による色の三属性を測定する方法(大熊)などが開発されて、ようやく葉色が科学的に表現され始めた。しかし、これらの方法では、個々の葉を測定するため、多数の測定点数が必要であったり、測定器が高価であったり、測定操作に熟練や手数を要したり、測定器具間に差異があったりして、一般農家が随時に簡便に利用するには、不便の点が少なくなかった。著者は長らく簡便に利用できる科学的方法を探索してきたが、適当な方法が発見できなかった。最近、後述する理想イネイナ作が開発されるに至って、とくにその必要に迫られるようになった。そこで、著者の一般圃場で農家自身が簡便に測定でき、しかも個々の葉の色ではなく、個

体群としての色を表示する方法について検討した。この結果、つぎの方法が利用できることがわかった。

第43図　基準色板のつくり方

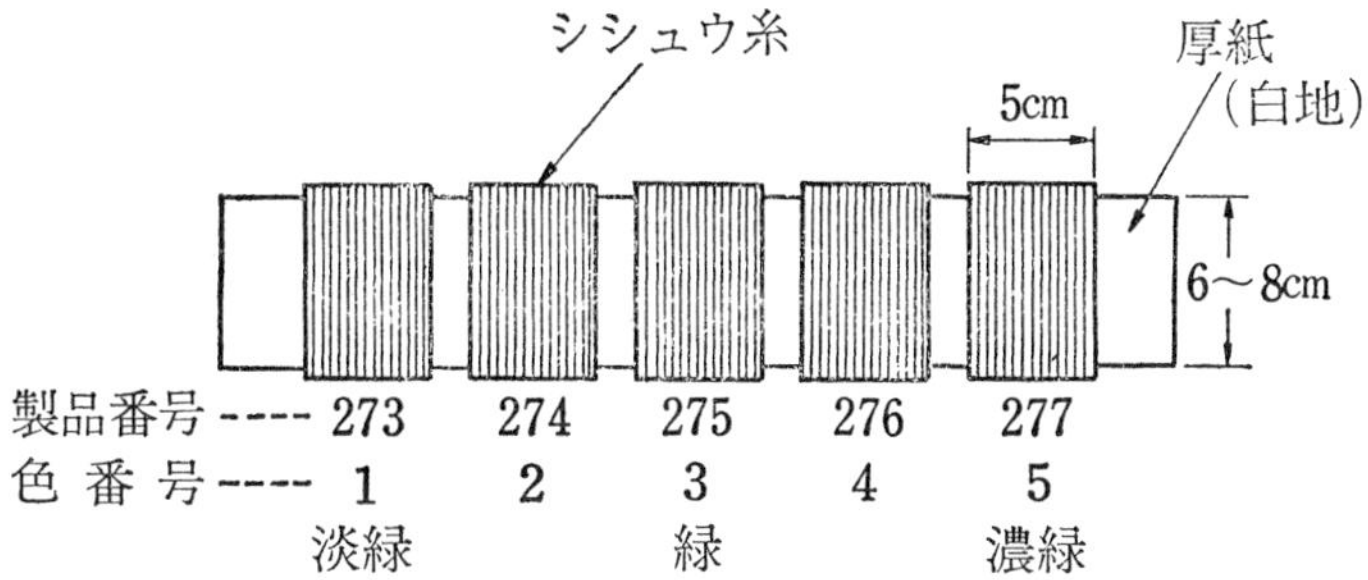

著者の経験からは、個々の葉の葉色を標準色で比較することは、きわめて困難であると考えていた。ところが、個々の葉の色ではなく、群落（個体群）としての色であれば、標準色でも簡便に比較できることに気づいた。そこで、各種の試験を行なった結果、オリンパス社製の緑色系統の刺しゅう糸（製品番号二七三〜二七七）が基準色として利用でき、しかも全国どの刺しゅう糸店でも安価に入手でき、この目的に好適するものと判定した。第43図にみるように、この刺しゅう糸に淡いほうから順に一・二・三・四・五の番号をつけ、これを基準色板と名づけた。

この基準色板のつくり方は、第43図のように、白地の厚紙に刺しゅう糸をほぼ五センチの幅に巻き、各色間の間隔を二センチ程度とし、一方の端で支柱に固定するのである。

葉色判定方法としては、まず基準色板を田の中に立て、基準色板がイネの最上葉の高さと同程度の高さになるように、支柱の高さを調節する。つぎに、基準色板から五〜七メートル離れて、太陽を背にして、イ

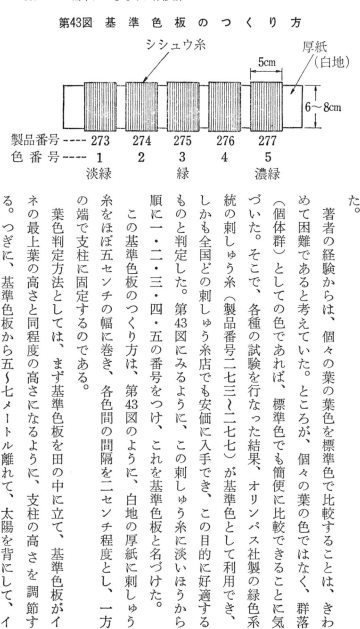

第44図　葉色値と止葉・第2葉の葉身チッソ含有率との関係　（同一品種の場合）

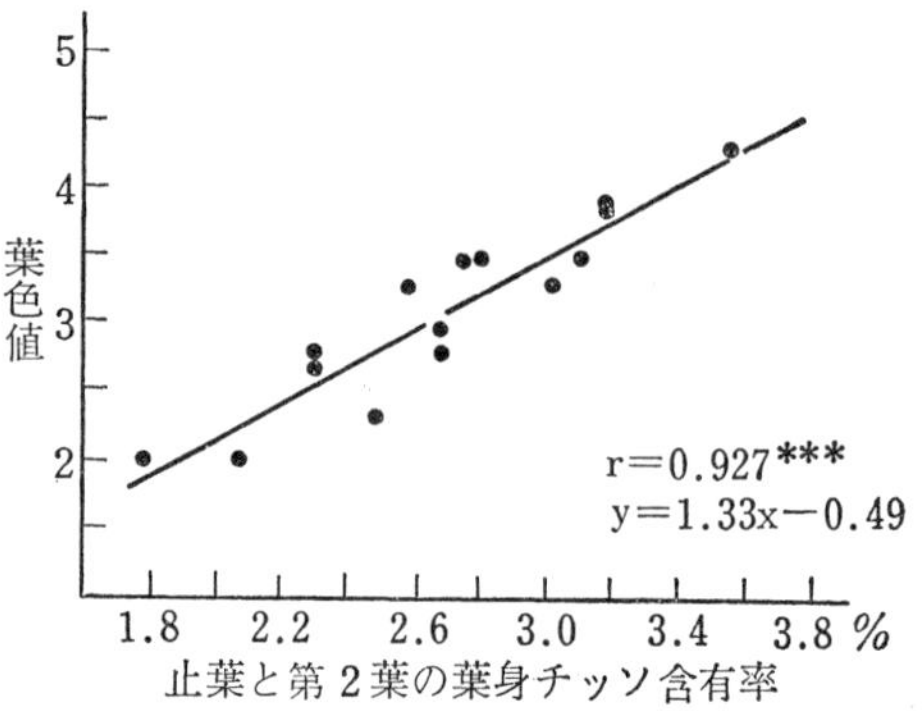

ネの葉色と基準色板とを比較して、イネの色にもっとも近い色を求める。観察の時期は最上葉がほぼ伸長を停止して、新葉がまだ出ない時期が適当である。新葉が出ると、新葉の葉色はうすいので、色の判定が困難になるからである。なお、各葉色番号の中間のものは適宜〇・三、〇・五、〇・八などと読む。葉色を読む際には、葉色板の下の個々の葉の葉色ではなく、群落（集団個体）全体の葉色を対象として、基準色と比較することが必要である。また、葉色判定に多少個人差があるので、三〜五人で観察し、これらの値を平均するのが安全であろう。また、測定には曇天より晴天のほうがよい。

つぎに、たいせつなことは、こうして得られた葉色値とその田のイネの上位葉のチッソ含有率とのあいだには、強い正の相関のあることが確かめられたことである。すなわち、葉色値が高くなるほど、その田のイネのチッソ含有率が高いことを示すのである。その一例を示したものが、第44図である。

第44図は同一品種のほぼ同一生育時期について、止葉と第二葉の葉身を混合したばあいのチッソ含有率と葉色値の関係を示したものである。品種はマンリョウで、観察したときのイネの生育段階は減数分裂期から出穂期直前までのものであった。この図によれば、葉色値と葉身チッソ濃度とのあいだ

には、きわめて強い正の相関があり、葉色値が高まるほど、正比例的にチッソ濃度も高まることがみられる。

このほか、年次を異にしたり、品種を異にしたり、栽培場所を異にしたりして、検討したが、同一生育段階のものについて調査すれば、葉色値とイネの上位葉のチッソ含有率とのあいだには、常に高い正の相関のあることが確かめられた。すなわち、葉色値はその田のイネのチッソ含有率の高低を代表しているものとみてよいことがわかったのである。

イネのチッソ含有率を知るには、きわめて面倒な化学分析をしなければならないのに、上述のような簡便な方法により、チッソ含有率の高低を推定しうることは、大きな福音といわねばならない。この葉色板を用いることにより、読者諸君はいっそう親しくイネと語りうるようになるであろう。詳細は拙著『イネ作の改善と技術』（養賢堂）を参照されたい。

一三、ヨード反応利用によるイネの診断

ヨード反応というのはデンプンがヨードによって紫黄色に染まる反応のことで、この反応はふつうデンプンの有無や多少を調べるときに用いられる。この反応がなぜ診断に用いられるかといえば、イネ体内ではチッソが少なくなるとデンプンが多くなる傾向があるから、デンプンの有無や多少を検定して、イネ体内のチッソの多少を推測しようというわけである。

イネの一生において、イネ体内のデンプンの含有率がどのように変化するかを、まず知っておく必要があろう。イネの体内には苗代の中期ころまではほとんどデンプンはみとめられないが、苗代末期になってチッソが欠乏してくると、デンプンが現われはじめ、移植直前にはかなりに蓄積される。しかし、いったん移植されると、このデンプンはしだいに消失して分げつ盛期ころにはほとんどみとめられなくなり、そのまま穂首分化期をむかえる。穂首分化期ころになると、(一般にはチッソが欠乏してくることにも関連があると思われるが)、またデンプンが急に蓄積されはじめ、枝梗分化期、えい花分化期、減数分裂期と生育段階がすすむにつれて蓄積量が多くなり、出穂開花期になると最大に達する。開花がおわると、稈や葉鞘中に蓄積されていたデンプンは急に穂に移りはじめて、稈や葉鞘中のデンプンは急に減少しはじめる(穂に移るときにデンプンは砂糖水となって移行し、モミの中にはいると、ふたたびデンプンになる)。多くのばあい、開花後二〇～三〇日になると、稈の葉鞘中のデンプンはすっかり穂に移りきってしまって、ほとんど皆無となる。

その後、このままの状態で成熟期に達するかと思うと、ふしぎにも、もう一度稈や葉鞘にデンプンが蓄積されはじめる。これは、稈の葉鞘中のデンプンの穂に移る速度が低下して、葉で行なわれる同化作用によって生産される炭水化物の量が穂に移動する量より多くなるからである。したがって、成熟期にも稈や葉鞘中にはあるていどのデンプンが常に残っているのが一般である。

ところで、イネ体内のチッソ含有率とデンプン含有率とは正しく逆比例的な関係にあるかどうかを検討してみよう。同じ年に、同じ品種を用いて同じ時期に播いて、同じ時期に植え、ただ施肥法だけがちがういろいろのイネを、生育の各時期に化学分析してチッソ含有率とデンプン含有率とを調査してみると、ほぼ正確に両者のあいだに逆比例的な関係があり、デンプン含有率の少ないものほどチッソ含有率が多いことがみとめられる。

ところが、この関係は品種が異なると同じ年でもかなり乱れてくる上に、播種期や田植期が異なれば、同じ生育段階、たとえば幼穂形成始期で比較しても乱れてくる。また、栽培年度が異なれば同様にかなり乱れてきて、正確な比較は困難になる。

したがって品種・年度・播種期・田植期などがすべて同一のイネについては、デンプン含有率の多少からチッソ含有率をほぼ正確に推定できるが、品種・年度・播種期・田植期などが異なると、正確な推定はむずかしいのである。そこでデンプン含有率からチッソ含有率を正確に推定することのできるのは、きわめて限られた範囲であることがわかる。しかし、毎年品種が同一で、播種期と田植期がほぼ同じであれば、年度が異なってもいちじるしい異常天候の年でなければ、上述の関係はほぼ成立する。また、成熟期がほぼ同一の品種のときは、品種が異なっても、播種期・田植期などがほぼ同一であれば、あるていど正確に比較ができる。したがって、精度がかなり劣ってもよいということであれば、同じ生育段階のイネのヨード反応を検定して、いろいろのイネのチッソ含有率を比較することもあるていど可能であり、イナ作上の一つの参考となろう。

ヨード反応による診断の方法　ヨード反応は一般には葉身には現われなくて、葉鞘と稈だけに現われる。したがって、診断には葉鞘か稈を用いねばならない。ここでは便宜上、葉鞘について述べよう（稈も類似の方法で行なえばよい）。

完全に展開している最上位の葉から下へ数えて三番目の葉の葉鞘がもっともデンプンが多いから、もっともよくヨード・ヨードカリで染まる。*

＊著者の実験では第45図のように、三番目の葉鞘が染まるていどとそのイネのデンプン含有率とがもっとも強い正の相関（もっとも強い正比例）を示した。

第45図　ヨード反応とデンプン含有率との関係

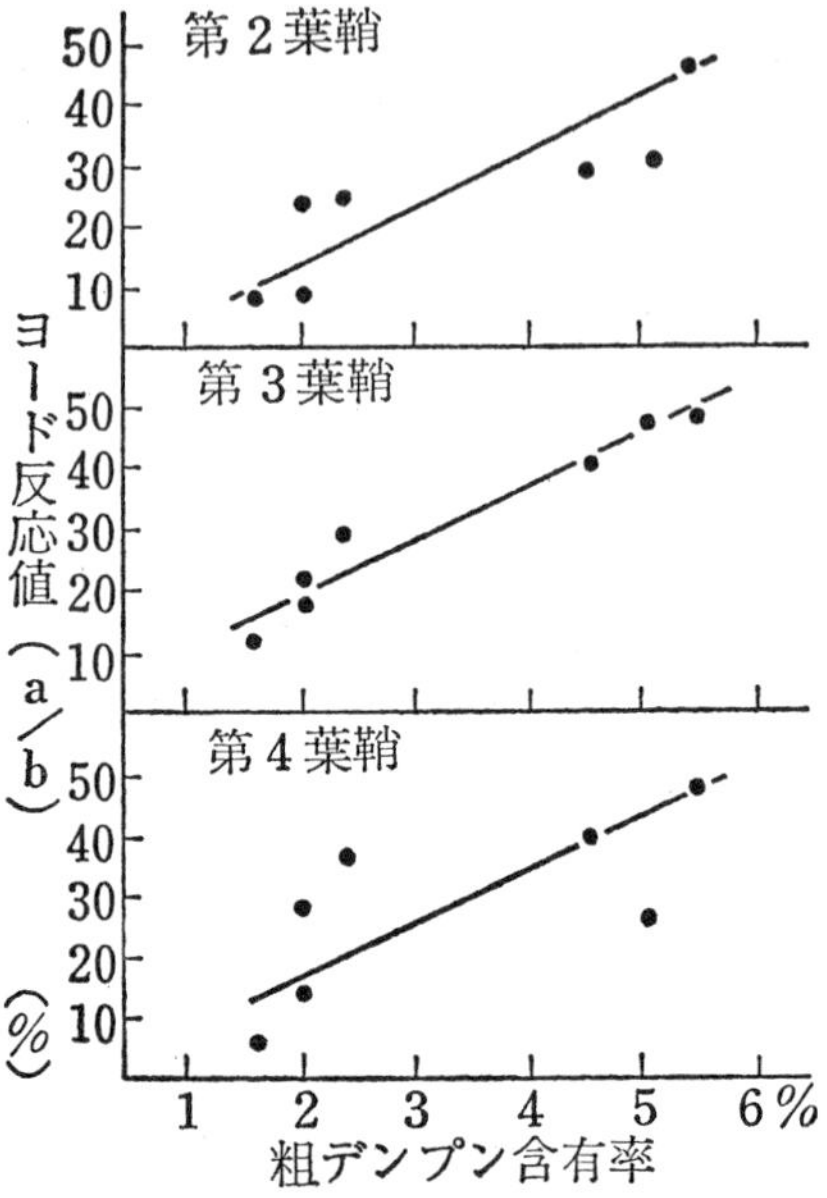

第46図　ヨード反応の測定法

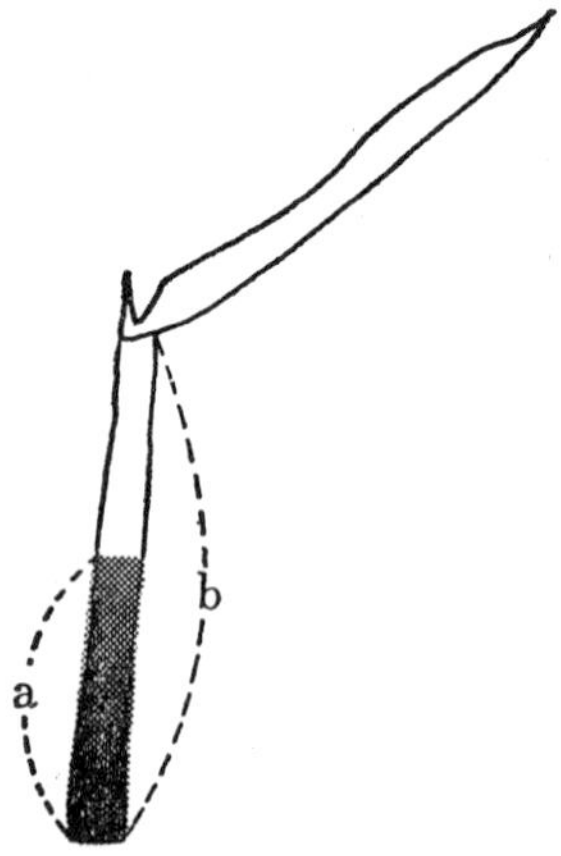

aをbで割った値で表わす

そこで、上から数えて三番目の葉鞘を取り、手でもむか、木のツチでたたくかして組織を軟らかくして、一パーセントのヨード・ヨードカリの液に五～一〇分間浸し（急がないときには、一晩浸漬しておき）、取り出して水洗いし、黒紫色に染まっているかどうかを調べる。

第46図のように、染まっている部分の長さを葉鞘の長さで割って（a／b）、何パーセント染まっているかを算出するのである。

この数字と、そのイネを化学分析してえられた実際のデンプンの含有率とのあいだには、多くのばあいに正比例的な関係があることが確かめられた。その一例が第45図である。したがって、a／bを算出すれば、この数字が大きいほどデンプン含有率が高いとみてよいのである。そして、a／bの数字が大きいほどチッソ含有率が低いと診断するのである。

用いる試薬、ヨード・ヨードカリ液をつくるとき、ヨードは水に溶けにくいので、五パーセントのヨードカリ水溶液一〇〇ccにヨード一グラムを溶かして用いる。これらの薬品が入手できないときは、ヨードチンキを用いてもよい。

診断するには、イネの生育時期を穂首分化期・えい花分化期・減数分裂期・出穂期などとそれぞれ正しく認定した上で、同一生育時期について比較しなければならない。

一四、生育各期における収量診断

生育の各期において、イネがどのような特徴をもっていることが多収する上で必要であるのか、またはどんな点をどのように診断すれば、収量が予知できるかを知っておくことがたいせつである。

1、活着期の診断

活着のよしあしは収量に関係することが少なくない。第47図に示すように、田植後早く出た分げつであればあるほど、明らかに強大な穂となって、登熟粒を多くつけ、収量に貢献するていどが大きいのに対し、活着がおくれると、これらのたいせつな分げつを出さないでしまうからである。活着をよくすることは、増収上の一つの重要なカギである（第三章—

第47図　分げつ発生の遅速と登熟粒数の多少との関係

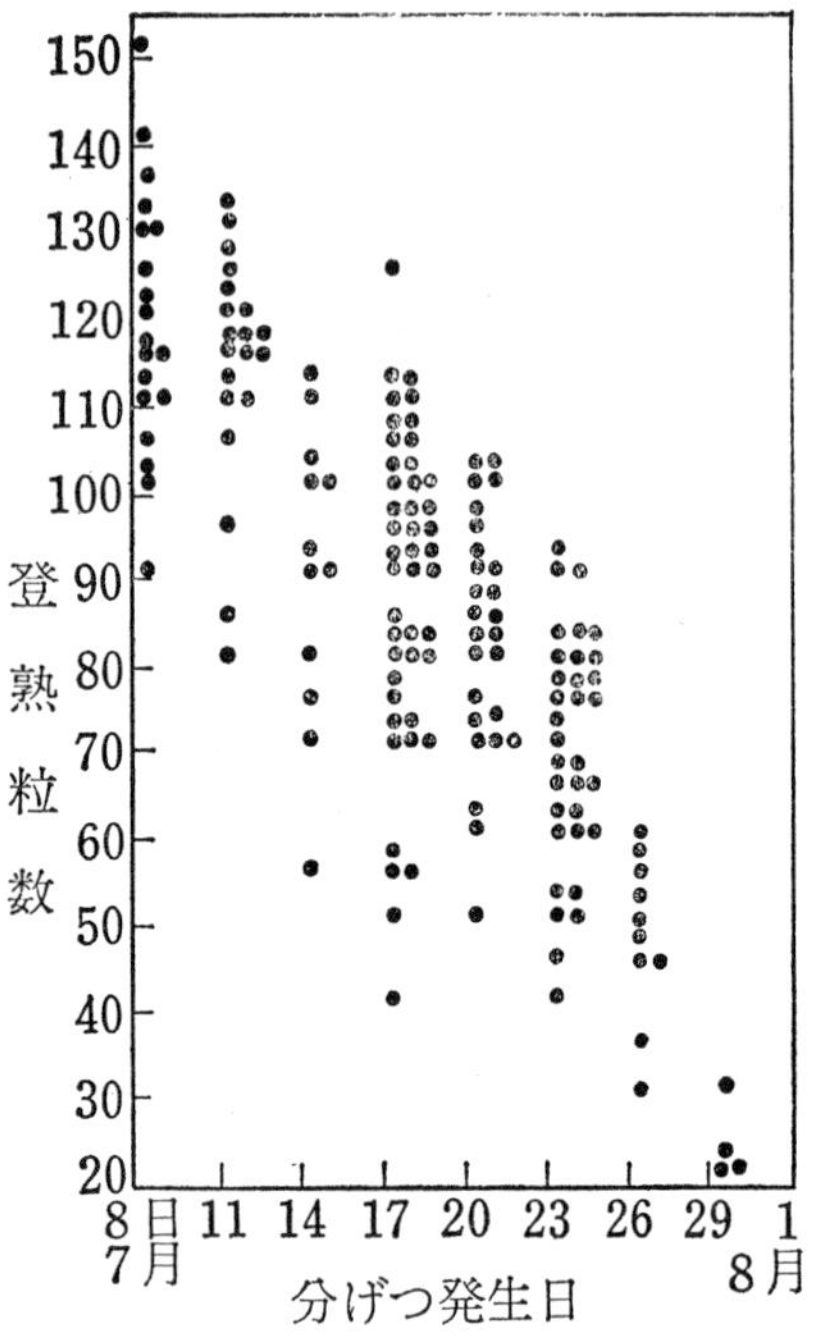

品種は無芒愛国，圃場1本植え，20株全茎調査。

四—1参照)。

活着のよしあしの診断は、特殊な機械を用いて行なう方法もあるが、一般に容易に行なうには、つぎの方法によればよい。

第一に、田植直後の萎凋《いちょう》ていど（しおれぐあい）の大小を注意して観察することである。萎凋が大きいほど、活着がおくれる。

第二に、田植後三〜五日目に、中ていどの生育の株を抜き取って根を洗い、発生している新根数を数えて比較するのである。新根数の多いものほど、活着がよいことはいうまでもない。

第三に、田植後七〜一〇日目に発生した新分げつの多少を調査するのである。これは、二〇株ていどを調査し、相互の水田を比較するのがよい。新分げつの多いものほど、活着がよいと判定する（第47図)。

2、分げつ期の診断

分げつ期における収量診断の精度、および重要度は、他の時期にくらべて一段と低いのが一般である。分げつ期の諸形質がそのまま最終の収量に結びつくことは少なく、おおむね穂数と結びつく範囲を出ないばあいが多い。しかしながら、とくに穂数の多少が収量とのあいだに密接な関係をもつような条件、あるいは初期生育の重要度の高い条件などがあるときには、分げつ期の諸形質の変化が収量にまで影響することが少なくないので、分げつ期の診断も重要となろう。

一般に分げつ期の茎数と収量とのあいだには、直接的な関係がみられることは少ない。しかし、分げつ初期の茎数の多少は、かなり収量に関係し、とくに低温地および生育日数の短い条件下などでは両者の関係は密接である。したがって、田植後二〇日目における茎数は、秋落地を除くほとんどの地で、収量との正の相関がみとめられ、とくに、北海道・東北北部などではもちろん、晩生イネの限界線に近い近畿地方でも相関のていどが高い。そこで、田植後二〇日目または一五日目の茎数の多少を調査しておくことは、収量診断の一つの材料としてたいせつであろう。

茎数と穂数とのあいだに密接な関係がみられるようになるのは、すでに述べたように、最高分げつ期であり、この時期の茎数からかなり正確に穂数を予知することができる。したがって最高分げつ期の調査（第一章参照）とそのときの茎数の調査は収量診断の一つの材料となる。穂数をほぼ正確に予知しようとすれば、最高分げつ期から一週間目ころに、三枚半以上の青葉をもっている分げつ数を数えるか、または主稈の三分の二以上の草丈をもっている分げつ数を数えればよい。

一般に、活着後の茎数増加がすみやかで、最高分げつ期に早く達するほど、収量に対して有利に働きやすい。とくに、低温地の北海道および東北北部や晩生イネの限界線に近い近畿地方ではこの傾向が強い。

なお、草丈と茎数の積は、乾物量とのあいだにきわめて密接な関係をもち、草丈あるいは茎数単独よりもすぐれた生育の尺度となりうる。乾物重はそのときの生育量を表わすから、草丈と茎数を定期的に調査しておくことは、そのときの生育量を知る上にたいせつである。そして、分げつ期の生育量は一株モミ数を予知する上に必要であり、生育量の多いほど一株モミ数が多い。とくに最高分げつ期ころになると、草丈と茎数の積と一株モミ数との関係が密接となり、この積から一株モミ数を予知することができる。

これらの調査は、いずれも栽植密度の同一のもののあいだで比較するのがふつうであるが、栽植密度の違うばあいには、平方メートル当たりに換算しなければならない。

3、幼穂分化発育期の診断

幼穂分化発育期は収量成立経過の上からみて、きわめて重要な意義をもつ時期である。収量構成要素のうち、一穂および一株モミ数はこの期間内に決定され、とくに、前半期に当たる幼穂形成期には単位面積当たりの分化総モミ数が決まるので、その年のその水田で収穫できる最大収量が運命づけられる。

また、後半期に当たる減数分裂期を中心とした時期には、この時期の環境および栄養のよしあしによって、退化モミ数の多少・不受精モミの多少・およびモミ殻の大小が影響される。そして退化モミ数の多少は一穂モミ数の多少に、不受精モミの多少は登熟歩合のよしあしに、モミ殻の大小は千粒重の大小にそれぞれ直接に関係する。

しかしながら、一般には幼穂分化発育期の各形質も直接収量に結びつくていどは低く、モミ数の多少と関係する範囲にとどまるばあいが多いであろう。この理由は、分げつ期におけると同様に、収量の多少は単にモミ数の多少だけで左右されるものではなく、登熟歩合のよしあし、千粒重の大小によっても強く影響されるからであり、しかも、登熟歩合と千粒重は一部は出穂前に決まるが、おもに出穂後の天候のよしあしによって影響されるところが大きいためである。

この時期の診断のうち、もっともたいせつなものは下部節間の長さと太さの調査である。稈基第一伸長節間（第22図参照）の太さによって、かなり高い精度で一穂および一株モミ数が予知されることがわかった。これまで、モミ数の予察はまったく未知の分野であったが、著者らによって、稈基第一伸長節間の太さによる予察方法が発見された。

稈基第一伸長節間というのは、第22図にみられるように、最初に伸長しはじめる稈のもとの節間をいうのであって、この節間の肥大はえい花分化中期（幼穂長一センチのころ）を過ぎれば完了する。ある茎の稈基第一伸長節間の太さ（長径と短径の積）とその茎につくモミ数とのあいだには、きわめて高い正の相関がみとめられ、稈基第一伸長節間の太さが太い茎ほど、その茎につくモミ数の多いことがわかった。さらに、一株の各茎の第一伸長節間の太さの合計と一株モミ数とのあいだにも、きわめて密接な関係がみとめられ、えい花分化期（俗にいう幼穂形成期）の第一伸長節間の太さの和から一株モミ数を予知することができる。*

＊調査に当たって草丈と茎数（青葉数三枚以上の茎）を数え、その中ていどのものを調査株として用いる。太さを測るにはシックネス・ゲイジを用いるのが便利である。

下部伸長節間の長さおよび太さは倒伏にも大きな関係をもち、下部節間が細くて長いほど倒伏しやすい。

なお、この時期の草丈・茎数の積も一株総モミ数と関係をもち、草丈・茎数の積の大きいほど一株総モミ数が多い。さらに、調査時以後の天候が良好であれば、一般にはこの値の大きいほど収量も多い傾向がある。

4、出穂期の診断

出穂期になると、すでに穂数と一株モミ数とが決定しおわっているので、一株モミ数または単位面積当たりモミ数が正確に調査できる。したがって、収量予察には見逃せない重要な時期である。ただし、まだ収量を左右する重要な要素である登熟歩合が決定されていないので、正確な予察は不可能である。

代表株をその水田からえらび、* この株の総モミ数を数える。これが穂数と平均一穂モミ数の相乗積であることはいうまでもない。登熟歩合および千粒重が予知できない段階であるので、これについては平均的数値を用いる。すなわち、登熟歩合は一般に平年の正常なイネでは八〇～九〇％であり、玄米千粒重は品種固有の値があるから、試験場または普及所に照会するとよい。

＊正確にえらぶには五斜線刈取りの方法によるが、一般には生育の中ていどの場所で、稈長・穂数の中ていどの株をえらべばよい。

さて、代表株の総粒数に、推定した登熟歩合を掛ければ、平均一株登熟粒数がえられ、平均一株登熟粒数がわかれば、第3表または第4表（三九・四〇ページ）の粒数計算による玄米収量早見表から、一目でおおよその収量が読みとられる。ただし、この表は玄米の大きさを中くらいな品種として計算してあるから、極小粒種のばあいはほぼ一五パーセント減、極大粒種のばあいはほぼ一五パーセント増として補正する。＊

＊正確に品種の粒大による差を補正するには、第3表の備考を参照して、玄米一升粒数または一リットル粒数を読むのがよい。また、アール当たりキロを読むには、第4表を参照すればよい。これらの表は計算の手数がほとんどいらないので、きわめて便利であり、著者は常に愛用している。

5、黄熟初期の診断

出穂後二〇日目ころから、五日おきに代表株を一株ずつ抜き取ってきて、二日ほど日乾し、手で脱穀して、一・〇六の比重液の中に入れて、沈下したモミ数歩合を調べると、この沈下モミ数歩合はしだいに増大してゆくが、ある日数が過ぎると、ほとんど増大しなくなる。このときが収量のほぼ決定しおわったときとみてよい。そして、このときの沈下モミ数歩合をその水田の登熟歩合とみなしてよい。したがって、このばあいに沈下したモミを水洗いし、充分日乾して秤量し、この目方に平方メートル当たり（または坪当たり）の株数を掛け、これから一〇アール当たりキロ（または反当たり貫）のモミの重量を求め、これを〇・八四倍すれば、収量が玄米の重量でわかるのである。この際に、正確な代表株をえらべば、収量はきわめて正確に査定される。

第三章　安定多収栽培の実際

——診断結果の応用——

一、発育段階に合わせた栽培

人間の教育にも、幼稚園・小学校・中学校・高等学校・大学と、それぞれ人の成長の段階に応じて、各時期に適した教育が行なわれるように、イネの栽培にもその発育段階に応じて、それぞれの時期に適した肥培管理をしなければならない。

収量を増大するために、もっともたいせつなことの一つは、イネの発育段階に応じた肥培管理である。従来のイナ作は主としてこよみの日付（暦日）によって行なわれ、毎年何月何日に何をするかが決まっていて、品種の早晩やその年の気候のよしあしに関係なく、同じ管理が行なわれるのがふつうである。ところが、発育段階は、品種の早晩や、その年の気候のよしあしによって、かなりちがいがあるので、ある年のある品種で成功した肥培管理を、ちがった品種に適用しても、成功しないのがむしろ当然である。このため、長年イナ作に従事してえた貴重な経験や知識も、積みあげられることなく徒労におわる結果となる。むしろ、すなおに技術者や研究者の意見に従う新人のほうがかえって成功するばあいが多い。科学的イナ作をするためには、どうしても発育段階を正しくつかみ、この基礎の上にたって肥培管理をし、その結果を比較検討しなければならない。

たとえば、ある年の土用（七月二〇日）に晩生の品種に二・四—Dを施したところ、雑草もよく死んで、イネの穂も大きく、収量も多かったので、二・四—Dはいつも土用に施せばよいと判断し、翌年、同じ時期に早生の品種に施したと仮定しよう。この結果は、二・四—Dの悪影響が穂に現われて減収はまぬかれないと思われる。この理由は、七月二〇日ころの晩生種は、葉令指数からみておよそ七〇〜七三ていどであるから、幼穂形成始期（葉令指数八〇〜八三）の前にあたる。しかも、すでに有効分げつ終止期を過ぎたころで二・四—D施用の適期であったと考えられる。これが早生種になるともちろん有効分げつ終止期は過ぎ、すでに幼穂形成がかなりすすみ、二・四—Dが幼穂形成に悪影響をおよぼし、着粒数を少なくして減収をもたらすものと考えられる。

また、たとえば分化モミ数を多くするためには、穂首分化期をねらってチッソ追肥を施さなければならないが、このとき、発育段階が五日ていどくるっても、効果はまったくちがってしまう。したがって同一品種でも、年による生育のちがいを考慮に入れて追肥しなければならない。さらに、退化モミ数を少なくするためには、減数分裂期直前をねらって追肥をするが、この時期が少しおくれたりすると、モミ数の増加の効果はきわめて少ない。したがって、この時期も品種による差はもちろん、年による発育段階のちがいを考えて、追肥時期を決定しなければならない。

このように、こよみの上だけでイネの肥培管理を行なうと、せっかくの努力が役だたないばかりか、ときには害作用さえおよぼすのである。

発育段階を正しく判断する方法については、第二章―五においてかなり詳細に述べた。各種の方法の中で、発芽から出穂までにわたって、もっとも長期間に、しかもいかなる品種にも利用できるものが葉令指数である。したがって、葉令指数によって発育段階を判断し、この基礎の上にすべての肥培管理を行なうことがイナ作技術を改善し、収量を増大するためにもっとも必要なのである。

たとえば、先にあげた例のばあいでも、穂首分化期はどんな品種でも、またどんな年でも、葉令指数七六～七八をねらえばまちがうことはないし、減数分裂期直前は葉令指数九三をねらえばよいわけである。

葉令指数を知るためには、ぜひとも主稈葉数を数える必要があるので、早・中・晩のそれぞれの代表品種をえらび、一〇株ていどのイナ株を用い、先端の開きおえた葉身（主稈）にエナメルまたはマジックインキで印（五～一〇ミリ平方）をつけて、水田の片隅に植え、この葉数を記帳しておき、活着後七～一〇日ごとに四～六回生育を追って印をつけることを、イナ作上の一つの習慣とするようにおすすめしたい。葉令指数を知らないで、イネをつくることは、わが子の年を知らないで教育をするようなものと著者は考えるのである。

二、計画的なイナ作

1、バランスのとれたイナ作

まず、収量を多くする上に重要なことは、一度に五割も一〇割もの増産をねらうのではなく、いままで安定していた収量の二～三割増のところをまず目標とし、年を追って順次目標を高めてゆくことである。

目標収量が確定したら、この収量をあげるために、一株につけるべき玄米の粒数を算出しなければならない。これには第一章のおわりの玄米収量早見表（三九・四〇ページ）を用いれば、おおよその数字がすぐに出てくる。そして、一般にバランスのとれたイネの登熟歩合は八五パーセントていどであるから、この数字を〇・八五で割って得られる数字が一株に必要な粒数となる。

一株のモミ数が決定したら、一株に何本の穂をつけ、一穂平均何粒のモミをつければよいかを決める。たとえばここに平方メートル当たり二〇株（株間二五センチ×二〇センチ）の水田で一〇アール当たり六五〇キロの収量を目標とすれば、ふつうの粒大の品種では、第4表の玄米収量早見表から、必要な一株粒数は約一四〇〇粒であることがわかるから、1400÷0.85＝1647となる。つまり、一株に約一六五〇粒のモミをつければよいことがわかる。これだけのモミをつけるには平均一株の穂数を二

○・六本、一穂平均八〇粒のモミをつければよいはずである。このように計算すれば、どのていどの大きさのイネをつくればよいかがまず理解できる。そして、増収するにはこの簡単な計画がきわめて重大な意味をもつのである。その理由は、必要にして充分なモミ数をつけ、必要以上のモミ数をつけない点に、イナ作上の一つの秘訣があるからである。この実例は第二章—二にくわしく述べた。

要するに、大きすぎるイネをつくって減収している事実があまりにも多く、著者は、この点がわが国のイナ作でとくに注意すべき点であると信じている。この理由は、一般の農家はイネの生育初期から、常に無計画にただ大きくすることだけに専念し、この結果、必要以上の多くのモミをつけようとするからである。したがって、登熟期に偶然天候が非常によかったばあい以外は、イネを大きくつくったことが減収の原因になっている。このことに気づいている人は暁の星よりまれであろう。せっかく、生産された炭水化物を、ただ、モミを多くつけることによって、クズ米やシイナとして捨てることは、まことにおしいことではないか。

過剰なモミをつけて成功するのは、五年に一回、ときには一〇年に一回おこる出穂後の異常な好天候の年だけであるのに、多くの農家はこの味を忘れられず、毎年大きなイネをつくり、このために、大多数の年に、当然収穫できるはずの米を捨てているばあいが多い。ここに、イネはつくって、米をつくらない重要な理由があろう。

そこで、収量を増大する一つの道としては、はじめに目標をたてたモミ数以上に、過剰なモミ数をつけないように努めることであり、イネを大きくすることだけに専念していた無計画なイナ作をあらため、ときには生育を抑制するイナ作法を真剣に考える必要があろう。とくに、例年クズ米が多くて登熟歩合の低い地帯では、この配慮を欠くことはできない。基肥や本田初期の速効性チッソ肥料の節減に注意するほか、穂数が決定する最高分げつ期の後一〇日よりかなり前に、目標本数と同数の三枚以上の葉をもった分げつが出現したときには、二・四―DやMCPの散布または中干しを実施して、分げつの抑制をしなければならない。

2、本田施肥の決め方

安全な目標収量が決まったら、この目標収量に応じて、三要素の必要な量を計算する。ふつう、玄米一〇〇キロとるために、チッソ二・五キロ、リンサン一・〇キロ、カリ二・三キロ（一石とるために、チッソ一・〇貫、リンサン〇・四貫、カリ〇・九貫）が必要とされている。したがって、玄米六〇〇キロとるためには、この六倍の各要素を吸収させなければならない。

天然では、灌がい水・地力の有効化・水中藻類のチッソ固定などが供給源となり、一〇アール当たりチッソ四・二〜七・二キロ、リンサン一・一〜四・九キロ、カリ三・四〜六・〇キロ（反当たりチッソ一・一〜一・九貫、リンサン〇・三〜一・三貫、カリ〇・九〜一・六貫）ていどが供給されているといわれている。しかし、これも地域によるちがいが大きいと考えられる。したがって、施肥量は、三要素の必要量より天然供給量を差引いたものであるが、肥料は施したものが全部作物のからだに吸収されないで、一部分は流亡し、一部分は不可給態となるので実際の吸収量は一部分に過ぎない。化学肥料の吸収率は、施肥法・肥料の種類・土性などによってもちがうが、おおよそ、チッソ五〇パーセント、リンサン二〇パーセント、カリ四〇～五〇パーセントていどであるから、必要量を吸収させるには、その分を加算しなければならない。つまり、必要な成分量から天然供給量を差引いたものを、その肥料の吸収率で割れば、施すべき肥料の量が算出される。

各都道府県農業試験場では、長年、各市町村ごとに現地試験をやって、肥料や土壌の試験を行ない、この結果から、玄米一〇〇キロ（または一石）を生産するに必要な三要素やその他の成分の施肥量がおおよそ判明しているので、試験場または普及所に照会するのがよい。たとえば、山口県では、県下全市町村について、玄米一〇〇キロ当たり施肥基準が示され、玄米一〇〇キロとるために、右田村ではチッソ二・三キロ、リンサン〇・七五キロ、カリ二・〇キロが必要であり、玄米一〇〇キロ当たりに堆厩肥二七五キロを入れるとすれば、この中の有効成分量を差引いて、購入肥料としてチッソ一・八八キロ、リンサン〇・二キロ、カリ〇・三五キロを施せばよいことが示されている。したがって、六〇〇キロとろうとすれば、この六倍のチッソ・リンサン・カリを施せばよい。

著者の経験では、一般に天然供給量と吸収率とがほぼ同じ量と考え、さらにリンサンの吸収率がとくに低いことを考慮に入れて、玄米一〇〇キロを生産するに要する成分量を、三要素とも二・〇～二

・五キロとみても、いちじるしい不都合はないようである。地力の低い水田は地力の高い水田より、寒冷地は温暖地より、目標収量の高い水田は低い水田より、やや多くする。一九六九年の最後の米作日本一競作会で、後述する理想イネイナ作による多収イナ作を利用して、各都道府県で上位五位以内に入賞した人が八三人（全入賞者の四三パーセント）あったが、この平均施肥量は、堆厩肥を除いて、玄米一〇〇キロ当たりチッソ一・九四キロ、リンサン二・七八キロ、カリ二・二七キロであった。この点からみても、前述の数字はかなり信頼がおけよう（ただ、この数字は平均的な値であり、地力のいちじるしく高いところでは一キロで足りる場所もあり、地力のきわめて低いところでは三キロ以上も必要とするところもある）。なお、堆厩肥は、玄米一〇〇キロ当たり二五〇〜三〇〇キロ（生わら七〇〜一〇〇キロ）は施すべきものとされている。ただし、堆厩肥のチッソ成分は、吸収率が硫安の二分の一または三分の一ていどであるから、チッソ含量は〇・二〜〇・二五パーセントとして計算し、リンサンおよびカリの成分は化学肥料と同等の肥効とみてよいから、リンサンは〇・二パーセント、カリは〇・五パーセントと計算してよい。このようにして算出された結果が、従来の慣行施肥量といちじるしくちがうばあいは、初年目は両者の中間の施肥量として、その成績をみてしだいに改善すればよい。

チッソ肥料は、寒冷地以外では、なるべく分施するがよく（暖地では基肥に三割、追肥七割）、カリ肥料も一部（三〜五割）は穂首分化期ころに追肥する。リンサンは原則として全量基肥とする。

チッソを追肥する時期については、著者は四つの時期があると信じているが、この点については、後で述べる「発育段階にあわせた四つの追肥時期」を参照されたい。

なお、計画的イナ作に必要なことは、どのていどのチッソをイネに吸収させれば、必要な単位面積当たりのモミ数がえられるかということである。この点については、著者の最近の研究から、第48図のような参考になる貴重な資料がえられた。これは、圃場試験の結果であるが、品種を異にしたポット試験でない水耕群落多収穫栽培のばあいもまったく同様であるから、かなり利用価値の高いものと考えられる。

第48図からわかることは、一平方メートル当たりのモミ数を二万粒にしようとすれば、えい花分化終期（出穂前二〇〜一八日）までに吸収させなければならないチッソの量は一平方メートル当たり約四グラムで、三万粒にするためには、約八グラムのチッソを吸収させればよいことがわかる。したがって、一〇アール当たり五〇〇キロの玄米をとろうとするばあいには、第一章のおわり（三九・四〇ページ）の収量早見表を利用して、一平方メートル当たり一八株植え（坪当たり六〇株）の水田では、一株約一二〇〇粒の登熟粒数が必要なことがわかる。

必要なモミ数は1200÷0.85＝1412となるので、一平方メートル当たりでは1412×18＝25416粒となり、これだけのモミをとるには、チッソは、えい花分化期までに一平方メートル当たり約六グラムを吸収させなければならない。天然供給量と吸収率とがほぼ同じだと考えれば、えい花分化期までに

第48図　チッソ吸収量と単位面積当たりモミ数との関係

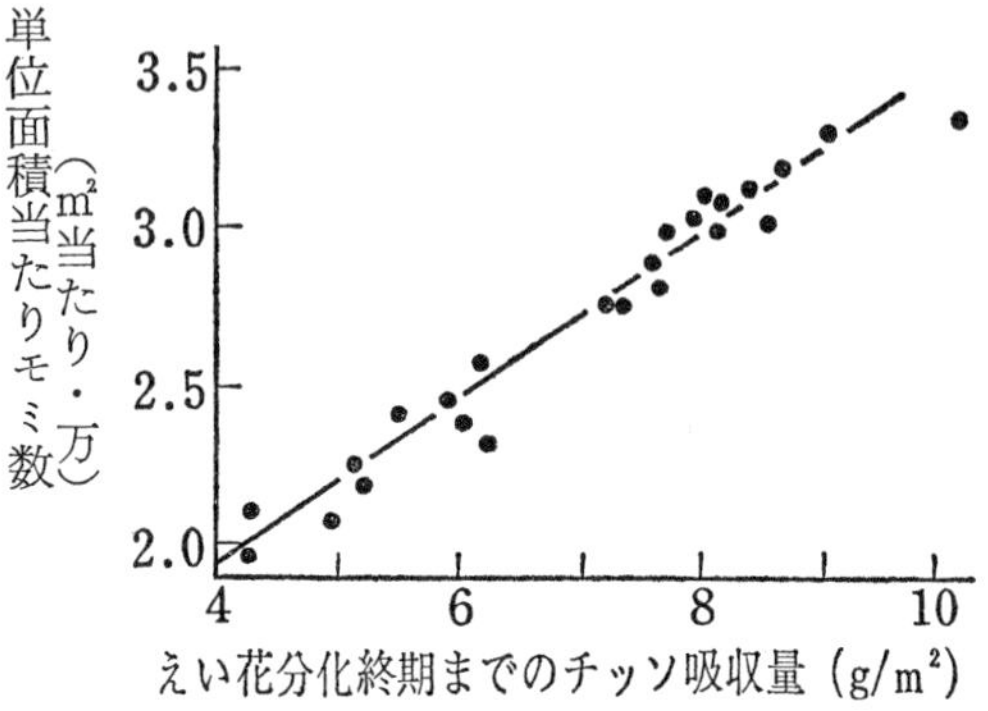

（主に基肥と本田初期の追肥として）一〇アール当たり約六キロを施さなければならないことがわかる。この計算も過剰なモミ数をつけさせないための一つの方法である。ところで、第48図の関係は、鴻巣ではその後の試験でも、常に正しく成立することがみとめられたので、全国一律に適用できるものと考えていた。しかし、その後の調査によると、第49図のように、この関係は地域によって異なり、吸収したチッソがモミを生産する効率は寒地では高く、暖地では低いことがわかった。したがって、各地ごとに斜線の勾配が変わることになるから、第49図を参考にして適宜に補正する必要がある。

3、出穂期の決め方

イネをいつ出穂させるかということは増収上きわめて重要な関係をもっている。

イネの収量の約七～八割は出穂後の同化作用によって生産される。そして、この同化作用に欠くことのできないものは日射量であり、日射量の多いものほど同化量が多く、したがって、収量も多くなることはいうまでもない。とくに、出穂直後二五日間の日射量の多少が登熟歩合を高め、収量を決定する力はきわめて強い。また、出穂前一五〜五日の一〇日間にわたる減数分裂期も、イネの一生の中で、もっとも日照を必要とする時期である。もし、この時期に日照が不足すれば、モミがいちじるしく退化して減少する上に、モミ殻も小さくなって千粒重が低下し、収量も激減する。つまり、イナ作上でもっとも日照を必要とする時期は、減数分裂期と出穂直後二五日間の二つの時期であるといってよい。

第49図　えい花分化後期までのチッソ吸収量と平方メートル当たりモミ数との関係

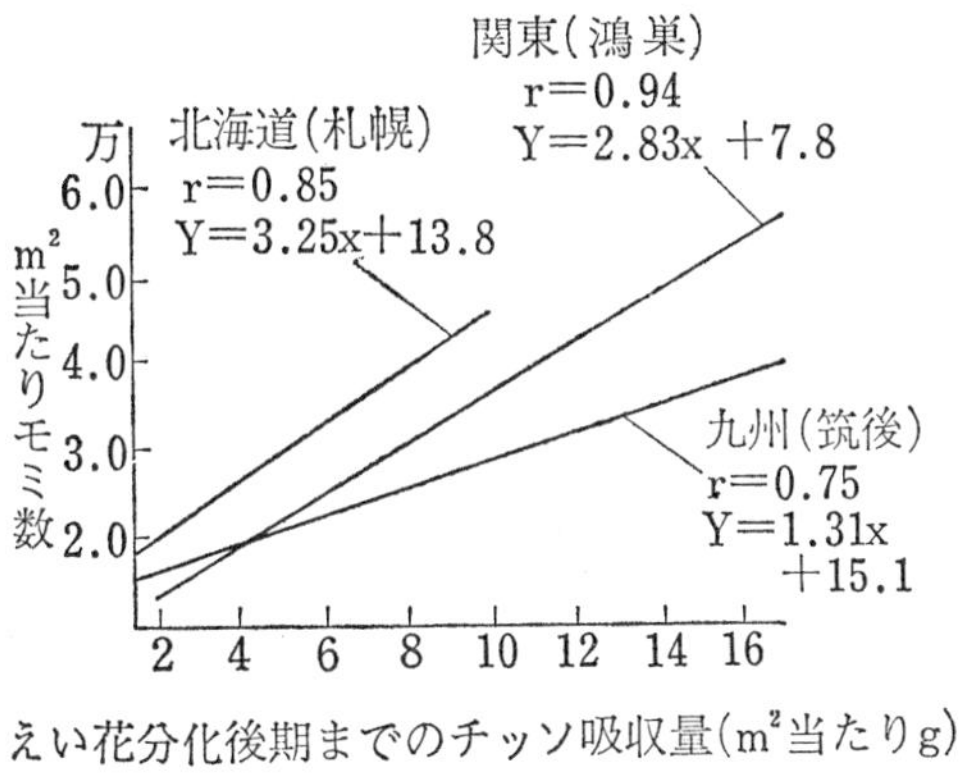

収量を増大する上にもっとも望ましいことは、出穂直前一五日と出穂直後二五日の四〇日間を晴天下で過ごさせることである。このためには、まず、過去長年の気象統計資料を検討して、どの時期がもっとも日照時間が多く、しかも、四〇日間好天候がつづくかを検討しなければならない。たとえば、著者の実験室のあった埼玉県鴻巣市では、七月二〇日ころより八月末まで約四〇日間がもっとも日照の多い期間である。好天候の期間が決まれば、つぎに出穂前一五日、出穂後二五日がこの期間にはいるように出穂させねばならない。このためには、どんな品種をえらび、いつ播き、いつ田植するのがよいかを試験場や普及所と相談する。

寒冷地においては、出穂後の気温についても考慮しなければならない。それは、出穂期がおくれると秋冷となり、低温が炭水化物の転流を阻害して、玄米の肥大を妨げるからである。

田中稔氏は、完全な登熟をするためには、出穂後四〇日間の最高最低の平均気温が二二度内外であることを必要とし、二〇度よりさがるにしたがって登熟障害がはなはだしくなるという。八柳三郎氏は、米粒安全登熟のためには、出穂後一五日間は気温二〇度以上二三度は必要で、その後は、気温が一九度以下に低下しても、植物の生長を停止させる低温（一〇度以下）がくるまでに、平均気温による積算温度が最低八八〇度（二二度×四〇日）になることが必要だという。これらの点を考慮して、過去の気象統計資料を参考として、安全に登熟しうる限界の時期に出穂期をもっていくことである。

一般に、寒冷地では、晩生種ほど多収するので、晩生イネを栽培したがる傾向があるが、晩生イネをつくると、秋の早い年には登熟が不良となるので、各地ごとに安全限界出穂期を決めることが必要である。そして、これと同様に、この安全限界出穂期以内に出穂さすためには、どの品種をいつ播きいつ田植しなければならないかを知る必要がある。この点については、都道府県農業試験場に充分な試験資料があるから、これを参考にする。東北地方各県では各地ごとに主要品種について、安全限界内に出穂できる播種日および田植日が設定されている。

三、ムダのないイナ作改善の道すじ

第一章で述べたように、収量を増すためには、収量構成要素の穂数・一穂モミ数・登熟歩合および千粒重を、それぞれ増大しなければならない。しかし、漫然とこれら四要素をふやそうとしても、収量は決して増大しない。第二章――一・二・三・四などで述べたように、登熟歩合のわるい田で穂数や一穂モミ数を増大しても、収量はむしろ低下するばあいが多いからである。したがってムダのないイナ作改善を行なうには、まず、その水田の収量を構成している各要素を診断して、どの要素が収量の増大をはばんでいるかを知り、この要素の増大に集中的に全力を投入することである。

診断の要領は、第二章で述べたからここでは省略するが、改善の方向を決定するもっともたいせつな点は、登熟歩合の診断であり、登熟歩合のよしあしによって改善の方向がまったくちがう。もし、登熟歩合が七五パーセント以下のばあいには、登熟歩合を向上しない限り、穂数や一穂モミ数をどんなに多くしても収量は増えない。また、登熟歩合が八五パーセント以上のばあいには、穂数や一穂モミ数を多くしない限り、どんなに登熟歩合の向上に努めても、収量はほとんどふえない。これらの関係を知らないで、いくら努力してイナ作改善を行なっても、この努力は的はずれとなり、〝ムダの多い〟イナ作改善となるのである。

第二章で成熟期のイナ作診断方法を述べたから、ここではすでに各自の水田の収量構成要素が診断されているものとして、その対策について述べよう。対策は、収量を限定している要素が何であるかによってちがうから、頭が混乱しやすいと思われるので、ここに、一括して「イナ作改善のねらいどころ早見表」を表示する（第7表）。

この表によれば、まず対策のたて方は、登熟歩合が八五パーセント以上か七五パーセント以下かによってまったく異なる。七五〜八五パーセントのばあいは、モミ数と登熟歩合の双方を増す必要がある（第二章―四参照）。登熟歩合が八五パーセント以上のばあいには、モミ数の増加に主力をおくべきであるが、モミ数を増加させるには二つの道があり、穂数を増す方法と一穂モミ数を増す方法とがある。

穂数の増加方法としては、①健苗を育成する、②早植えを励行する、③適正な基肥をやる、④浅植えにする、⑤植えいたみを防ぐ、⑥肥培管理に注意する、⑦栽植密度に注意する、⑧弱小分げつを抑制する、⑨土つき苗とくに株まき苗を用いる、などの対策がある。

一穂モミ数を増加させる方法としては、①過剰な穂数を抑制する、②穂首分化期までに強大な分げつをつくる、③モミの分化を促す、④モミの退化を防ぐ、などの対策がある。

登熟歩合七五パーセント以下のばあいには、もっぱら登熟歩合を高めることに努力しなければならない。これには、①早植えを励行する、②幼穂分化期から穂ぞろい期までの環境をよくする、③過剰なモミ数をつけない、④強健なからだで出穂期を迎える、⑤穂ぞろい期の追肥、⑥出穂後の病虫害防

第7表　イナ作改善のねらいどころ早見表

診断結果に対する改善のねらい

- Ⅰ．登熟歩合85%以上のばあい
  - モミ数の増加をはかる
    - A．穂数を増す
      1. 健苗を育成する
      2. 早植えを励行する
      3. 適正な基肥をやる
      4. 浅植えにする
      5. 植えいたみを防止する
      6. 肥培管理に注意する
      7. 栽植密度に注意する
      8. 弱小分げつを抑制する
      9. 株まきポット苗を用いる
    - B．1穂モミ数を増す
      1. 過剰穂数を抑制する
      2. 穂首分化期までに強大な分げつにする
      3. モミの分化を促す
      4. モミの退化を防ぐ
- Ⅱ．登熟歩合75%以下のばあい
  - 千粒重を大きくする
    1. モミ殻を大きくする
    2. モミ殻内部に充分米を肥大させる
  - 登熟歩合を高める
    1. 早植えを励行する
    2. 幼穂分化期より穂ぞろい期までの環境をよくする
    3. 過剰なモミ数をつけない
    4. 強健なからだで出穂期を迎える
    5. 穂ぞろい期の追肥
    6. 出穂後の病虫害防除
    7. 暴風害の対策
    8. 倒伏を防ぐ
    9. 秋冷前に登熟をおわらせる
    10. 登熟のよい品種をえらぶ
    11. イネの姿勢を正す
    12. 根の活力を増進する

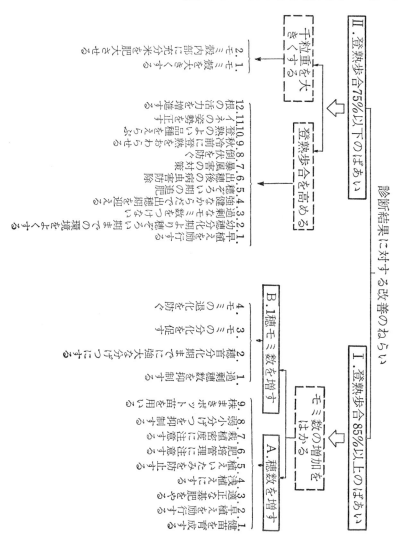

除、⑦暴風害の対策、⑧倒伏を防ぐ、⑨秋冷前に登熟をおわらせる、⑩登熟のよい品種をえらぶ、⑪イネの姿勢を正す、などの対策がある。

登熟歩合七五パーセント以下のばあいには、登熟歩合の向上のほかに、千粒重の増大を図る必要があり、これには、①モミ殻を大きくすること、②モミ殻内部に充分玄米を肥大さすこと、などの対策がある。

以下に対策の各項目について、順を追って説明を加えてゆくが、要するに、成熟期の診断結果を第7表と照合して、適切な対策を加えるところにムダのないイナ作改善のコツがあるのである。

四、穂数はこうすれば多くなる

診断の結果から、穂数を増す必要が明らかになったばあいは、穂数の増大に改善の主力をおかなければならない。

穂数がいつ、どうして多くなるかについては、すでに第一章で述べたので、ここではこれを基礎として、どうすれば多くなるかについて述べよう。

穂の中には小さな穂も大きな穂もあって、これらが、すべて一対一に数えられていることは不合理である。たとえば、三〇粒しか着いていない穂も、二三〇粒も着いている穂もあって、これらがときに対等に一本に数えられることが不公平である。穂数としてたいせつなのは強大な穂であって、弱小穂は登熟歩合もわるく、エネルギーの浪費とみられるばあいも少なくないので、その発生を防止する必要があろうと思われる。そこで、この線に沿って、強大な分げつの増大法について述べてみよう。

1、健苗の育成

強大な穂を多くつくるために、まず必要なことは健苗の育成である。穂数は、田植直後から最高分げつ期ころまでの主に初期の生育のよしあしによって決まり、田植後早く出た分げつほど強大な分げつとなりやすい。この一例を第47図（一一四ページ）に見ることができる。

第47図は六月二日植えの無芒愛国について、分げつ発生日とその茎についた登熟粒との関係を示したものであるが、かなり大きなちがいがみられながらも、田植後早く出た分げつであればあるほど、明らかに強大な穂となって、登熟粒を多くつけ、収量に貢献するていどが大きいことがみとめられる。たとえば、七月八日ころに出た分げつは、最大のものでは一五〇粒も登熟し、最小のものでも九〇粒以上登熟するのに対し、七月二九日ころに出た分げつは二〇～三〇粒しか登熟しない。田植直後から強大な分げつを出すためには、すぐ活着して分げつしはじめる健苗がもっとも必要なのである。

健苗とはどんな苗であるかについては第二章で述べた。ここでは健苗として必要な三条件と、これらの条件を満足させる方法について述べよう。

第一条件＝ズングリ苗　ズングリ苗をつくるには、葉をつくるのではなく、根をつくることに主眼をおかなければならない。根をつくるために、もっとも深い関係のあるものは水である。水のかけ方が少ないほど苗はズングリとなりやすい。苗は水のかけ方の少ないほど、根の発達がよくなるからである。ズングリ苗の代表的なものは畑苗である。畑苗にはときに苗イモチが発生しやすく、ときには秋落ちするばあいもみられるが、畑苗の多収性は一般にみとめられている。水苗代でも水のかけ方を少なくすれば、立派なズングリ苗ができる。稚苗のばあいでも、水のかけ方の少ないほど苗はズングリとなる。この理由は、つぎのとおりである。

根はサンソが不足すれば発達しにくいものであるから、根の発育を促すには、どうしても根にサンソを与えるようにしなければならない。根にサンソが供給される道の一つは、葉の気孔からサンソがイネの体内に取り入れられ、これが地上部の細胞間隙をとおって根に達し、さらに、細胞間隙をすんで、根の先端にまで供給されるという道である。したがって、根が水中または土中のサンソをもっとも必要とする時期は、水苗代のばあいでは、苗が青い本葉を水面に出して同化作用をするまでのあいだである。つまり、播種直後から青い葉が水面上に出るまでのあいだに、根に直接サンソの供給をよくすることがたいせつである。この線に沿って、苗根にサンソを供給する手段の一つが各地で行なわれている芽干しである。したがって、芽干しは発芽後早いほど、また長いほど効果があり、第二本葉が展開した後では効果が少ない。このために、浮き苗や転び苗が出てから、あわてて水を落としてもすでにおそいばあいが多い。また、根にサンソが供給されるもっともふつうの道は、土の中から直接根に与えられるものである。土は水分の少ないほど空気が土に入りやすくサンソの根に供給される量も多い。したがって、土が十二分に水を吸って、飽和状態であれば、根は水中にあるのと同じで、サンソは供給されにくい。稚苗のばあいもまったく同様であるので、葉の巻かない範囲で、なるべく水をかけないほうが健苗をえられやすい。

ズングリ苗をつくる上で第二に注意することは、播種量である。薄播きにするほど、ズングリ苗になりやすい。しかし、極端な薄播きは面積が多くいるし、苗取りも困難になるので、一般には平方メートル当たり六四グラム（坪二合）播きていどが安全であろう。稚苗のばあいは、一般に乾モミで箱当たり二五〇グラムであるが、二〇〇〜一八〇グラムまで薄まきにしたほうが健苗が得られやすい。中苗のばあいは、箱当たり一八〇グラムから八〇グラムの範囲の播種量であるが、四令苗を得るには一五〇グラム以下、五令苗を得るには一〇〇グラム以下の播種量にする必要がある。

第三には施肥である。成苗のばあいは、チッソに比べてリンサンとカリを多くする。とくにカリ肥料を増施することである。チッソ一〇に対してリンサン一三〜一五、カリ一五〜一七ていどと考えるのも、一つのめやすになろう。

施肥量については、チッソの多少が健苗育成上たいへんに関係があるので充分注意しなければならない。全国各地の苗代の施肥慣行をみると、寒冷地は、チッソ成分一平方メートル当たり三四グラム

（坪当たり三〇匁）、暖地では五グラム（坪当たり四匁）ていどのところがあり、各県の地域別耕種改善基準によっても、山形県の一平方メートル当たり二〇〜二三グラム（坪当たり一八〜二〇匁）に対し、長崎県では八グラム（坪当たり七匁）というようにいちじるしい差があり、地域によって非常に異なるので、県農試または普及所と相談することがたいせつである。

稚苗のばあいは、チッソ・リンサン・カリとも箱当たり基肥として、一〜二グラムていど施せばよい。中苗のばあいは、箱当たり基肥として一グラム施し、三葉期と四葉期にそれぞれ一グラムずつ施すのがよい。

第二条件＝病斑のない苗　成苗の病斑で、もっとも多くみられるのは、イモチ病とゴマハガレ病である（第三章—一三参照）。病斑のある苗を植えると、穂数も減少するが、弱小の穂が多くなる。

病斑のない苗のつくり方として、もっともたいせつなのは地力である。地力のない苗代では、肥料が多くいるばかりでなく、与えられた肥料が一時にきき、一時に肥切れとなるのがふつうである。肥料が一時にきくときには、イモチ病が発生しやすく、一時に肥切れするばあいには、ゴマハガレ病が現われやすい。したがって、地力の高い苗代を使わなければならないが、そうした苗代のないばあいには、毎年苗代がおわり本田にするときに、堆厩肥を多く施すことがいちばん安全である。ふつう、本田に一〇〇キロ（アール当たり）入れるとすれば、苗代跡地には二〇〇キロ入れたい。このほか、苗代整地のときに、暖地では充分腐熟した堆肥を平方メートル当たり一〜二キロ入れることもよい。

また、病斑のない苗をつくるには、もちろんベンレートやホーマイ（第三章―一三参照）などで種モミ消毒することが必要だし、病斑をみとめたばあいにはただちに薬剤散布をしなければならない。ところで、最近、早期栽培や早植栽培が盛んになるにつれて、**シマハガレ病**（ユウレイ病）が多くなり重大な問題となっている。これは、ヒメトビウンカが病原体ウイルスを媒介するからであり、苗代では病斑が見られないことが多い。この病気を予防するためには、ヒメトビウンカを駆除しなければならないので、苗代後半期から田植後五〇日のあいだにリン剤ではバミドチオン・マラソン・MPP・MEP・メカルバム・PAPなどを、カーバメート剤ではPHC・CPMCなどの粉剤または液剤を二～三回散布する。粉剤は一〇アール当たり三キロ、液剤は一五〇〇倍液を七〇～一〇〇リットル散布する。また、本田では地表面にリン剤のエチルチオメトン粒剤・ダイアジノン粒剤やカーバメート剤のPHC粒剤・MIPC粒剤などを三キロていど散布するのもきわめて有効である。

なお、稚苗・中苗のばあいには、つぎの諸病や障害が発生しやすいので、それぞれの対策をとらねばならない。

タチガレ病　出芽後まもなく生育がとまり、葉が巻きやがて黄変し、基部やモミにカビが生え、甘酸っぱい匂いがし、葉はさらに褐色となって腐る。苗箱のところどころに発生し、それが周囲にひろがって罹病部が雲形となる。これはフザリウム菌やピシウム菌が、低温や過湿のために、生理活性が衰えたイネに寄生するのであって、とくに二～四令のイネがかかりやすい。

この病気を防ぐには、床土にタチガレン（箱当たり四〜五グラム）を用いるとともに、発病してからも、タチガレン液をまくと蔓延を防ぐことができるという。発病したら、早めに病株を抜きとり、ハゲ穴となった部分には、他のハゲ穴になった箱の健全部を切りとって埋め込む。

ムレ苗　タチガレ病と病状は酷似しているが、病原菌によるのではなく、生理障害によるものである。もっとも簡便に区別しやすい点は、ムレ苗は地際が腐らないので、引き抜けば、根がついて抜ける。これに反し、タチガレ病は地際が腐るので、引き抜くと、地上部だけがとれてくる。緑化期から硬化期に急にいちじるしい低温にあったとき、三〜四日してから、葉が急に巻き、生長がとまり、やがて灰色から黄褐色に変わって枯れる。

この対策としては、第一に急に一〇度以下の低温にあわせたり、また長時間低温にさらしたりしないことと、昼間に高温にしておき、夜間に急に冷やしたりしないこと、第二に培地のpH（酸度）を五ていどとしておくこと、第三に、タチガレンを床土に混合しておくこと、第四に、発病したら、タチガレン一〇〇〇〜二〇〇〇倍液を箱当たり五〇〇cc灌注することである。なお、ハゲ穴部を補植することはタチガレ病のばあいと同様である。

バカナエ病　ジベレラ菌が苗に寄生して、ひょろ長く徒長させ、役だたない苗にする病気である。この病気の予防には、種子消毒が必要であり、ベンレート・ベンレートT・ホーマイ（第三章—一三の種子消毒の項参照）などが用いられている。第三葉の展開期から目立ち始めるので、早めに発見して抜き捨てる。

クモノスカビ　芽の出始めるころ、モミの周囲や覆土の表面に白いクモの巣を張ったような菌糸が繁殖し始め、やがて覆土全面から床土内部全体にふえ、さらに綿アメのようになり、育苗器室内全体にふえてしまうことがある。葉は黄変し、根は伸長が止まり、根端が丸く肥大する。これは土壌中のリゾープス菌が三五度以上でよく繁殖するためにおこるものであり、菌糸から有害な有機酸を出すためである。予防にはまず育苗器や育苗箱の消毒洗浄の必要がある。つぎに、土壌消毒であるが、これにはダコニール（TPN剤）が有効である。ダコニール五〇〇〜一〇〇〇倍液を覆土後に箱当たり五〇〇cc灌注する。また、菌糸が見え始めたら、出芽期間を四八時間以内で打切って、緑化に出す。つまりリゾープス菌が繁殖できない二五度の低温に移すことも、重要な対策の一つである。

黄化イシュク病　第三葉以上の葉身が正常の長さに伸長せず、幅はやや広くなり、全体が萎縮するとともに、黄緑色となって生長が衰える。ベンレートTやホーマイなどの種子消毒で予防することができる。

第三条件＝苗ぞろいがよいこと　苗ぞろいのよい苗をつくるには、第一に種モミの比重選を行なうことであり、ウルチは一・一三、モチは一・一〇の比重でそれぞれ塩水選を実施する。

第二には、種モミを均一に播くことである。播くときに厚薄があれば、苗に大小が生ずるばかりでなく、厚播きのところは栄養不足となって、生殖生長に移りやすく、節間異常伸長をおこして、立派な分げつが少なくなる。播種器を用いるのもよいが、いままでより時間を少し余計にかけて均一に播くよう努めることである。それには、成苗のばあいは一〜二平方メートルずつに苗代を区切って、おのおのの区画に同量に種モミを計って播くのがよい。箱育苗のばあいには、一箱ずつ相当量を小さな容器に測りとって播く。

第三には、肥料の均一散布である。これも成苗のばあいは苗代を小面積ずつに区切って、肥料を計って施す。箱育苗のばあいには、土を均等にわけ、肥料も均等にわけて、土と肥料を十分混合する。第四には、低温（一五度以下）で浸種して（一〇度なら六〜八日、一三度なら四〜五日）、発芽時に三〇〜三二度の高温を与えて（約一日）、ハト胸ていどの催芽モミとして播くと、発芽がよくそろう。

2、早植えの励行

穂数を増す上にたいせつなことは早植えである。早植えすることによって、栄養生長期間を長くすることができるほかに、気温の低いことが強大な分げつの増加に役だつのである。その上、早植えするとイモチ病への抵抗性も高まる。早植えすることによって、どのていど栄養生長期間（分げつが主に発生する期間、田植より幼穂形成始期まで）が延長されるかを示せば、第50図のとおりであり、早・中・晩三品種とも早植えによって栄養生長期間がいちじるしく延長されている。生殖生長期にも分げつの出るばあいもあるが、これらの分げつは弱小分げつや無効分げつになるのがふつうである。

早植えしても、それほど穂数が多くならないばあいもあるが、こんなときには一穂モミ数が多くなる。早植えは安全イナ作上欠くことのできない方法であると信じているが、ただ、メイチュウの被害とヒメトビウンカによるシマハガレ病の防除と秋落ちには注意しなければならない。

第50図　早植えによる栄養生長期間の延長

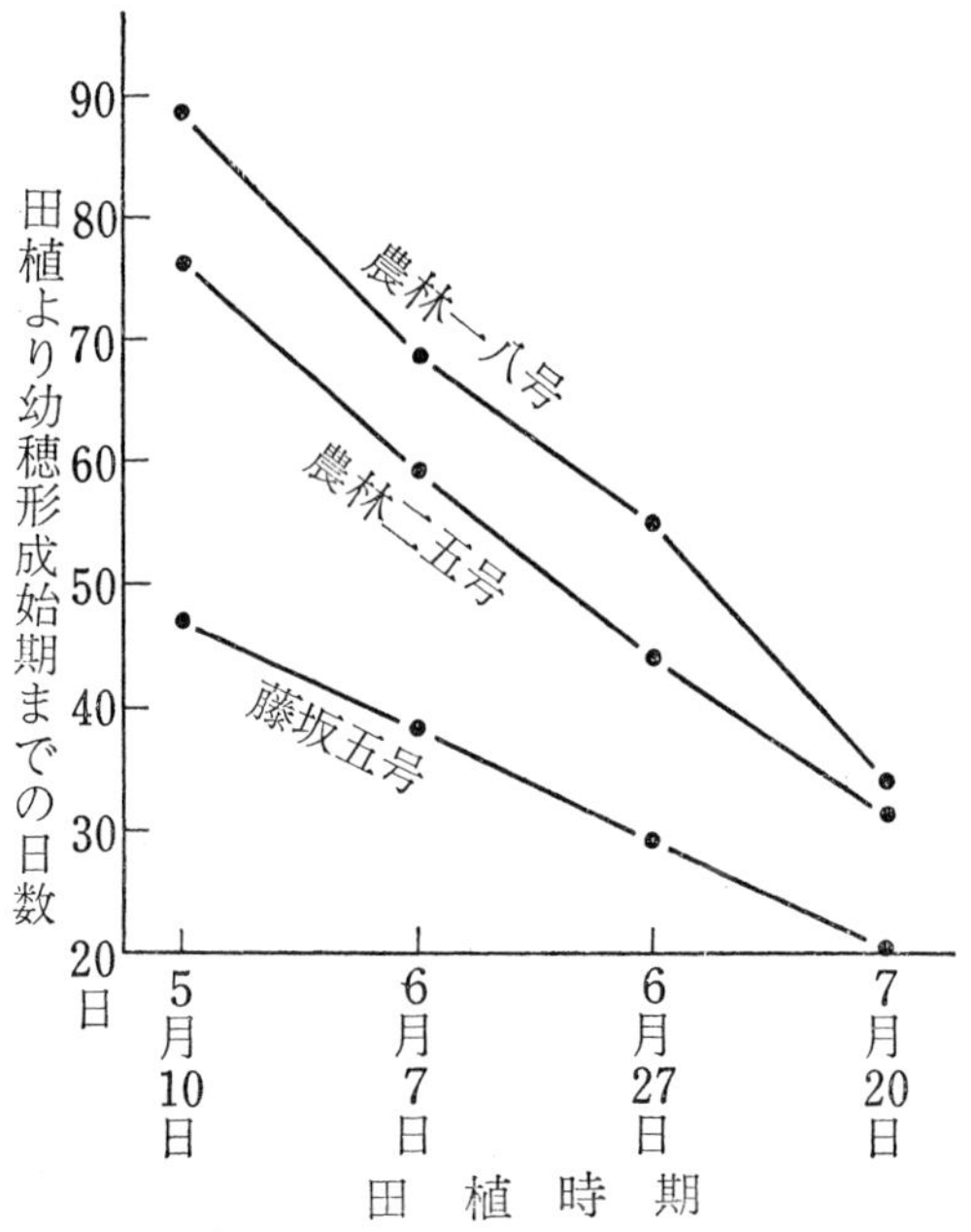

3、適正な基肥

穂数増加だけを目的とするなら、基肥は多いほど有利である。しかし基肥を多くして穂を多くすると、無効分げつが多い上に、分げつも軟弱となり、根の発育もわるくなってきわめて不健康なイネになりやすい。そして、穂数以外の収量構成要素（一穂モミ数・登熟歩合・千粒重）はかえって減少することが少なくない。したがって、穂数だけに頼って基肥を多くすることは、生育期間の短いところ以外では、賢明な方法だとはいえない。

基肥（とくにチッソ）のもっとも大きな目的は、主に分げつ増大であろうと思われるが、平方メートル当たり二〇株（坪六六株）で一株平均一五本の穂をつけ、一穂平均八〇粒の登熟粒がつけば（第4表参照）、ふつうの粒大の品種では、アール当たり五五・二キロ（反当たり九・二俵）の収量がえられるので、むやみに穂数を増大する必要はない。

基肥のチッソ肥料が少ないと、根の発育が良好となり、イネは健康に育つ。基肥のチッソ肥料の少ないばあいに限り、穂肥や穂ぞろい期追肥が安全にやれるし、肥料も節約できる。著者は従来の経験から、一般に基肥のチッソ肥料が多過ぎると、日ごろから思っている。

分げつ数を多くするためにチッソの追肥を行なうことは、ごく初期の追肥以外は、一般に無効分げつを多くするので、施用しないでがまんし、穂肥として施すようにして、一穂モミ数の増加や登熟歩合の向上を重視する必要があろう。

どのていどの量を施すべきかは、その水田の安全収量およびその水田の土壌状態などで異なるが、本章の二―2の本田の施肥の決め方の項で述べたのでこれを参照してほしい。

4、浅植え

一般に浅植えするほど、分げつの発生が促進され、穂数が多くなる。深植えすると、まずイナ株が扇型に開かなくなって、機械的に分げつの発生が阻止される。第二に、根元にある生長点が地下深くなるので、温度の日変化（日中高く、夜間低くなる温度変化）を受けにくくなり、これが分げつの増殖を阻害する。一般に昼間の高温と夜間の低温との較差が大きいほど分げつは増加する（拙著『イナ作の改善と技術』（養賢堂）参照）。第三に、表層ほど根群が発達しやすく養分も吸収しやすいので、分げつも増殖発達しやすい。後述（第五章）の株まきポット苗はもっとも浅植えになりやすい。

第二章—一〇—4で述べたように、苗代日数が長くないのに、二段根の出ている水田は明らかに植え方が深すぎるので、このような水田は、浅植えすることによって正常な穂が多く出て、必ず増収となる。

5、植えいたみの防止

植えいたみは必ず回復するので、従来からこの被害はほとんど関心が払われていないが、いったん植えいたみが現われると、活着後、重要な分げつを出す時期を空費し、強大な分げつが少なくなり、収量が低下する。

岡山農試の加峯氏は、田植後三～四日の日照時数の多いことが収量を低下し、この原因が植えいたみにあることを指摘した。植えいたみを防ぐには、強剛な健苗を用いることがもっとも必要であり、根はなるべく切らないほうがよい。成苗でも稚苗でも、苗代後半期になるべく低温（一六～一〇度）にあわせておくことがたいせつである。また、田植直後を深水に保ったほうが萎凋《いちょう》が少なく、水温は高いほうが発根はよくなる。なるべく気温の低い時期や風のない日や曇雨天の日をえらんで、田植することもたいせつである。また、株まきポット苗の利用は植えいたみ防止の最善策である。

6、肥培管理の注意

中耕除草は分げつを促進させる。とくに、株の根元の土をかいて、イナ株を広がりやすくしてやる元がきは、分げつを促進する効果が大きい。しかし、現在の労力不足のもとでは困難であり、著者は十数年前から、この元がきの機械化を待望しているが、まだ、その出現をみないのをはなはだ遺憾に思っている。

基肥が少ないばあいには、追肥は田植後一五〜二〇日ころまでに施すのがよい。その後の追肥は弱小分げつや無効分げつを多くするので、幼穂形成始期までは行なわないほうがよいことが多い。とくに、出穂前四五〜三〇日のあいだにチッソ肥料がきいてくると、倒伏しやすくなる上に、登熟歩合が低下しやすくなる。

また、用水の水温には充分注意しなければならない。活着時には三五度を限度として、昼夜ともなるべく水温が高いほうが活着を促進する。したがって低水温地帯では、漏水に注意して、できるだけ新しい水を入れないようにしなければならない。いったん活着すると、昼夜較差のあるほうが分げつ増殖には有利で、昼間三五度、夜間は一五度といった温度が好適である。しかし、穂首分化期ころになると、温度較差の影響はなくなり、昼夜平均温度で三〇度ていどが最適で、これ以後、出穂期まで同様である。
水温上昇の方法としては、止水灌水法・無湛水栽培法・夜間掛け流し昼間止水法・ビニールホース法・漏水防止による方法・水口装置による方法・分散灌がい法・水口変更法・OEDによる方法などがあるが、水温上昇でもっともたいせつなことは、できるだけ水田に新しい水を入れないことで、とくに日中は決して水を入れてはならない。水を入れるには、早朝かまたは夕方おそい時刻とする。*

*詳細については、拙著『イナ作の改善と技術』『イナ作の理論と技術』(養賢堂)および『イナ作八か月とV字理論イナ作』(山口県農協中央会・山口県吉敷郡小郡町)を参照されたい。

西南暖地では水温の高すぎる(三五度以上)地方もあるが、このような地帯では、水温低下の措置をとらねばならない。水温低下方法としては、掛け流しによる方法と、昼間温度が高くなり過ぎる時刻に先立って完全断水を行ない地面を露出する方法とがある。前者については、説明の必要はないが、後者については説明の必要があろう。
地面を露出すると、これに高温が作用して、地面蒸発が盛んになり、そのために気化熱がうばわれるので、水より熱容量の小さい水田の土は、湛水田の蒸発のばあいより冷却が大きく、高温となるのを防ぐことができるという(黒崎)。ただし、このときに排水を完全にしないで浅水にしておくと、かえって高温となるので、充分に注意する必要がある。この方法は、無湛水栽培の一種でもあり、地面が直接空気と接触するので、この面からも、土壌還元によって誘発される根部障害や各種の病害の予防にも役だつ利点がある。

なお、早植えも有力な高水温対策であり、夏期に水温が高まるころには、イネが充分繁茂して日射をさえぎるので、九州地方でも三五度以上にあがることはほとんどないといわれる。

7、栽植密度の注意

肥料の少ないばあいや地力の低いところでは、密植にするほど、明らかに穂数が多くなり、増収となる。しかし、肥量が多すぎたり、地力が高すぎたりして、毎年倒伏しやすいところでは、疎植がよい。密植し過ぎて悪影響が現われることは、倒伏しないかぎりほとんどないが、密植するほど田植はもちろん、その後の除草や諸作業にも労力を多く要するので、特別に栽植密度のあらいところ以外は、とくに密度を高める必要はあるまい。ただし、穂数を早く確保し、中期（出穂前四〇～二〇日）にチッソ吸収制限を必要とする、第四章の理想イネによる多収イナ作では、なるべく密植するほうが有利である。そして、このためにもっとも簡便な方法が株まきポット苗の利用である。

8、無効分げつ・弱小分げつの抑制法

無効分げつや弱小分げつを抑制することは、強大な分げつをつくるためにも、穂数以外の収量構成

要素を増大するためにも望ましいことである。この抑制には、基肥のチッソを節約し、中間追肥（有効分げつ終止期またはその直前の追肥）をひかえることのほかに、培土の実施や二・四—DまたはMCPの散布および田干し（土用干し・中干し）なども利用することができる。有効分げつ終止期から幼穂形成始期の期間にチッソがきいてくると、無効分げつが多くなるばかりでなく、倒伏しやすくなり、さらに、イネの姿勢をもいちじるしく悪化させて、登熟も不良になる。

昔からイネは「一生に三度黄化させる必要がある」といわれているが、その二回目の黄化の時期が明瞭でなかった。著者はいろいろの試験の結果から、二回目の黄化（色あせ）時期は、有効分げつ終止期直前（出穂前四二日）からえい花分化後期（出穂前二〇日）までであることを明らかにした（一回目は苗代末期の色あせであり、三回目は成熟期の黄金色である）。したがって、この時期にチッソがきかないように注意することが、安全多収イナ作上の一つの秘訣である。また、有効分げつ終止期直後に二・四—DやMCPを施すことも、雑草とともに弱小な分げつ芽を枯死させるので、うまく利用すれば、一挙両得となるものである。さらに、培土（機械による）も株の根元に充分に土を盛りあげて、元がきのときとは逆に、イナ株をつぼめて分げつの発生を抑制するものである。しかし、もっとも安全で効果のある方法は田干しであり、これは有効分げつ終止期直後に落水して、田面に亀裂ができるまでに乾かすのである。幼穂が形成されても、えい花分化後期までは、かなりひどく干しあげても被害は現われない。田干しは分げつ抑制に効果があるばかりでなく、湿田や有機質の多い水田では、土壌の異常還元を防ぎ、根を健康にする上にもたいせつな作業である。

五、一穂モミ数はこうすれば多くなる

診断の結果から、一穂モミ数が少ないことがわかったばあいには、改善は一穂モミ数の増加に重点をおかねばならない。

第一章―五で一穂モミ数がどうして決まるかについて述べたので、これを基礎知識として、どうすれば一穂モミ数が多くなるかについて述べよう。

1、過剰穂数を抑制すること

一穂モミ数を増大する上に、まず考えなければならないのは、穂数を過剰にしないことである。本章―四で述べたように、穂数としてたいせつなのは強大な穂であって、弱小穂は収量に貢献するていどがきわめて少なく、エネルギーの浪費とみられるばあいも少なくない。穂数の増大に熱心のあまり無効分げつや弱小穂をたくさんつくって、収量を低下していると思われる例はいたるところにみとめられる。第51図は、同一の田植日および施肥量のもとで、播種量・平方メートル当たり株数・一株当たり苗数をいろいろに変えて行なった精密栽培試験から、一穂モミ数と平方メートル当たり穂数との関係を整理したものである（供試品種は中生種の撰一）。

この図によっても、穂数が多くなるほど、一穂モミ数が少なくなることが明らかにみとめられる。

このように、一般に穂数と一穂モミ数とのあいだには、相反する関係があるので、過剰な穂数、とくに弱小穂や無効分げつの抑制には、充分注意すべきであろう。しかし、このような関係がとくに明瞭に現われるのは、後期に出る分げつが多いばあいであって、早期に出た分げつが多いばあいには、必ずしも明らかではない。

したがって本章―四で述べたように、健苗を用い、早植えを励行し、基肥を適正にし、有効分げつ終止期のかなり以前に、穂数増加のための追肥は中止し、無効および弱小分げつの抑制手段をとり、強大な穂をつくるように努めなければならない。早く出た分げつほど、一般に強大で、収量に貢献するていどが大きいから、なるべく早く必要な穂数を確保し、その後は分げつを出さないような施肥や管理が必要である。とくに、チッソ基肥（化学肥料）をひかえめにすること、穂数増加のためのチッソ追肥はかなり早めに行ない、少なくとも穂首分化期前一五～二〇日間はチッソ追肥を行なわないで、一時色あせさせることなどが、寒冷地以外では、一般に好結果をもたらすばあいが多い。

第51図　1穂モミ数と穂数との関係

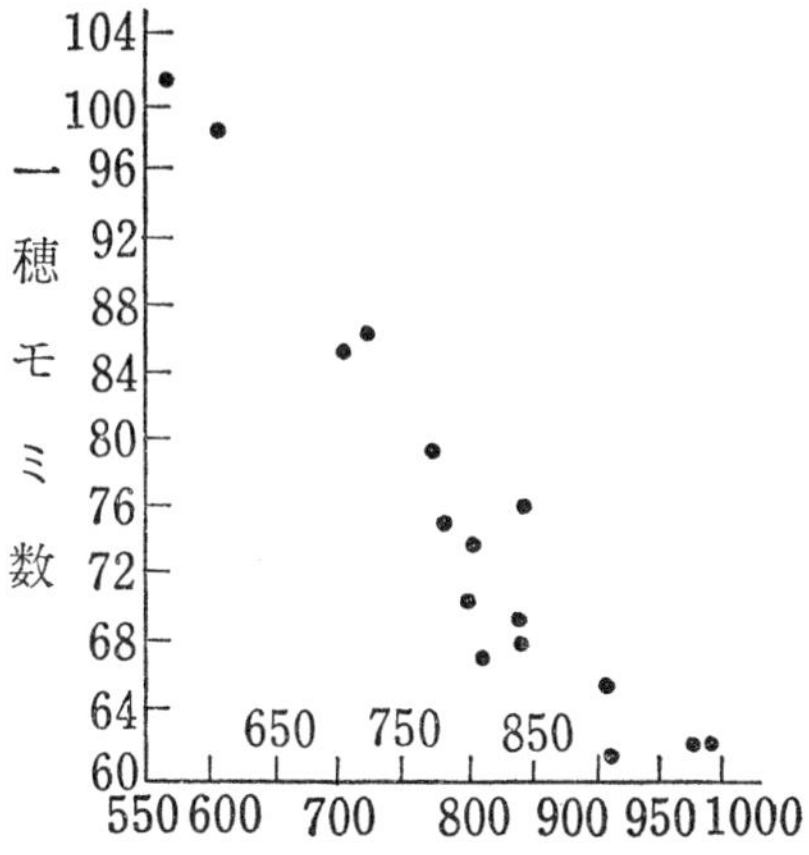

2、穂首分化期までに強大な分げつにすること

第一章—五で述べたように、一穂モミ数は主に穂首分化期以後に決定されるとみられるが、これ以前でも環境がひどく不良なばあいには、かなり明瞭な影響が現われる。これは、一穂モミ数に影響を与えはじめる穂首分化期の分げつの大きさが一穂モミ数に関与するためである。すなわち、すでに述べたように、分化モミ数は主として穂首分化期からえい花分化始期まで約一〇日間の同化量の多少によって決定されるとみられるが、極端にわるい環境に育ったイネは、その穂首分化期における各分げつの発育が貧弱であって、その直後、よい環境を与えても一〇日間の同化量は少なく、一穂モミ数も充分に増大しない。

したがって、一穂モミ数を増大するためには、穂首分化期までに太い大きな分げつを育てあげておく必要がある。このために、穂首分化期までの肥培管理に意を用いるとともに、冷水害や病虫害などから保護するよう努めることである。とくに、初期の分げつの発生を促し、後期の分げつの発生を抑制する必要がある。

3、モミの分化を促すこと

直接一穂モミ数を増大する道は二つあって、一つは積極的にモミを多く生み出す道であり、もう一

つは消極的な方法で、退化するモミを少なくする道である。これはちょうど、金をためるのに収入を増加する方法と、支出を節約する方法との二つの道があるのに似ている。そして、積極的により多いモミの分化を促す方法をとるか、または消極的に退化モミ数を少なくする方法をとるかの判定は、イネの穂を診断すればわかる。これは、第二章―三―（6）で述べたように穂の基部の第一次枝梗の退化や第一次枝梗の基部の第二次枝梗の退化の多少を診断し、もし退化が多ければ、消極的に退化モミを少なくする方法をとらねばならない。もし退化モミ数が少なくて、しかも、一穂のモミ数が少ないばあいこそ、積極的にモミ数の分化を促す方法をとる必要がある。

積極的により多いモミの分化をさせるには、穂首分化期からえい花分化始期までの七～一〇日間の栄養を良好にすることである。栄養を良好にするために、もっとも重要な役割を演ずるのがチッソ肥料である。したがって、簡単にモミ数を多くするには、穂首分化期をめがけてチッソの追肥をすることで、このチッソが一次枝梗を多くし、さらに二次枝梗を多く生み出させて、その結果、一穂につくモミ数が多く生まれることになる。

ところが、ここに重大な問題がある。はたして穂首分化期（葉令指数七六～七八、出穂前三二～三〇日ころ）のチッソ追肥が一穂モミ数の増加に役だち、それが収量を増大することになるかどうかということである。というのは、従来、穂肥施用に関連して数多くの施肥時期試験が行なわれ、出穂前二五日に追肥した区が出穂前三〇日に追肥した区よりもよい結果を示すばあいが多いからである。

一穂モミ数まで調査した試験は少ないので、収量成績より推定するほかはないが、過去の成績からみれば、穂首分化期よりえい花分化始期のほうが、より効果的であるとみられるばあいが多いことは確かである。そして、穂肥の安全な施用方法としても、追肥の時期は早きに過ぎるよりも、むしろおそきに過ぎるほうが安全だといわれ、著者自身も自らの試験や指導経験から、このことの正しさをみとめてきた。ところが、一穂モミ数が、いつ、どうして決まるかがわかるにおよんで、穂首分化期(出穂前三二〜三〇日)の追肥が、えい花分化始期の追肥(穂肥)よりも効果があるはずだと考え、いろいろ試験した結果、二つの理由が明らかにされた。

第一の理由は、穂首分化期の追肥時期が最高分げつ期の前にあるか後にあるかによって、その肥効がちがうことである。従来の穂肥の試験でも、早めに施用したばあいは効果がないか、またはかえって不良な結果がえられたのは、無効分げつを多く出し、栄養生長に後もどりしたからだといわれていた。しかし、これは多分穂首分化期が最高分げつ期の前にきていたためであろう。そして、穂首分化期の追肥が分化えい花数を増大したのは穂首分化期が最高分げつ期の後にきたときに多いのである。したがって、穂首分化期の追肥を効果的にするためには、最高分げつ期と穂首分化期との関係を検討しなければならないのである。この点については、第一章―四を参照されたいが、この際、穂首分化期は一般にいわれる幼穂形成期より約七〜一〇日早いことに注意していただきたい。

最高分げつ期を穂首分化期の前にもってくるには、まず、早植えをすること、中間追肥(基肥と穂首分化期までの中間の追肥）を早めに、しかも量をひかえめに施すこと、栽植密度を多くすること、晩生種をつくることなどが必要にして有効な手段であろう。この中でも、早植えの励行はもっとも安全にして確実な方法であろう。

第二の理由は、穂首分化期のチッソ追肥はモミ数を過度に多くしやすく、さらに、上位の葉身を伸ばして、イネの姿勢を悪化させやすいので、登熟歩合が低下することが多いからである。したがって穂首分化期のチッソ追肥は、モミ数がいちじるしく少ないばあい以外は、むしろ行なわないほうが安全なばあいが多いのである。著者はこの追肥を劇薬のようなものであると思っている。それはうまくやればモミ数を増す上にもっとも効果的であり、増収するが、一方、一歩誤れば、モミ数が多くなりすぎて姿勢がわるくなり、登熟歩合が低下するばかりでなく、倒伏にも弱くなって収量も低下しやすいからである。

穂首分化期の追肥にはチッソのほかに、カリも加えるほうが幼穂の発育を促し、好結果をもたらすことが多い。とくに、秋落ち地や砂質のやせ地では、この傾向が強い。

なお、穂首分化期からえい花分化始期までの環境をよくする方法としては、追肥以外に、このときまでに除草を充分に行ない、中干しなどによって土壌の異常還元を防ぎ、水温対策や病虫害防除を励行し、イネがよろこんでこの時期を迎え、また、過ごすことができるようにしてやることがたいせつである。

第8表　品種の早晩・栽培条件と退化一次・二次枝梗数歩合ならびに退化えい花数

	早植え				標準植え				晩植え			
	多肥1本植	標肥1本植	標肥3本植	少肥1本植	多肥1本植	標肥1本植	標肥3本植	少肥1本植	多肥1本植	標肥1本植	標肥3本植	少肥1本植
退化二次枝梗数％	27	27	26	21	27	22	24	23	16	15	24	11
退化一次枝梗数％	1	3	3	4	2	6	1	5	1	1	2	0
退化えい花数	3	3	2	2	3	3	2	2	1	1	2	1

4、モミの退化を防止すること

一穂モミ数が少なく、しかも、穂に退化の跡が多くみとめられるばあいには、モミの退化防止に全力を傾けることが、イナ作改善のコツである。

第一章―五で述べたように、えい花分化期以降、とくに減数分裂期間中に、もっとも多くの枝梗およびモミの退化がおこる。しかも、その退化する割合は、一般栽培においても、三〇パーセント以上に達することも珍しくはない。第8表にその一例を見ることができる。これは、特別な処理を行なわないで、中生種農林二五号を早植え・標準植え・晩植えの三時期に田植し、さらに基肥の施用量と栽植密度を異にして試験した結果である。この表によれば、もっとも退化の多いのは二次枝梗であり、もっとも少ないのはモミ自身の退化であって、モミの退化するのは二次枝梗とともに退化することが圧倒的に多く、モミだけが退化することは非常に少ないことがわかる。そして、三〇パーセント以上のモミの退化は容易におこり得ることが推定できる。実際、現地で約三〇点ずつの農家を、静岡県浜松市付近と富山県高岡市付近で調査した結査、静岡では三〇パーセントていどの退化はむしろふつうで、富山では実に四〇～五〇パーセントものモミが退化しているばあいが珍しくなかった。したがって、一穂モミ数を増加させるには、退化モミ数を防止するだけで充分である。

モミの退化するもっとも普遍的原因の一つは、減数分裂期の栄養不良であって、とくに、肥料欠乏（ことにチッソ）によるものが多い。このために、減数分裂開始直前（出穂前一八日）に追肥しても、退化防止に役だつことが多い。

第52図は生育の各期にチッソ追肥を施して、一穂モミ数がどう変化するかをみた三ヵ年の試験結果である。この試験でとくに興味がもたれたのは、モミの分化増殖を促進するために、穂首分化期に追肥し、さらに退化防止を図るために減数分裂開

第52図 生育各期のチッソ追肥が 1穂モミ数におよぼす影響

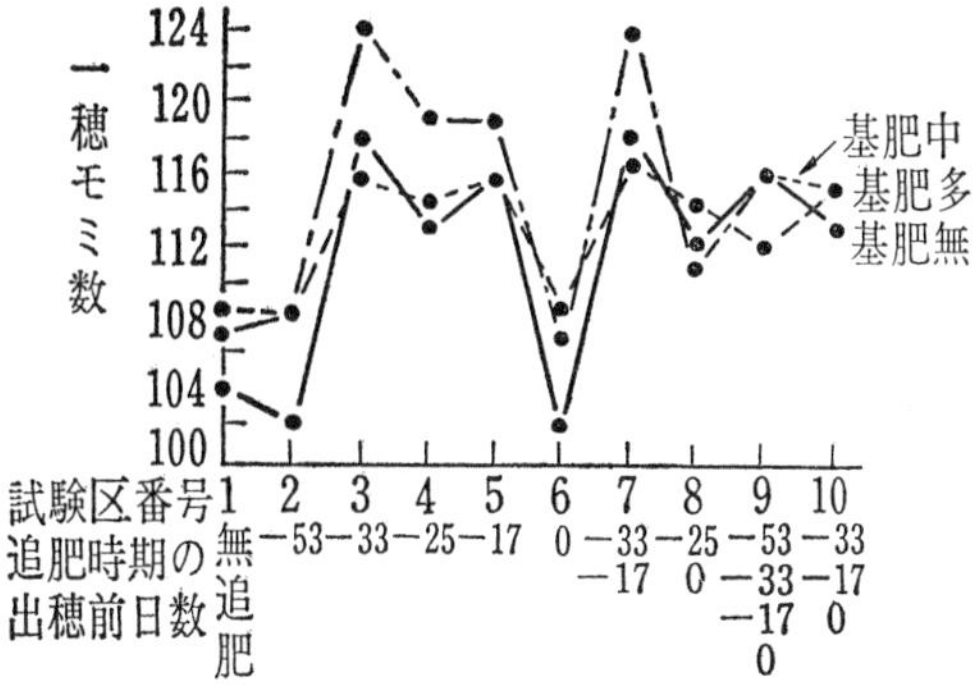

第2区は分げつ盛期（田植後15日）に，第3区は穂首分化期（出穂期前33日ころ）に，第4区はえい花分化始期（出穂期前25日ころ）に，第5区は減数分裂期直前（出穂期前17日ころ）に，第6区は出穂期直後（9月1～4日ころ）に，それぞれ硫安の追肥全量を1回に追肥したもの。第7区は穂首分化期と減数分裂始期直前に，第8区はえい花分化始期と出穂直後に，それぞれ追肥半量ずつ施したもの。第9区は分げつ盛期・穂首分化期・減数分裂始期直前および出穂直後に1/4量ずつ追肥したもの。第10区は穂首分化期・減数分裂始期直前および出穂直後に1/3量ずつ追肥したもの。

始直前にふたたび追肥したばあいの効果の点であった。

試験方法としては、甲・乙・丙の三水田を用い、甲は基肥として硫安アール当たり三・八キロ（反当たり一〇貫）、乙は一・九キロ（反当たり五貫）、丙は無施用として、各時期に硫安アール当たり一・九キロ（反当たり五貫）または三・〇キロ（反当たり八貫）を追肥した。リンサンおよびカリは基肥として与えたほかに、堆肥はアール当たり一一三キロ（反当たり三〇〇貫）を施した。追肥の硫安を一回に施すばあいは田植後一五日目・穂首分化期・えい花分化始期・減数分裂期直前および出穂期直後の五時期。二回に分施するばあいは、穂首分化期と減数分裂期直前の組み合わせと、えい花分化始期と出穂期直後の組み合わせとの二種類。三回に分施するばあいは、穂首分化期・減数分裂期直前および出穂期直後。四回に分施するばあいは、穂首分化期・えい花分化始期・減数分裂期直前および出穂期直後とした（出穂期の追肥を加えたのは、登熟歩合との関係をみようとしたからである。この関係は六―3の第54図に示されている）。

第52図によれば、いずれの基肥のばあいも傾向はまったく同様であり、穂首分化期と減数分裂期直前の二時期がもっとも一穂モミ数を増加させやすい。このことは、第一章で述べた一穂モミ数の成立理論そのままである。また、二回に分施するばあいは、穂首分化期と減数分裂期直前とに施したものがよい結果を示している。なお、甲・乙・丙の三水田とも最高分げつ期は穂首分化期の直前かほぼ同時であった。

要するに、この試験結果から、穂首分化期および減数分裂期の二つの時期は、一穂モミ数増大の追肥時期として注目すべき時期であることがうかがわれる。ただし穂首分化期に一時に多量の追肥を施すことは、登熟歩合をいちじるしく低下させるために、一般には危険な追肥と考えるのが安全である。

また、登熟歩合および収量の点からみて、第三区（穂首分化期追肥）より第七区（穂首分化期および減数分裂期直前）が常に好成績であり、安全であった。この図では、穂首分化期の追肥のほうが減数分裂期直前の追肥より効果的であるとみられるが、これはこの水田が比較的退化の少ない水田であったからであり、退化の多い水田では、この逆になるばあいも少なくないであろう。

一般にモミの退化にもっとも関係が深いのは、減数分裂期間の気象であり、この時期に曇雨天・冷害・干害・水害などに遭遇すると、退化モミ数は激増する。気象は人力によって左右することはできないが、その被害は栽培技術によって軽減できる。とくに、減数分裂期までにイネを頑健に育てておくことによって、この減数分裂期の気象災害をいちじるしく軽減することができる。この点はイナ作上、忘れることのできない重要なことである。

また、冷水害の現われやすいところでは、冷水害対策に注意するとともに、高水温の地帯では、高水温対策を行なう必要がある。また、根ぐされのおこりやすい水田では、中干し後も時折断水して水田を乾かし、空気を土中に入れることである。

さらに、この時期に病虫害に侵されても、退化モミ数が激増するので、その早期発見や防除に注意しなければならない。なお、肥料各要素の栄養が不足していなくても、減数分裂期間に過繁茂となって、一茎当たりの同化作用が不充分なばあいにも退化モミが増加するので、注意して診断しなければならない。

要するに、モミの退化防止のためには、イネの減数分裂期間をできるだけ快適に生活させるように努めることである。

六、登熟歩合はこうすれば高まる

診断の結果から、登熟歩合が七五パーセント以下であることがわかったら、改善の急所は登熟歩合の向上と、千粒重の増大である。

登熟歩合を向上するためのイナ作技術は、いままでほとんど研究されていなかった。第一章—六で登熟歩合の決まり方がわかったので、ここではこれをもとにして登熟歩合の向上方法を述べよう。

1、早植えの励行

出穂期までにイネの体内に貯えられる炭水化物（デンプン）は早植えするほど多くなり、これが登熟歩合を高める上に有効である。とくに、出穂後に曇雨天の多いばあいには、きわめて有利である。そして、出穂前に生育や収量に悪影響がなく炭水化物をためるもっともよい方法の一つが、早植えをすることである。第53図は中生種農林二五号を用い、早植え・普通植えおよび晩植えの三通りに栽培時期をかえて試験し、出穂期までにイネのからだの中にたまった炭水化物の含有率と一株モミ数と登熟歩合との関係を示したものである。この図によれば、早植えするほど出穂期までにたまる炭水化物の含有率が高まり、一株当たりモミ数が多いのにかかわらず、登熟歩合がいちじるしく向上していることがみられる。

なお、早生種を用いて早植えすれば、出穂後のもっとも重要な登熟期間を八月の好天候下で過ごさせることができる。こうすれば八月末や九月はじめに出穂して、九月の曇雨天のために、毎年登熟歩

第53図　田植時期とイネ体内の炭水化物含量および登熟歩合の関係

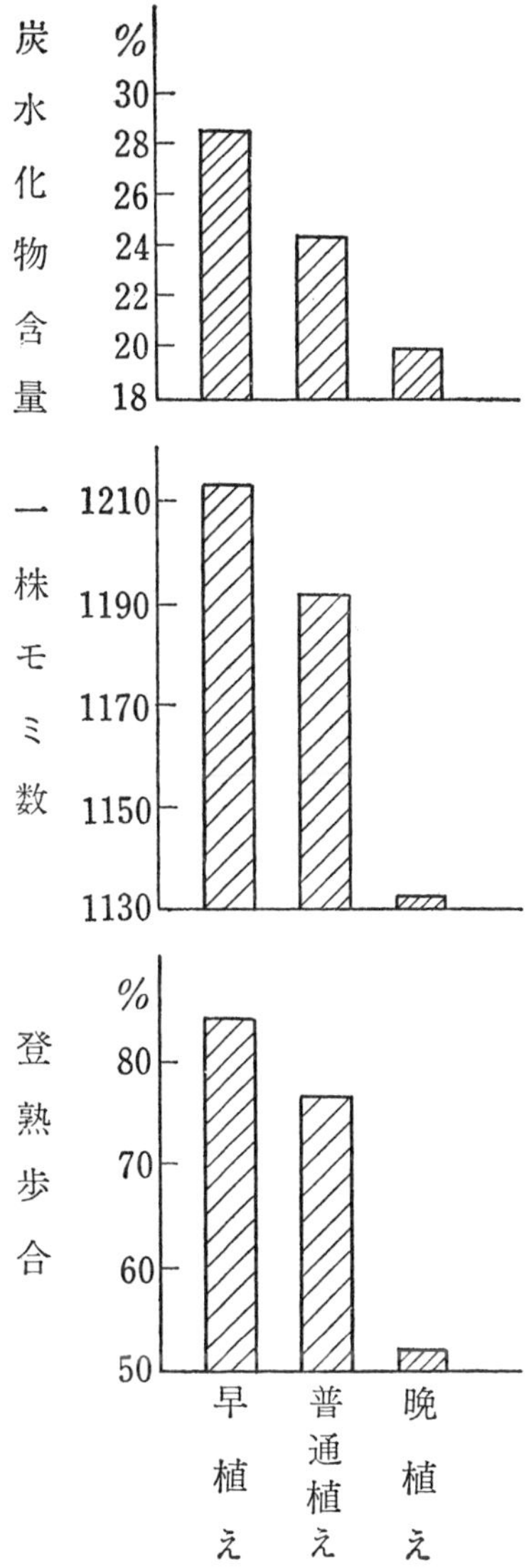

合のわるい地帯では、好結果のえられるばあいが多いであろう。また、早植えは後述するイネの健度を高める上にも、秋冷による登熟不良をさけるためにも必要である。

　また、早植えすると登熟歩合が高まる理由の一つは、早植えすれば、分げつ後期に追肥しないかぎり、イネの姿勢決定期（出穂前四二〜二〇日・第四章参照）に葉色がうすれ、この結果、イネの姿勢がよくなるからである。

　早植えによって一株モミ数が増加したばあいには、ときに登熟歩合の低下することがあるが、このばあいには必ず登熟粒数が多くなって、収量も増大しているのがふつうである。

　ただし、早植えはイモチ病には抵抗力が高まるが、ウンカ・メイチュウなどの被害が多くなるから、防除を怠ってはならない。また、ウンカの発生に関連して、とくに注意すべき病害にシマハガレ病（ユウレイ病）とイシュク病とがあり、ともに近年問題となっている。後期に発生したものは、病徴は必ずしも明らかではないが、登熟歩合が低下するので、おろそかにすることはできない。

　シマハガレ病の防除としては、病原体のウイルスを媒介するヒメトビウンカを駆除しなければならない。このためには、苗代後半期から田植後五〇〜五五日までの防除がたいせつで、第三章—四—1で述べたように、リン剤やカーバメート剤の粉剤または液剤の葉面散布か、粒剤の地面散布を、なるべく回数多く行なう必要がある。

　イシュク病も病原体を媒介するツマグロヨコバイを駆除しなければならない。ツマグロヨコバイの駆除にはダイアジノン・メカルバム・マラソンなどのリン剤やNAC・CPMC・PHCなどのカーバメート剤を苗代後半期から本田初期三五日間にわたって、なるべく回数多く散布する必要がある。

2、幼穂分化始期から穂ぞろい期までの環境をよくすること

幼穂分化始期から穂ぞろい期までのあいだに、不受精モミの多少が決まるとともに、発育停止モミの多少も影響を受けることはすでに述べた。この期間の中に登熟歩合にもっとも影響する時期が二つ（減数分裂期と開花期）含まれている。

冷害・干害・曇雨天などの気象災害は人力で防ぐことは容易でないが、葉イモチ病・ゴマハガレ病・キンカク病・アカガレ病・メイチュウ・ウンカ・ツトムシ・ドロオイムシなどの病虫害の防除をはじめとして、冷水対策や高水温対策も行なうことができる。根ぐされのおこりやすい地帯では、緑肥などの有機質肥料の多用をさけ、無硫酸根肥料（石灰チッソ・塩安・尿素・トーマスリン肥・熔成リン肥・塩化カリなど）を施用するほか、カリ肥料の増施や田干しなどを利用して、根の活力が衰えないようにすることがたいせつである。要するに、強健なからだでこの期間を過ごさせる配慮がぜひ必要である。

3、過剰なモミ数をつけないこと

モミ数の多いほど登熟歩合が低下しやすく、とくに出穂後の天候が不良なばあいには、この傾向がいちじるしい。一般にイナ作の失敗は、登熟歩合の低下に起因するのがもっとも多いのであるが、この原因がモミ数の過度の増大によるばあいが少なくない。モミ数は多いほど有利なものではなく、必要以上に多いときは、かえって有害となる。この点は充分理解しておく必要があるので、つぎに例をあげて説明しよう。

たとえば、一株に一〇〇〇粒のモミをかろうじて満たすだけの炭水化物が生産されたばあいに、一株に一五〇〇粒のモミが着いたとすれば、炭水化物が充分分配されないモミが多くなるので、クズ米となるモミ数がいちじるしく増大し、登熟粒は決して一〇〇〇粒に達することができず、これより必ず少なくなるのである。

この実例が第9表である。第9表はイネの生育各期に硫安を多施（アール当たり七・六キロ、反当たり二〇貫）した試験の一部であるが、一株モミ数のとくに多い三区（止葉分化期施肥）は登熟歩合がもっともわるく、その五日前に施肥した第二区（出穂前四二日）が一〇〇〇粒にちかい登熟粒数を示しているのに対し、わずか七四四粒である。これは、第三区が第二区より過剰なモミ数をつけたために、一モミ当たりの炭水化物量がいちじるしく不足し、両区の同化生産物量はほぼ似ていると思われるにもかかわらず、第三区の登熟粒数がいちじるしく少なくなり、登熟歩合はさらに一層低下したものと考えられる。なお、この表で興味深い点は、モミ数がほぼ決定しおわる出穂前七日以降の施肥は、施肥によってモミ数は増加しないのと、単位葉面積当たり同化能力が高まるので、登熟粒数がいちじるしく多くなり、登熟歩合も明らかに高まるのがみられることである。つまり、第五区（減数分裂後期・出穂前七日）は施肥によってモミ数はほとんど多くならないが、登熟粒数は多くなり、登熟歩合は最高となり、収量も最大となっている。また、収量の欄にみられるように、第三区および第四区は施肥によってモミ数を多くしたことが、かえって無肥料区より減収させているとみられ、チッソ肥料の施用時期について重要な示唆を与えている。

したがって、第三章—二の計画的イナ作の項で述べたように、登熟歩合を高めるには、必要にして充分なモミ数の推定が、もっとも必要となるのである。このためには、第一章のおわり（三九・四〇ページ）の「粒数計算による収量早見表」を活用して、各田ごとに安全に収穫しうる目標収量を定め、これに要する一株平均登熟粒数を読みとり、これより一五～二〇パーセント多いモミ数を目標として、平均一株穂数および一穂モミ数をつけるよう計画し、むやみに多いモミ数をつけないようにすることがたいせつである。このためには、施肥の量および時期に注意するほか、遅発分げつや弱小分げつの抑制が必要であり、青葉三枚以上の分げつが目標本数以上になったばあいには、第三章—四—8を参照して、抑制することも必要であろう。

第9表　1株モミ数と1株登熟粒数および登熟歩合との関係

試験区	施肥時期の出穂前日数	1株モミ数	1株登熟粒数	登熟歩合（%）	収量	
					アール当たり(kg)	反当たり(石)
1	−62	1673	1070	64	42.2	2.79
2	−42	1623	944	58	39.2	2.59
3	−37	1817	744	41	29.0	1.92
4	−27	1636	818	50	31.9	2.11
5	− 7	1309	1021	78	42.6	2.82
6	無肥	1260	831	66	34.0	2.25

1区6.6m²3区制。各区の施肥時期は第1区は田植当日，第3区は止葉分化期，第4区は二次枝梗分化期，第5区は花粉内容充実期。いずれの区も倒伏せず，病害もほとんどみられなかった。品種は農林25号。

モミ数をふやそうとして登熟歩合を低下させることはよくある例で、この中でももっとも失敗しやすいのは追肥のやり方である。

第54図の(A)と(B)図にこの関係を示そう。これらの試験結果は第三章—五—4の試験と同一のものであり、生育各期に硫安の追肥を施して、イネにおよぼす影響を調べた結果の一部である。第54図の(A)によれば、一株モミ数（穂数と一穂モミ数との積）は第52図の一穂モミ数とよく似た傾向を示し、第三区（穂首分化期追肥）と第七区（穂首分化期と減数分裂期直前の二回分施）とに二つの山があり、第一区（無追肥）と第六区（出穂期直後）に深い谷がある。これとまったく対照的に、(B)図の登熟歩合は第三区と第七区が谷底となり、第六区と第一区が山となっている。さらに、(A)図は基肥が多いほど一株モミ数も多いが、(B)図では基肥が多いものほど登熟歩合は低下していて、この点もまったく対照的である。この図か

らいえることは、一株モミ数の多いほど登熟歩合が低く、一株モミ数の少ない区ほど、登熟歩合が高いということである。また、(A)図および(B)図からとくに注意をひく点は、穂首分化期の追肥は一株モミ数を多くするにはきわめて効果的であるが、この半面もっとも登熟歩合を低下さすことと、出穂直後の追肥は一株モミ数の増大にはまったく役だたないが、登熟歩合をいちじるしく高める力のあるこ

第54　硫安図追肥がモミ数・登熟歩合におよぼす影響

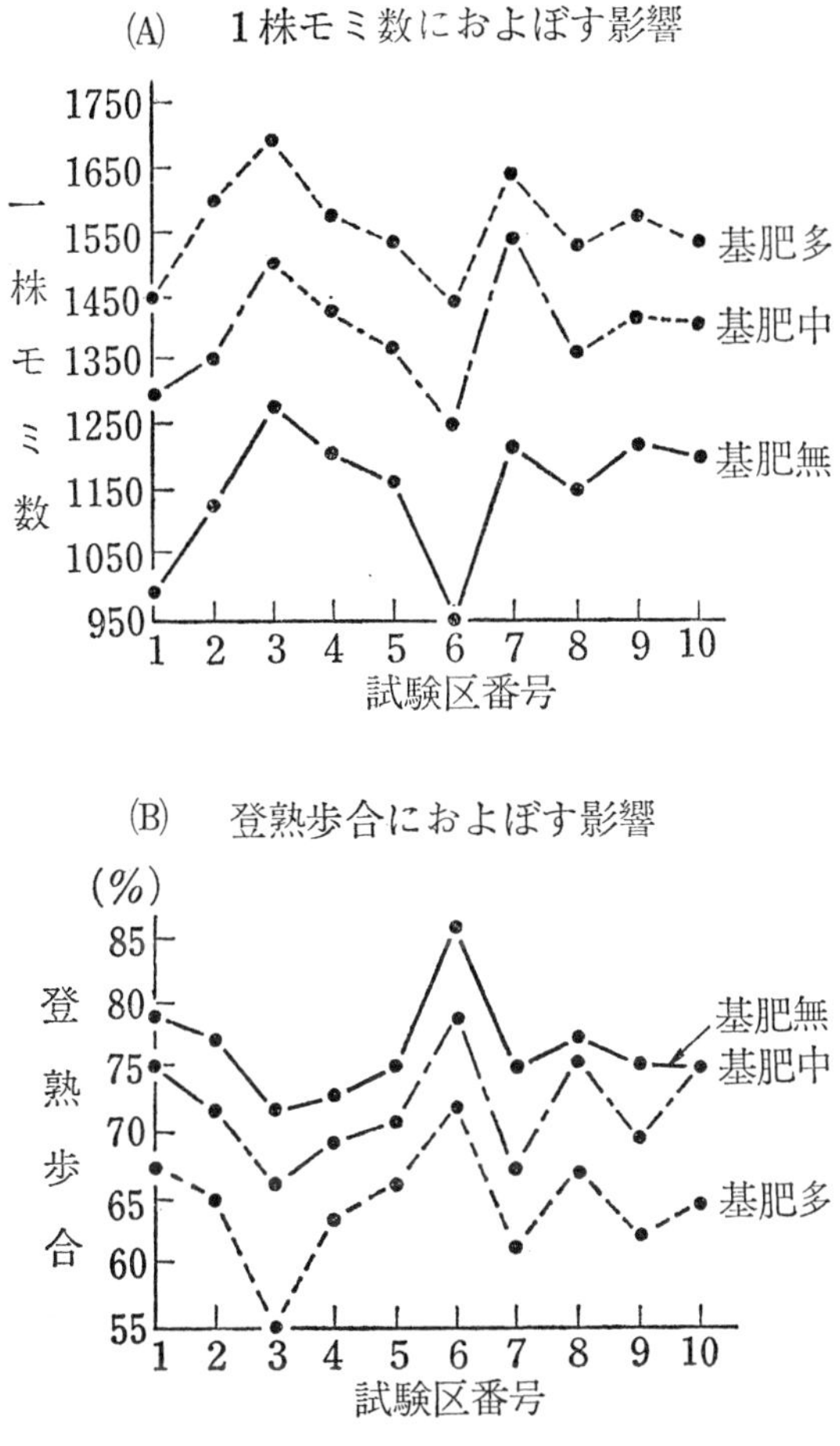

第1区は基肥区，第2区は分げつ最盛期に，第3区は穂首分化期に，第4区はえい花分化始期に，第5区は減数分裂期直前に，第6区は出穂直後に，第7区は穂首分化期と減数分裂期直前に半量ずつ，第8区はえい花分化始期と出穂直後に半量ずつ，第9区は分げつ最盛期・穂首分化期・減数分裂期直前および出穂直後に1/4量ずつ，第10区は穂首分化期・減数分裂期直前および出穂直後に1/3量ずつ，それぞれ追肥した。いずれも3区制の3カ年の平均値。

とである。したがって、穂首分化期の追肥は、過度にモミ数を増大させて登熟歩合を低下させやすいので、充分警戒すべきであり、必要なモミ数のついているばあいは、決して施してはならないのである。

4、強健なからだで出穂期を迎えさすこと

第一章—六で述べたように、登熟歩合にもっとも影響力の強いものは、出穂後の同化作用のよしあしである。同化作用を決定的に支配するのは日射量であるが、これは人力ではどうすることもできない。しかし、出穂後の不良天候も人力で克服しうる余地が全然ないとはいえない。これには、品種および栽培時期を変更して、登熟期によい天候の時期をえらぶことのほかに、健康にして強剛なからだで出穂期を迎えることである。同一の悪天候でも、イネの健康度のちがいによって、その悪影響の現われ方がいちじるしく異なるのがふつうであるからである。

チッソ過多のために、朝露で葉がなびいたり、葉色が濃過ぎたり、病斑があったりするイネは不健康の証拠である。強剛なイネをつくるには、早植えを行ない、緑肥やチッソ肥料の過用をさけ、リンサン・カリおよびケイサン石灰などを多用し、とくに、根群の発達とその健康度を高める配慮が必要である。毎年でき過ぎる水田では、出穂前四三〜二〇日のあいだに一度肥切れ(黄化)させることが、登熟歩合を高めるコツである。この点については、第四章で詳しく述べよう。

5、穂ぞろい期追肥

従来、出穂期を過ぎれば、チッソ追肥は有害無益として禁ぜられてきた。しかし、著者の長年の研究の結果、登熟歩合が低く（クズ米が多い）、出穂期にイネが濃緑でなく、しかも、地力の低い水田では、穂ぞろい期のチッソ追肥が玄米の肥大を促進し、クズ米になるべき米をりっぱな玄米にして、登熟歩合を高めることが明らかにされた。これは、重要な技術であるので、項を改めて後で（第三章—一〇、二〇七ページ）詳細に述べよう。

6、出穂後の病虫害防除

出穂後に穂首（または枝梗）イモチ病・メイチュウおよびウンカなどの被害で、登熟歩合が低下するばあいが少なくない。

穂首イモチ病の防除としては、まず、穂首イモチ病に強い品種を選択することが第一である。このほか、出穂期までにケイサン（ケイカル）を充分吸収させておくことと、根の健康増進に日ごろから注意することなどのほかに、葉イモチ病の斑点のみられた水田では、出穂前に必ず薬剤散布して予防することである。さらに、穂首イモチ病のおそれのあるばあいには、開花終了直後に必ず薬剤散布（ブラエス・カスミン・ヒノザン・キタジンＰ・ラブサイドなど）を行なわねばならない（第三章—

一三参照)。

メイチュウは二化期の被害が登熟歩合を低下させる。発ガ最盛期と出穂期との中間に、茎葉にMP・MEP・EPN・PAP・DEP・カルタップ・クロルフェナミジン・ダイアジノン微粒剤などを散布するか、田面にダイアジノン粒剤を散布する。後者のばあいは、田面の水に薬がとけて、これが吸収されてイネの体中に入り、虫を殺す(湛水のほうがよいが、落水しても土が湿っておれば、効果を発揮する)。一〇アール当たり粉剤は三〜四キロ、液剤は一四〇リットル(一〇〇〇倍液)が標準散布量である。ただし、著者の経験では二化期のメイチュウの被害の多い地帯では、薬剤を三〜四回散布しても、なお不充分であり、葉鞘変色茎の摘採*を併用してはじめて満足できる効果をあげている。葉鞘変色茎の摘採は過去の技術と考えられているむきが多いが、著者は現在でもきわめて有効な技術であると信じている。しかも、実施する時期が農閑期でもあるので、二化メイチュウの被害の多い地帯では、ぜひ採用すべき技術であろう。

*葉鞘変色茎の摘採というのは、幼虫が一茎中に群がって生活しているあいだに(約一五日間)、この一茎を地ぎわから刈取り処分することによって、その後に分散して移るであろう他の数十本の茎を助ける方法である。具体的な実施方法としては、発ガ最盛期後一〇〜二一日のあいだに行なうのが適期である。幼虫が群生している茎は、多くのばあい上から数えて第一葉(止葉)・第二葉・第三葉のいずれかの葉先が黄金色に枯れはじめる(ときには白穂となりはじめる)特徴があるので、この特徴を目標にしてその茎の基部を見ると葉鞘が変色し、茎の中には多くの幼虫が群がって生きているから、これを地ぎわから刈取る。刈取った後は

乾燥すると幼虫が脱出するので、切口を水に浸しておいて安全な場所に集めて焼くか、堆肥中に埋没する。幼虫が群生している茎を刈取る点にだけ意義があって、分散後の一茎に一匹が食い込んでいる茎を摘採しても無意味である。

摘採時期は多く出穂後の農閑期に当たるから、水田の中を数列ごとに散歩して見回ってやるつもりで実施していただきたい。このことは、ウンカの早期発見にも役だつ一石二鳥の方法である。

ウンカ（秋ウンカ）の被害による登熟歩合の低下も、年によってはきわめていちじるしいことが多い。ウンカの類は突発的に大面積に発生するばあいが多いが、この防除には、早期発見がもっともたいせつである。早期に発見しさえすれば、リン剤（ダイアジノン・メカルバム・PAP）やカーバメート剤（CPMC・PHC・MPMC・MTMC・BPMC）などの散布で容易に防除できる。このほか、ダイアジノン粒剤などの田面散布も有効である。水田の中央部から発生しはじめることが多いので、畦畔から注意していても早期発見は困難であり、ぜひ水田の中にはいって調査する必要がある。このためにも、前述の葉鞘変色茎の摘採が、役だつばあいが多い。

また、最近ウンカに関連した登熟歩合低下原因の一つとして注目すべきものは、シマハガレ病（ユウレイ病）の病原体（ウイルス）が、ヒメトビウンカの媒介でイネの生育の比較的後期に、イネ体内にはいったばあいである。早期に侵入したばあいは、明瞭に病徴が現われて、穂が出すくみになったり、出穂しても穂軸や枝梗が彎曲し、または白穂になったりして、登熟歩合が低下することは一見してわかるが、後期になってから侵入したばあいは、穂はまったく健全にみえるのに、登熟が不良となるのである。

早植えや直播きの水田にはシマハガレ病が多いが、シマハガレ病の出やすい地帯では、苗代後半期から田植後二ヵ月くらいまで、ヒメトビウンカの駆除のために、なるべく回数多く薬剤散布をしなければならない（一四三ページ参照）。

7、暴風害の対策

登熟歩合を低下させるもっとも有力な原因の一つは暴風害である。この対策も、人力では不可能と思われるが、やはり人為的に軽減できる道もある。

暴風被害のもっともひどく現われるのは出穂開花期である。そして、暴風の襲来する頻度は、時期的に山があるので、イネの出穂期と暴風の襲来しやすい時期とが一致しないように、早・中・晩生品種の選択とか、または、早植え・晩植えなどによる栽培時期の変更によって、暴風をあるていどさけることができる。早期栽培はこの一例である。

また、暴風の襲来する時期は統計的に頻度の高い時期はあっても、実際には、いつ襲来するかわからないので、出穂期が数日ちがう品種でよいから、各種の品種を適当に作付けして、危険を分散する必要もあろう。

なお、風害発生の機構としては、一次的には、風によって機械的に傷害を受けたり、過度の蒸散や海水付着などによって水分がうばわれておこる細胞の生理的破損が主なものである。二次的には、一次的原因によってイネが機械的にまた生理的に損傷されたところに、いろいろの病菌が繁殖しておこる被害である。したがって、葉先裂開・倒伏・白穂などは一次的被害であり、シラハガレ病・穂首イモチ病・枝梗イモチ病および変色モミなどは二次的被害である。

そこで、一次的被害を防ぐためには、防風林や防風垣を設置すること、堆厩肥やケイサン石灰を多施し、チッソ過多にならないようにして強剛なからだで出穂期を迎えること、暴風襲来の警報とともに深水を張ること、などに注意すべきである。

同一品種で同一日に出穂し、しかも、互いに隣りあった水田でありながら、暴風の被害ていどがまったくちがうことが少なくない。この原因を調べてみると、被害のひどい水田は堆厩肥やケイサン石灰が施されず、チッソ過多の水田であり、被害の軽い水田はケイサンが多く施されて、チッソ肥料が少なく、イネが強剛にできているばあいが多い。また、二次的被害を防ぐためには、シラハガレ病・穂首イモチ病などに対する抵抗性品種の選択、暴風直後にラブサイド・ヒノザン・キタジンP・シラハゲンなどを散布して、病菌の侵入を防ぐことがたいせつである。

8、倒伏の防止

登熟歩合を極端に低下させるものの一つは倒伏であり、とくに、出穂後比較的早い時期に倒れたものほど登熟歩合が低下しやすい。近年、チッソ質化学肥料の増施および畜産農家の堆厩肥多施に伴って、倒伏の被害がますます多くなる傾向を示しており、登熟歩合向上のためには倒伏の防止は見のがすことのできない重要な問題である。現在、イナ作の失敗の過半は倒伏にあるといってよいと思われるほどである。毎年倒伏のために、いかに多くの農家、とくにイナ作に熱心な農家が泣かされていることであろう。倒伏防止技術は、現在および将来のイナ作上最大問題の一つであると信ずるので、項をあらためて後述する。

9、秋冷前に登熟を完了させること

登熟ということは、同化作用で葉身内にできた炭水化物や葉鞘や稈の中にたまっていた炭水化物がモミの中へ移ることである。この炭水化物が移動（転流）するのには、あるていど高い温度が必要である。著者はこの点について、かなり多くの実験を行なったが、その結果、つぎのことがわかった。炭水化物が移動するのに最適の温度は、炭水化物を受けとるモミの数と供給される炭水化物の量との関係、すなわちモミ一粒当たりの炭水化物量の多少で異なるということである。一粒当たり炭水化物量が多いばあいには、三〇度ていどまでの範囲内では、高温ほど移動が早い。しかし、炭水化物量が少ないばあいには、温度が高いと呼吸作用によって炭水化物が多く消費されるので、かえって不利となり、比較的低い温度が適するようになる。

一般の状態では、昼夜平均気温で二一〜二五度に適温がくるばあいが多い。少し詳細に述べれば、適温は登熟時期および昼夜の温度によって異なり、出穂直後一〇日間は昼間二九度、夜間一九度ていどがよく、登熟の盛期（出穂後一〇〜二〇日）には昼間二六度、夜間一六度が適温となるが、登熟の後期になると昼夜とも二三度ていどがよい。いずれにせよ、二〇度以下では炭水化物の移動はいちじるしく阻害されるとみられる。〔詳細は拙著『イナ作の理論と技術』『イナ作の改善と技術』（養賢堂）参照。〕

北日本や山間地では、登熟期がこれらの適温よりかなり低い温度であるために、晩生種などでは炭水化物が移動しにくくなり、登熟が不良となるのである。したがって北日本や山間冷涼地では、秋冷にならないうちに登熟を完了するように、栽培品種の選択をするとともに、出穂がおくれないように冷水対策（第三章—四—6）に注意する必要がある。極晩生種は天候のよい年には、ときに意外な豊作を示すことがあるが、平常の年でも完全に登熟のできないモミが多く、登熟歩合は低いのがふつうである。天候不良の年には、わずか五〜一〇パーセントの登熟歩合となることさえあるから、晩生にすぎる品種はさけることが安全である。

10、登熟のよい品種をえらぶこと

著者の経験によれば、登熟のよい品種と登熟のわるい品種とがあるように思われる。だいたい、小粒種の品種には登熟歩合の高いものが多い。したがって、毎年各自で品種の登熟歩合の差に注意するとともに、試験場その他の品種試験の結果をみて、登熟歩合の高い品種を用いるように努めなければならない。

11、イネの姿勢を正すこと

収量の低いばあいは問題にはならないが、一〇アール当たり五〇〇キロまたは六〇〇キロ以上の玄米をとろうとするばあいには、イネの姿勢が重大な問題となる。この理由は、高い収量を目標とするほど、必要なモミ数も多くなり、モミ数が多くなるほど、一般に出穂後に過繁茂になりやすいからである。

モミ数が多くなるだけで、第二章―二で述べたように、登熟歩合は低下するが、さらに、過繁茂になれば登熟歩合はいっそう落ちる。出穂後に過繁茂になれば、なぜ登熟歩合が低下するかの理由はつぎのようである。

過繁茂のばあいは、各茎の上位三〜四枚の葉が伸びすぎて、しかも、ヨコになびいている姿となる。過繁茂になると、一平方メートル当たり葉面積は六〜九平方メートルにもなる。出穂期に各茎に四枚の葉がついているとすれば、各葉位の一枚の葉だけで、地上の全面を一重または二重におおうことができる。したがって、上葉が互いに重ならないで完全にヨコになびいておれば、止葉だけで全面積をおおうことになり、直射日光を独占し、二枚目以下の葉にはまったく直射日光は当たらなくなるのである。このように、一部の葉だけが強い光を受け、他の葉はまったく直射日光を受けないような姿勢は、単位面積当たりの同化能率をいちじるしく低下させるのである。

光の強さと同化能率とのあいだには、第55図のような関係があり、光が強まるほど同化能力が高まるものでは決してない。一枚の葉や一株のイネのばあいはもちろん、集団（群落）個体のばあいでも、姿勢のわるいイネでは第55図とほぼ類似しているのである

第55図のように、夏期最強日射の半分くらいの強さの光で充分な同化を行ない、それ以上の強い光はほとんど役にたたないとみられる上に、三分の一ていどの弱い光でも、最強日射のばあいの七〜八割もの同化を行なうとみられるのである。

したがって、単位面積当たりでもっとも効率の高い同化を行なわせるためには、群落内の全部の葉に光を公平に分配することが必要であり、弱い光でよいから、全部の葉に光が当たるようにすることがたいせつである。このために、もっとも有効なイネの姿勢としては、上位三葉が短く、しかも直立

第55図　光の強さと同化能力との関係

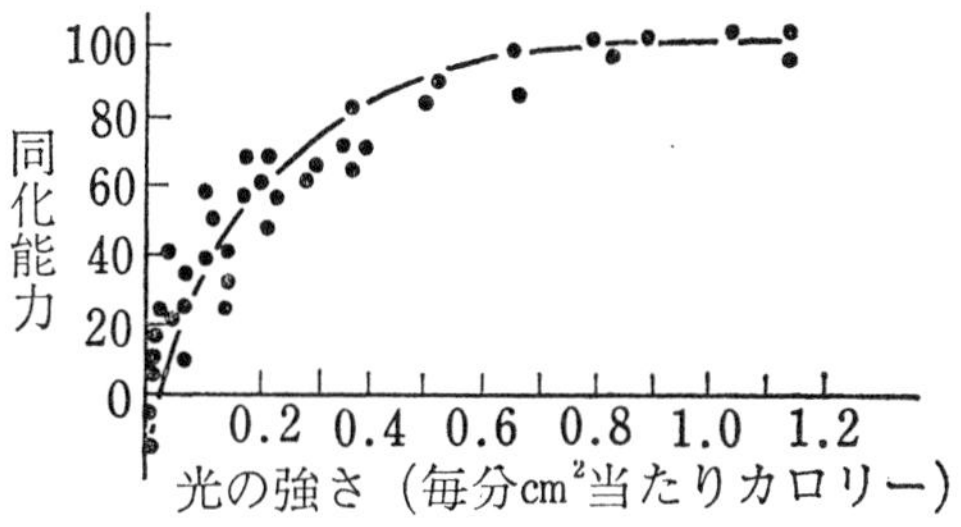

2合（坪）播きした苗100本の集団について，日射の強さを白布で調節したり，または自然の雲の多少を利用して，いろいろの光の強さのもとで測定した結果をとりまとめ最大同化量を100として指数に換算して示したものである。

的であることがたいせつである。

さて、上位三葉を短く、直立的にするには、第二章—八で述べた実験のほかに、いろいろな実験をくり返した結果、葉令指数七〇から九二までのあいだ（これはおおよそ出穂前四三〜二〇日に相当）にチッソの肥効を抑えればよいことがわかった。すなわち、この期間内にイネに肥切れさせ、色あせさせることである。このことは、一〇アール当たり六〇〇キロ（反当四石）以上の玄米をとろうとするときのもっとも重要なコツであり、単位面積当たりモミ数が多いばあいに、登熟歩合を低下させない秘訣の一つである。この点もきわめて重要であるので、第四章でさらに詳しく述べよう。

12、根の活力を増進すること

後述するように（第四章—一〇—５）根の活力と同化作用との間には密接な関係があって、根の活力が高まると同化作用は明らかに増大する。したがって、登熟歩合を高めるためには、出穂後の根の活力を増進させねばならない。出穂後の根の活力を増大さすために、もっともたいせつなことは二つある。第一には、根に空気を供給することであり、第二には、出穂後に根にチッソを不足させないことである。第一の根に空気を供給するには、落水して水位を落とすことである。しかし、落水状態をつづけると、イネは水分不足となって、また同化作用が阻害される。そこで、第四章—一〇—５で述べるように、間断灌水を行なう必要がある。なお、湿田などで水位を落としにくいばあいには、第三章—一二の終わりで述べるような方法で、一〇センチでも、困難なばあいは五センチでも、水位を落とすだけでも、根はいちじるしく健康になる。第二の根にチッソを不足させないためには、根本的には地力の増強（第三章—一二）であるが、直接的にはすでに述べた穂ぞろい期追肥（本章—一〇）の実施である。

七、千粒重はこうすれば重くなる

診断の結果から、登熟歩合が七五パーセント以下であることがわかったばあいには、登熟歩合の向上にあわせて、千粒重も増大する必要がある。千粒重がいつ、どうして決まるかは第一章—七で述べた。これを基礎として、どうすれば千粒重が重くなるかについて述べよう。

1、モミ殻を大きくすること

玄米の粒大を大きくするためにはまず、モミ殻の大きさを大きくする必要がある。モミ殻を大きくするためには、二次枝梗分化期（幼穂形成始期）からの環境をよくしなければならない。つまり、えい花（モミの前身）の生まれ出る直前からイネの栄養と生理機能をよくしておくことがたいせつである。このことによって、モミ殻の発育が助長されるのであるが、とくに、モミ殻がもっとも急速に生長する時期、つまり、減数分裂期を中心とした時期の環境や栄養が、モミ殻の大きさに重大な関係がある。

ここで注意しなければならないことは、モミ殻の大きさがもっとも小さくなりやすい時期は減数分裂期であるが、モミ殻を積極的に大きくするためには、第56図にみられるように、減数分裂期にはいってから環境をよくしても、すでにおそすぎて、モミ殻は大きくならない点である。第56図は、ふつうの栽植密度で植えてある甲乙二枚の水田を用い、生育の各期に甲の水田のイナ株を一株おきに抜いて、抜いた株を乙の水田の株間に密植し、甲乙両水田の千粒重がどう変ったかを調査した結果である。甲の田で一株おきに抜くことは、生育各期から成熟期までのあいだによい環境を与えることであるのに反し、抜かれた株は根が切られる上に、乙の水田に密植されるので、生育各期から成熟期までのあいだにわるい環境を与えることになる。

この図によれば、よい環境では、第二次枝梗分化期（幼穂形成始期）からよい環境を与えられた区が、もっとも千粒重（モミ殻）が大きくなっているのに対し、わるい環境を与えられた区は、減数分裂始期からわるい環境となったものが、もっとも千粒重（モミ殻）が小さくなっている。

しかし、硫安などの速効性肥料を用いたばあいには、第57図にみるように、減数分裂開始直前（出穂期前一七日）に追肥しても、充分にその効果が現われるばかりでなく、むしろ効果的である。

第57図は本章の第52図と第54図などと同一の試験であって、生育各期の硫安追肥が千粒重にどのような変化を与えるかを示したものである。第57図によれば、第五区（減数分裂期直前）の追肥がいず

れの基肥量のばあいにも効果があり、第三区（穂首分化期）の追肥が常に千粒重を低下させることがみとめられる。第五区が千粒重を大きくするのは主としてモミ殻を大きくしている結果であり、第三区が小さくなる理由は、遅発分げつや一穂中の弱小のモミを多くして、平均してモミ殻の大きさを小さくするとともに、一株モミ数が多いために、出穂後の登熟がわるくなる結果である。第六区（出穂期直後）の追肥が大きくなっていないのは、登熟歩合を高めるのに利用された結果であり、登熟歩合が同等のばあいには常に千粒重が重くなる。

第56図　生育各期の環境と千粒重

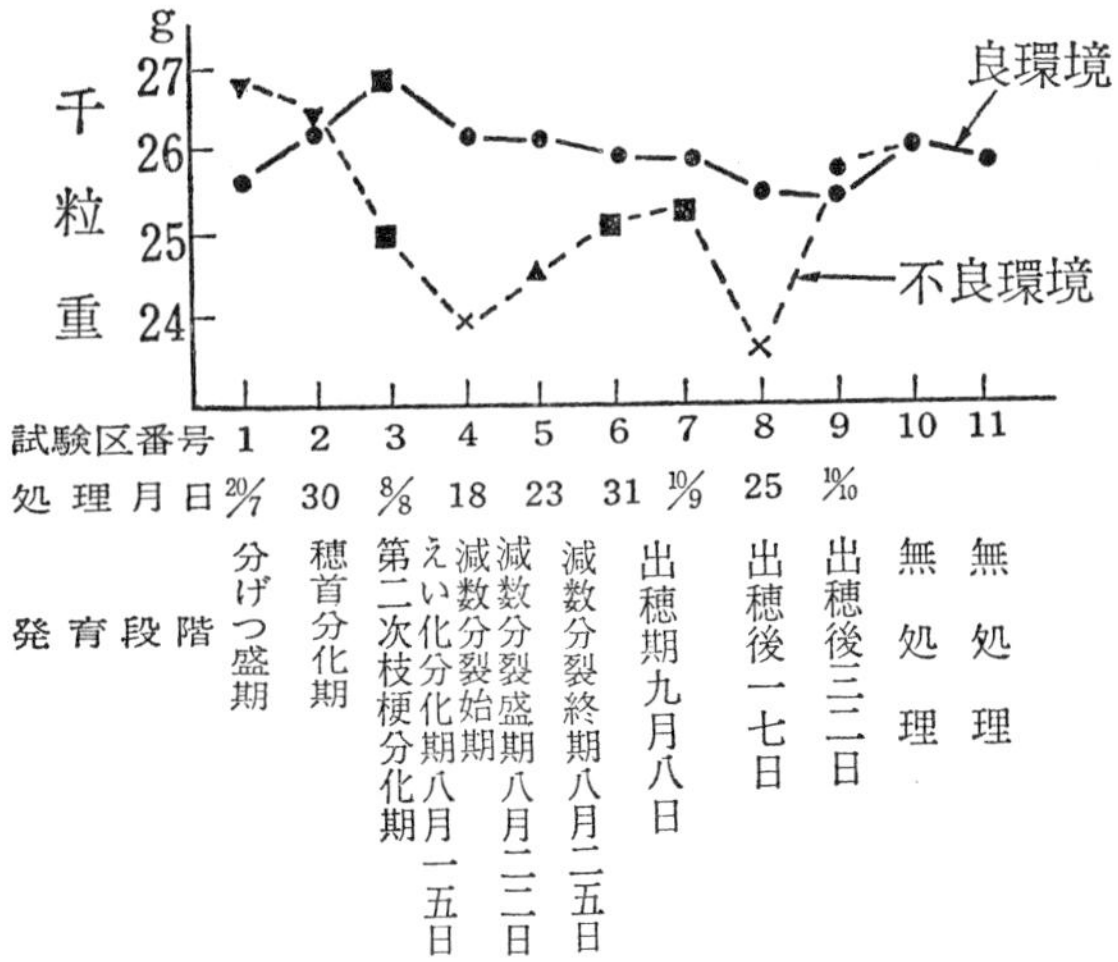

要するに、モミ殻を大きくするには、二次枝梗分化期（幼穂形成開始期）から出穂直前までの期間の環境を良好にし、栄養状態をよくする必要がある。このために注意すべきことは、肥切れしやすいところでの追肥をはじめとし、冷害・干害などの対策、病虫害防除、低水温または高水温対策や根ぐされ対策などであり、本章―六―4で述べたように、強健なからだでこの期間を過ごさせてやるように注意しなければならない。

第57図　生育各期の硫安追肥が千粒重におよぼす影響

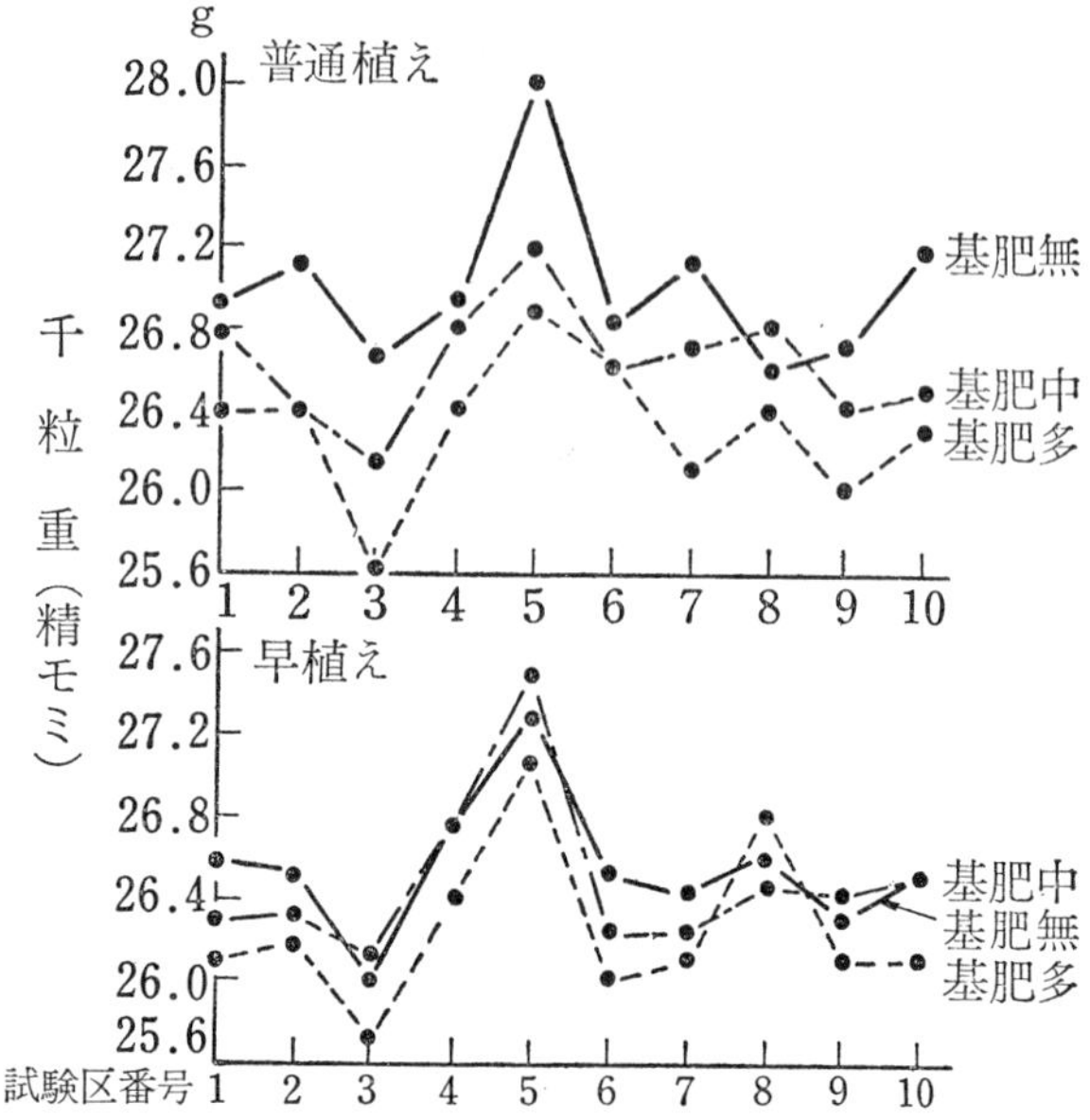

第1区は基肥区。第2区は分げつ最盛期に，第3区は穂首分化期に，第4区はえい花分化始期に，第5区は減数分裂期直前（出穂前17〜18日）に，第6区は出穂期直後に，第7区は穂首分化期と減数分裂期前に半量ずつ，第8区はえい花分化始期と出穂期直後に半量ずつ，第9区は分げつ最盛期・穂首分化期・減数分裂期直前および出穂期直後に1/4量ずつ，第10区は穂首分化期・減数分裂期直前および出穂期直後に1/3量ずつ，それぞれ追肥した。

ただ、二次枝梗分化期から環境をよくすると、分化モミ数を多くする上に、退化モミ数の多い水田では、退化モミ数が少なくなる結果、一穂モミ数が多くなり、登熟歩合が低下するばあいもありうると考えられる。したがって、千粒重を増加するためのチッソ追肥を行なうばあいには、減数分裂期直前に施すほうがよいばあいも多いであろう。

2、モミ殻内部の玄米を肥大させること

つぎに、玄米を大きくするためには、モミ殻内部に胚乳を充分肥大させることである。それには、

第一に強健なイネで出穂期を迎えることである。第二には、出穂後の環境およびイネの栄養状態をよくすることであり、チッソ肥料の少ないイネは穂ぞろい期のチッソ追肥、出穂後の病虫害防除・暴風対策および倒伏防止などに注意する必要がある。こうして出穂後のイネの栄養状態を良好にすることによって、いかに千粒重が増大されるかの一例をつぎに示そう。

第58図は、基肥を施さないイネに出穂直後に硫安一〇アール当たり四キロ（反当たり一貫）、一一キロ（反当たり三貫）および二二・七キロ（反当たり六貫）の三通りの追肥を施し、千粒重のふえ方の経過を調べたものである。この図によれば、出穂期後一八日になると明瞭に追肥の影響が千粒重に現われ、追肥量の多いほど肥大する経過のよいことがわかる。

玄米をよく肥大させるもっともたいせつな点は、出穂後の同化作用を盛んにする反面、呼吸作用を低下させ、この両者の差である見かけの同化量を多くすることである。このために第一に必要なことは出穂後三〇日間の日射量を多くすることであるが、これは人力のおよぶところではない。しかし、本章—二の計画的イナ作のところで述べたように、登熟期が好天候の時期になるように出穂させるように計画することは、そう困難ではない。

第二に必要なことは、単位葉面積当たりの同化能率を増進させることである。同一葉面積のイナ株でありながら、同化量が二倍にも達しうることさえある。したがって、強健なからだで出穂期を迎え、しかも、出穂後の栄養を落とさせないようにすることがたいせつである。

第58図　出穂期の追肥が登熟におよぼす影響

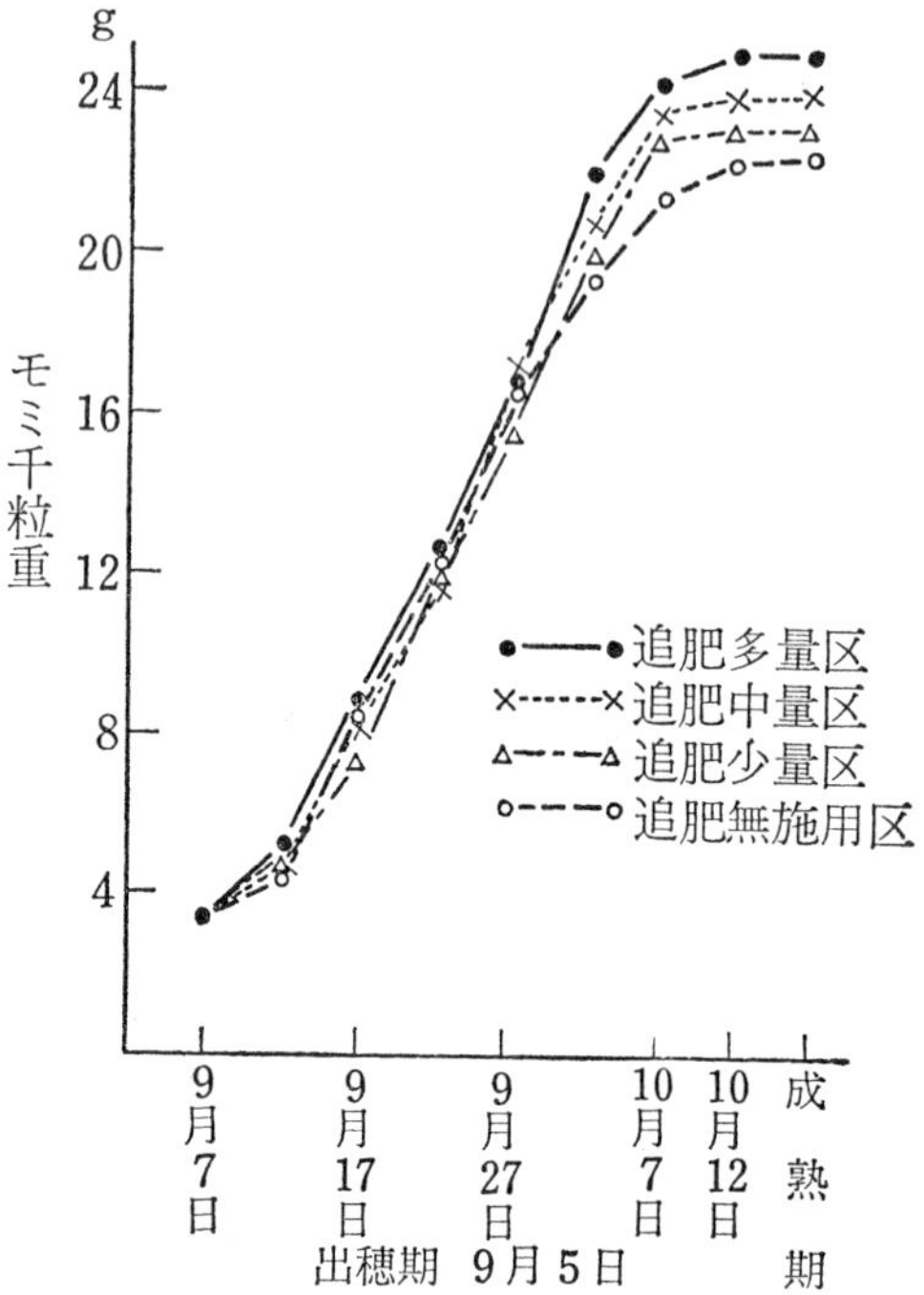

第三に必要なことは、イネの受光態勢をよくすることである。同一の強さの日射でありながら、受光態勢のわるいイネは、この光をうまく利用できないので、受光態勢のよいイネにくらべると、単位面積当たりの同化量がいちじるしく少なくなるのである。したがって、上位三葉身を短く、しかも、直立的にするように心掛けなければならない。この点は第四章で再論する。

第四に必要なことは、呼吸量を過度に増大させないことである。直接強く関係するものは夜の高温であり、夜の高温を低下することが玄米の肥大には有効であるが、これも人力ではどうすることもできない。登熟期の夜間を高温で経過する地方では、夜の高温によって消耗することの少ない品種の選択や育成などがこの対策となろう。また、昼間に充分同化作用を行なわせて、夜間の高温による消耗をつぐなって余りあるようにすることも一つの道である（昼間は曇雨天で夜間は高温の気象状態が、粒の肥大には、最悪の条件である)。

さらに、モミ殻内部に玄米をよく肥大させるには、貯蔵または生産された炭水化物をモミの中に集めなければならない。これに直接関係する作用は炭水化物の移動(転流)である。ところが、この転流の速度が出穂後の同化作用に密接に関係して、同化量が多いほど転流量も多い。著者が一昼夜にわたって、同化作用の能力を測定しながら葉身内の炭水化物量とモミの肥大するていどとを刻々と調査した結果、同化作用が盛んになると、葉身内の糖(炭水化物)の濃度が高まり、糖濃度が高まると、ここに正比例して玄米が肥大することが明らかにされた。したがって、晴天の日は曇雨天の日より粒はよく肥大し、晴天の日では日中は夜間よりいちじるしくよく肥大し、晴天の日中では一二〜一六時ころがもっともよく肥大する(拙著『イナ作の理論と技術』参照)。

なお、転流は二〇度以下の温度になると、いちじるしくその速度が低下するので、冷水対策などに注意して出穂期を遅延させないこと、晩熟に過ぎる品種を用いないことなどに注意する必要がある。また、過剰なモミ数をつけないことも、クズ米を少なくして、千粒重を大きくするのに重要なことである。この実例の一つが前述の第57図の第三区にみられる。

八、発育段階に合わせた四つの追肥時期

さて、いままで述べてきたことから、とくに第一章の収量構成のしくみと第三章の診断結果の応用

から、肥料をきかせる時期としては、必然的につぎの四つの時期が浮かび上がってくる。

1、穂数を増加させる肥料

基肥の過半と本田初期の追肥が主に穂数を増加させる肥料となる（基肥の残りは他の収量構成三要素に効果がある）。田植直後、早く出る分げつほど収量に貢献するていどが大きいので、本田初期の分げつを増加させることは増収上に有力な役割を演ずる。したがって、穂数増大のための追肥は、活着後比較的短期間内に施すべきであろう。最高分げつ期一五日前ころには、有効分げつ終止期となるのがふつうであるから、おそくとも、最高分げつ期前二五日までに施すべきであろう。しかし、実情は有効分げつ終止期ころ、ときには無効分げつ期にはいってからも、つなぎ肥と称して、追肥する農家が少なくない。

このために、無効分げつが多発し、病虫害を誘発するだけでなく、倒伏にもっとも危険な穂首分化期直前に肥効が現われて、倒伏の原因になることが多い。穂首分化期直前の無効分げつ期は第二の黄化の時期であるので、多少葉色があせるていどとし、えい花分化期まで追肥は行なわないほうがよいばあいが多い。

2、モミ数を多くする肥料

本章—五—3で述べたように、穂首分化期ころからえい花分化始期ころまでのあいだに、肥料をきかせる必要がある。したがって、地力の弱いところや、この時期に極端に肥切れしているばあいや、単位面積当たりモミ数がいちじるしく少ないときなどは、穂首分化期（葉令指数七六、出穂前三二日ころ）にぜひ追肥をしなければならない。ただし、このときに注意すべきことは、本章—五—3でも述べたように、穂首分化期が最高分げつ期の前にあるばあいは、この時期の追肥によって、かえって収量が低下することがあることである。また、この時期の追肥は、一株モミ数をいちじるしく増大する反面、登熟歩合がもっとも低下しやすいので、毒にも薬にもなる劇薬のようなものである。したがって、一株モミ数（単位面積当たりモミ数）が明らかに不足しているとみられるとき以外は、決して多量に施してはならない。この時期の追肥は、チッソとともにカリも加えるとよい。チッソは危険なばあいもあるが、カリは決して悪影響の現われることはないから、カリ肥料だけでも施したほうがよいことが多い。

3、モミの退化を防止しモミ殻を大きくするための肥料

本章—五—4および七—1で述べたように、減数分裂期間に肥料欠乏をおこさないようにすることである。このためには、地力の低いところや、肥料欠乏による退化枝梗の多い水田では、減数分裂始期から肥効が現われるように、減数分裂期直前（葉令指数九三、出穂前一八日ころ）にチッソの追肥

をすることが必要である。従来、穂肥として出穂前二五日ころのえい花分化中期に施されている肥料は、前述の穂首分化期の追肥とこの減数分裂期直前の肥料とを合併したもののように考えられるが、著者の実験から、穂肥は主として後者の役割を果たしていることが明らかにされた。

4、登熟歩合を高め玄米の発育を良好にする肥料

登熟歩合を良好にするためには、登熟期間中にチッソ欠乏がおこってはならない。このために、地力の高いところや出穂期に充分肥料のきいている水田以外では、登熟歩合が八五パーセント以下であれば、穂ぞろい期の追肥（チッソ）がきくのが一般である。この点は本章—一〇で詳述する。

5、生育各期の追肥方法の原則

以上のように、収量ができあがっていく経過からみると、満足な収量をうるためには、有効分げつ期とくにその前半、穂首分化期、減数分裂期直前および穂ぞろい期の四時期に肥料（とくにチッソ）がきいていることが必要である。この時期と基肥および従来の穂肥（えい花分化期の追肥）とを含めて、イナ作上には、六つの施肥時期があるものと、著者は考えている。

地力の高い水田や寒冷地では、追肥や分施を行なわなくても、これらの重要時期に必要な肥料が充分供給されているところも少なくない。しかし一般には、基肥としてチッソを一度に施す方法や、分

げつ期のみに重点的に追肥する方法などは、きわめて不経済でまずい施肥法である。何回にも分施することが、肥料の利用率、イネの生育、倒伏および病虫害などの点からみて安全なばあいが多い。ただし、何回に分施し、どの時期に重点をおくかは、地方により、水田の事情によって異なるから、各自で充分研究する必要がある。この点を検討するために、著者が一九五六〜五八年の三カ年にわたって行なった試験が、第52図、第54図、第57図などの一連のものである。ここではその収量成績を中心にこの試験の結論を述べよう。

この試験は三カ年間のちがった気象を含んでいるので、いろいろ条件のちがったばあいの成績がえられた。収量成績をみると、すべてのばあいを通じて常に収量の高い区または常に収量の低い区はみとめられない。つまり、基肥条件・栽培条件および栽培年度によって最適追肥方法がいろいろに変わっていることがみられる。

収量を構成する四要素については、それぞれ第10表のように、どんなばあいでももっとも増大しやすい試験区がはっきりしているのに対し、収量については一定の関係がでていない。この理由は、収量構成四要素がたがいに制約し、あるいは補償して収量を形成するためであり、とくに、穂数と一穂モミ数との積である単位面積当たりモミ数と登熟歩合とが逆比例的な関係を示しやすいためである。

第10表は各試験区の特徴を表にしたものである。この表によれば、生育各期の追肥はそれぞれ明瞭に独特の性格をもっていることがわかる。そして、注意をひく点は、一株モミ数（単位面積当たりモミ

第10表　生育各期の追肥（チッソ）の特徴

収量構成要素＼追肥時期	一区	二区	三区	四区	五区	六区	七区	八区	九区	一〇区
	基肥	分げつ盛期	穂首分化期	えい花分化始期	減数分裂期直前	出穂直後	三区と五区	四区と六区	二区・三区・五区・六区	三区・五区・六区
穂数		◎	○		△	△	○			
1穂モミ数	◬	△	◎	○	○	◬	◎			
1株モミ数	◬		◎	○	●	◬	◎			
登熟歩合	◎	●	◬	△		◎	△	●		
千粒重			◬		◎					

◎はもっともよく増大するもの。　○はよく増大するもの。
●はやや増大するもの。
△はわるく働くものか，または役にたたないもの。
◬はもっともわるく働くものか，またはまったく役にたたないもの。

数）を増加させた試験区は逆に登熟歩合を低下させやすい性格を備えていることである。このことが、収量形成を複雑多岐なものとする主因をなしているのである。

ところで、収量は一株（または単位面積当たりと考えても同じことである）モミ数と登熟歩合とからほぼ決定されるとみてよいので、第10表を参照して全試験区をこの角度から分類すれば、一株モミ数の増殖型としては第三区をはじめとして、第七区・第四区・第五区などがこれに分類され、登熟歩合の増大型としては第六区と第一区とがこれに属し、第二区・第八区もわずかにこれに似ている。そして、両者の中間型としては第九区・第一〇区・第八区・第二区がこれに当たるとみてよかろう。なお、第三区と第六区とがもっとも対照的な区であることがわかる。中間型に属する大多数の区は、そのていどは大きくないが、一株モミ数と登熟歩合の双方を増大するために、その特徴が不明瞭になるものとみられる。

さて、前述のように、この試験には年度・早植え・普通植え・疎植・密植などの多種多様な条件を含んでいるが、これらの条件に対し、前に述べた特徴をもった各試験区が、どのように反応するかを検討した結果、つぎのことが明らかになった。

各年の各種の試験条件を分類してみると、第Ⅰ群は一株モミ数が少なく、登熟歩合が高い条件のものであり、第Ⅱ群は一株モミ数および登熟歩合がともに中ぐらいのものであり、第Ⅲ群は第Ⅰ群と対照的のものであり、一株モミ数が多く登熟歩合の低い条件のものである。そこで、このように分類された試験系列と分類した試験区の型とを照合してみると、おおよそ一定の関係があることがみとめられる。

第Ⅰ群に属する条件下では、一株モミ数増殖型の第七区・第三区・第四区・第五区などの各区と中間型の第八区・第九区・第一〇区などの成績がよいのに反し、登熟歩合増大型の第六区と第一区の成績がもっとも不良である。これに対し、第Ⅲ群に属する条件下では、登熟歩合の増大型である第六区と第一区の成績がよく、第八区がこれについでよいばあいが多いのに反し、一株モミ数増殖型の第三区・第四区・第七区・第五区などが不良である。

第Ⅱ群に属する条件下では、極端な一株モミ数増殖型の第三区や、登熟歩合増大型の第六区および第一区の成績がわるく、一株モミ数増大型の第四区・第五区・第七区の各区や、中間型の第八区・第九区・第一〇区などの各区の成績が良好である。このことは、各群に属する試験系列の収量を群別に平均して図示した第59図からも、明らかにみとめられる。

要するに、注目すべき点は、一株モミ数が少なく、登熟歩合の高い条件のもとでは、一株モミ数を多くする追肥方法が効を奏し、一株モミ数が多く、登熟歩合の低い条件下では、登熟歩合を高める追肥方法が効を奏することである。そして、登熟歩合も一株モミ数も中くらいであるか、または両者が均衡を保っているばあいには、極端に一株モミ数を増大する第三区を除けば、だいたい、一株モミ数増殖型の各区と中間型に属する各区がよい成績を示すとみられることである。

以上の結果から、結論づけられることは、追肥の方法は与えられる条件によって最適方法が異なり、登熟歩合が高く一株モミ数の少ない条件では、モミ数を多くする追肥方法が適し、これに反する条件下では、登熟歩合を高める追肥方法が適するということである。したがって、各自の水田のイネを診断し、また各年の生育状況から判断し、もっとも適する方法をとるべきである。この、三カ年の試験によって得た結論は、いままで本書で述べてきた主旨とまったく一致するから、本書の主旨の正しいことをあらためて理解できるであろう。

第59図　収量成立条件の差による追肥方法反応のちがい

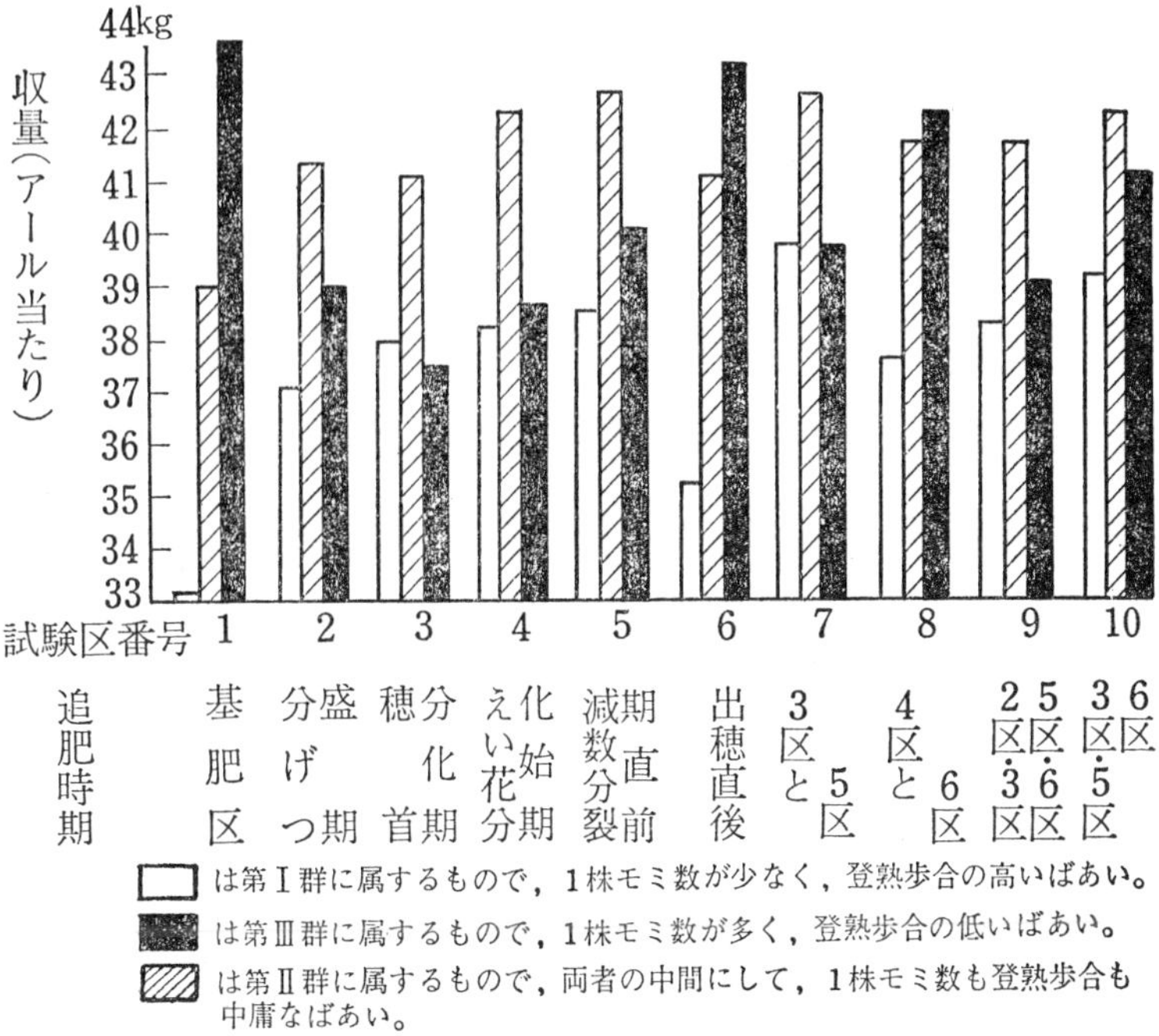

ただ、一般にもっとも多いとみられる、登熟歩合も一株モミ数も中ぐらいであるかまたは両者が均衡を保っているとみられるばあいには、第三区以外の一株モミ数を増大する方法（第七区・第五区・第四区）と、登熟歩合と一株モミ数の双方の増大に役だつとみられる方法（第一〇区・第八区など）がよいであろう。

九、倒伏しないイネつくり

倒伏は登熟歩合および千粒重を低下させ、イナ作を失敗に導くもっとも大きな原因である。つぎに、いままでにわかっている倒伏防止技術について述べよう。

まず、倒れるイネの特徴を知っておく必要があろう。倒れるイネは、主として下部の節間が長く、稈壁が薄く、厚膜組織の発達がわるく、リグニンやデンプンなどの含量が少なく、空腔が大きく、葉鞘が枯死し、挫折に対する抵抗力が弱いのがふつうである。もっとも顕著な共通的特徴は、最上節間（穂首節間）から数えて四番目と五番目の節間が長いことである。著者は最下位三節間が長いか短いかを一つの診断目標にしているが、これは第二章—七で述べたように、上位三葉身の長さと密接に関連するので、上位三葉の長いものが倒伏しやすいとみてよかろう。

八柳氏は、東北地方では上から数えて四番目の葉の長さと第五節間長とのあいだにも密接な関係があるので、四番目の葉の長いものほど倒伏しやすいことを指摘している。この葉は主稈葉数が一五葉の品種では葉令一二・二（葉令指数八一～八二）であるから、出穂三〇日前に倒伏の診断ができるという（ただし、これは的確さではまだ不充分である）。

瀬古氏は、倒伏の強弱を数字的に表わす方法を創案し、これを倒伏指数と名づけ、この指数の大きいものほど倒伏しやすいことを立証した。倒伏指数は各節間について算出されるが、実際の倒伏にもっとも関係の深いのは上から数えて第四および第五節間の倒伏指数*であるという。

＊倒伏指数というのは、曲げモーメント（その節間より上の、穂を含んだ稈の長さと重さとの積）をその節間の挫折重（支点間五センチの節の中央におもりをかけて、何グラムで折れるかを測る）で割った数字を一〇〇倍したものである。

このことからも倒れやすいイネの特徴がおおよそわかる。この一例を示したものが第60図である。実際、倒れたイネを検査してみると、多くのばあい上から数えて四番目か五番目の節間が伸びすぎたり、組織が弱く、この部分から折れたり曲がったりすることがふつうである。倒伏しやすい時期は出穂後一五日ころからはじまり、出穂後二一日ころにもっとも弱い時期があるとみる人があるが、このころに穂の生体重が最大に達するとともに、稈内のデンプンがほとんど完全に消失することに一原因があるという。また、成熟期に近づくほど倒伏しやすいという人もあるが、このばあいには、稈の枯死乾燥による稈質の変化と葉鞘の枯死などがその原因と考えられている。

第60図　硫安の追肥時期と倒伏（瀬古）

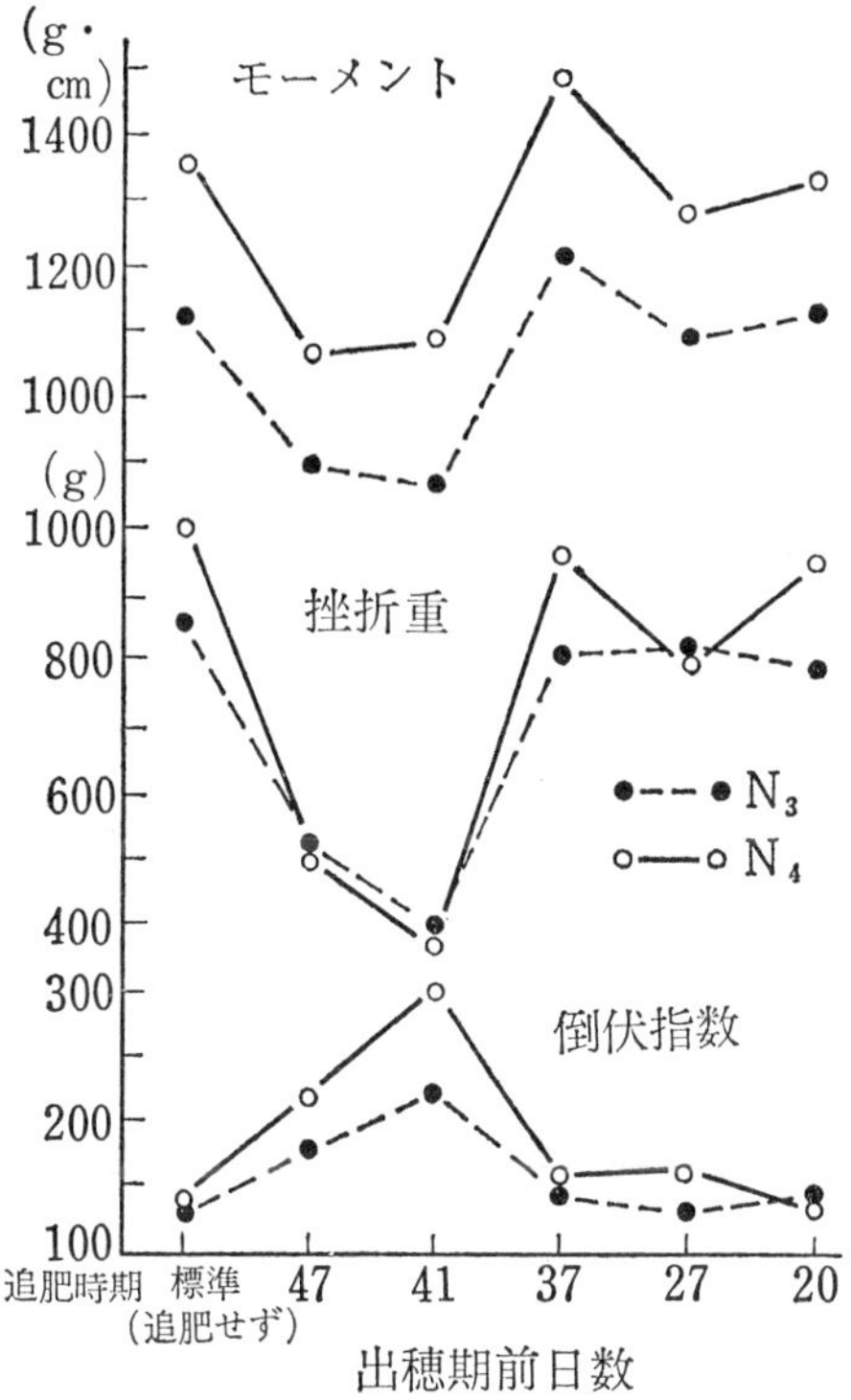

N_3・N_4 は穂首節と止葉節とのあいだの節間を1番目とすれば，それぞれ下へ数えて4番目および5番目の節間である。

従来、倒伏の原因としては、①チッソ肥料の過多、②強風、③密植、④深水灌がい、⑤幼穂形成期前後の日照の不足、⑥土用干しの不足、または湿田で泥土のしまりがないばあい、⑦実りがよく、穂が重すぎたばあい、⑧病害虫の被害（二化メイチュウ・モンガレ病・小粒キンカク病・秋ウンカなど）、⑨大雨、⑩イネの不良姿勢、などがあげられている。

栽培上からみて、倒伏防止の方法としては、著者は主につぎの諸点を強調している。

1、倒伏に強い品種の選択

倒伏を防止する第一の手段は倒伏に強い品種の選択である。短稈多げつ型の品種が強く、長稈少げつ型の品種が弱いのがふつうであるが、この中でもかなり倒伏抵抗性に差があるから、試験場やその他の試作田の成績を参考にして、倒伏に強い品種をえらぶことがたいせつである。

2、施肥法の改善

チッソ質化学肥料の施用法が倒伏に深い関係がある。いちばん安全な方法は、平素から地力の培養に努め、チッソ質化学肥料の施用量をなるべく少なくし、地力で米をとるようにすることである。つぎに注意すべき点は、生育前半期（えい花分化期まで）の生育量を過大にしないように、基肥のチッソ量を節減するとともに、追肥量および追肥時期を誤らないことである。

著者の行なった五日ごとに硫安を多施した試験結果からも、第61図のように出穂前三八日ころから出穂前三三日の穂首分化期までの期間に追肥された区がもっとも倒伏しやすかったが、従来の試験成績も出穂前四〇～三五日ころの時期の追肥がもっとも倒伏を招きやすいことを示している。すなわち、穂首分化期直前ころを中心とした時期の追肥（有効分げつ終止期と幼穂形成始期との中間の追肥）が倒伏をもっとも招きやすいことを忘れてはならない。

第61図　チッソ追肥時期による倒伏抵抗性の低下

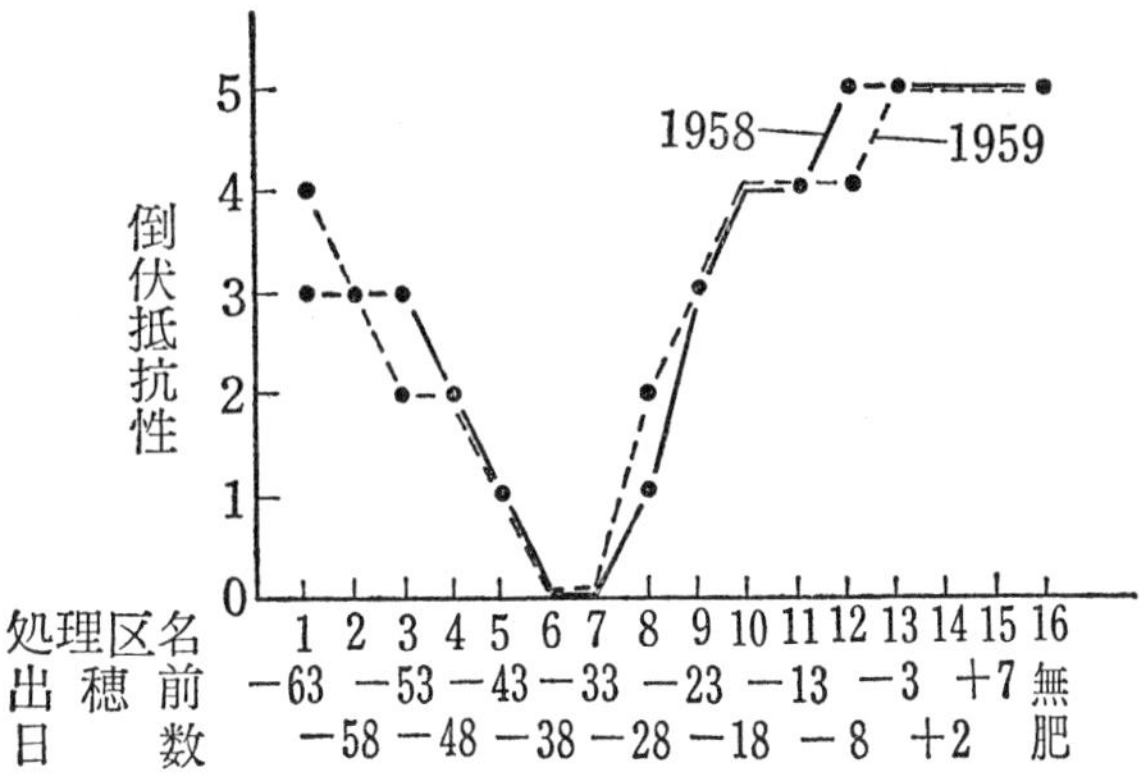

穂首分化期を過ぎて、えい花分化期になると、かなり倒伏に強くなり、減数分裂期以降の追肥はほとんど倒伏には関係がない。また、出穂前四〇日より以前になればなるほど、追肥による倒伏の危険は少なくなる。この関係は、倒伏防止上きわめて重要な知識であるから、忘れてはならない。また、チッソのほかにカリおよびケイサンも倒伏に関係があり、ともに稈を強固にするので、なるべく多く施したほうがよい。とくに、堆肥はどちらも多量に含んでいるので、増施することが望ましい。

3、早植え

田植時期がおくれるにしたがって、気温が高まり、イネは急速に伸長して軟弱な生育をするために、倒伏しやすくなるのが一般である。早植えをすると、気温が低いので、生育がじょじょに進行して強剛な発育をし、出穂前の炭水化物の蓄積も多く、稈の組織も強固になり、倒伏に強い素質をもつようになるから、早植えは倒伏防止の有力な対策である。

4、栽植密度

栽植密度が高くなるにしたがって、倒伏しやすくなるのがふつうであるから、毎年倒伏しやすい水田では、思い切って単位面積当たりの株数を減少するのも有力な方法であろう。密植すると、過繁茂になりやすい上、下部の節間は長くなり、細くて、稈壁が薄く、本質化のていども少ないから、挫折しやすくなるのである。

5、灌排水

深水灌がいは常に倒伏の一原因になりやすいので、活着後はなるべく浅水にすることがたいせつである。とくに、有効分げつ終止期から幼穂形成期までの田干し（中干し）を励行することである。一般に、重粘土の肥沃な高位収穫田では、普通田の中干しにくらべて、中干し期間を長くし、中干しのていども強くしないと倒伏を招きやすい。深水にすると倒伏しやすくなり、中干しすると倒伏しにくくなるが、この実施時期や期間によって倒伏におよぼす影響がいちじるしく異なる。この一例を示したものが第62図であり、ふつう中干しが行なわれる時期を中心に、一〇日間ずつ中干ししたり、深水にする時期をずらしてみたものである。この図によれば、ヒタヒタ水にしておいた標準区にくらべると下部節間（上から数えて第四および第五節間）の挫折重は早期中干し（出穂期前三七～二八日）によってもやや大きくなるが、晩期中干し（出穂期前二七～一八日）によっていちじるしく大きくなり、一方深水にすると早期深水（出穂期前三七～二八日）ではやや小さくなり、晩期深水（出穂期前二七～一八日）および全期深水（出穂期前三七～一八日）ではかなり小さくなる。これに対して、（この試験では）地上部の長さはこうした処理を行なってもそれによる差があまり出ていないが（中干しによって短くなるばあいも多い）、地上部の重さは中干し区では大きく、深水区では小さくなり、モーメントは地上部の重さと同様の傾向になる。

したがって、倒伏指数は晩期および全期深水区がもっとも大きく、晩期中干し区がもっとも小さ

第62図　中干し・深水と倒伏（瀬古）

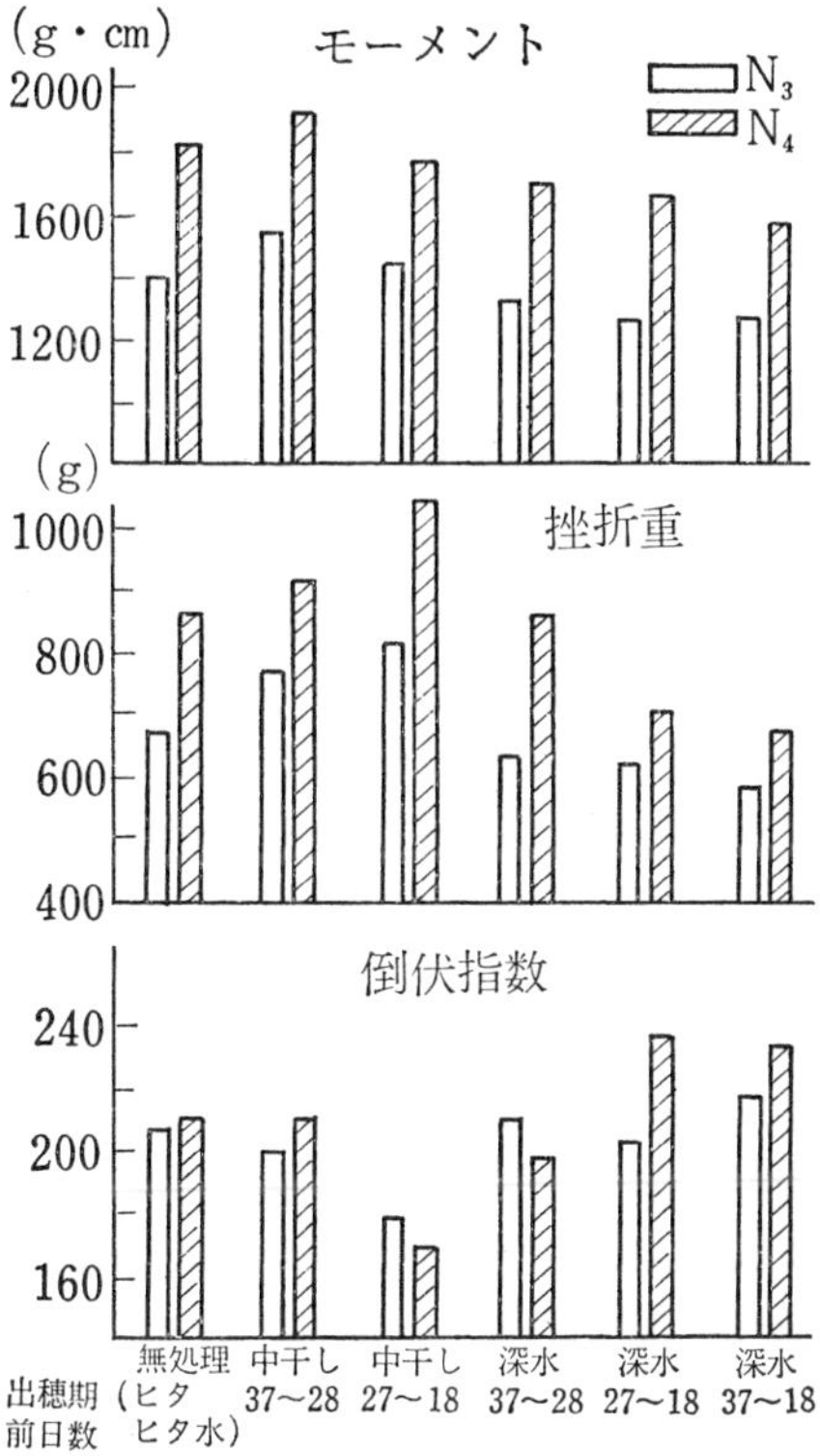

N_3・N_4は穂首節と止葉節とのあいだの節間を１番目とすれば，それぞれ下へ数えて４番目および５番目の節間である。

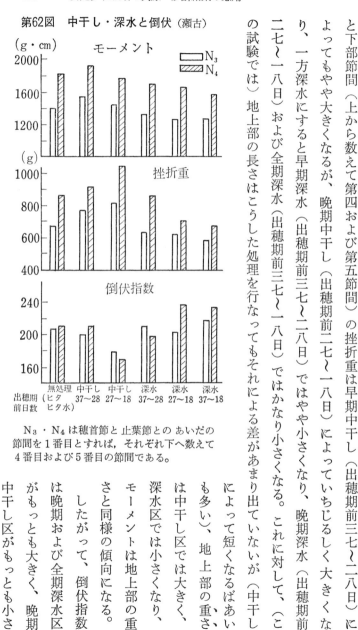

くなる。実際の水田の倒伏状況も、倒伏指数の大きいものほど明らかにひどかった。この事実から、瀬古氏は、中干しはむしろ幼穂形成始期にかけて行なったほうが効果的であると考えている。著者もほぼ同様な考えであり、幼穂形成始期の中干しが従来おそれられていたほど幼穂に被害を与えるものではないことを実験している。したがって、倒伏しやすい水田での中干しは、葉の巻かないかぎり、一部幼穂形成始期にはいっても、おそれずにつづけるとよい。

なお、中干し後に深水を張ったままにしておくと、すぐまた土壌は還元されて根を害するばあいが少なくないから、中干し後も浅水にしておいて、二〜三日おきに干すほうがよい。

減数分裂期や開花期などのもっとも水を必要とする時期でも、田面が黒色をしていれば、水分不足による減収はほとんどみとめられない。深水によって倒伏しやすくなる理由の一つは、稈に破生通気組織（空気の通る空洞）が多くまた大きくなって、稈の組織が弱くなるのに反し、中干しすれば、通気組織が少なく、また小さくなるためだと考えられている。

要するに、水のかけ方を少なくすればするほど、倒伏を防止するのに役だつほかに、根の健康度を高め、登熟をもよくすることに注意する必要がある。

6、病虫害の防除

メイチュウや秋ウンカに食害された茎は、その部分から折れやすい。だから、倒伏したイネを調べてみると、メイチュウやウンカの被害によることが意外に多いことがわかる。また、モンガレ病（大粒キンカク病）や小粒キンカク病に侵されると、いずれも稈基の葉鞘が枯死するので、倒伏しやすくなる。なお、小粒キンカク病は稈の中にまで侵入するので、いっそう倒伏の原因となる。したがって、これらの病虫害の防除に努めることは、単に病虫害の防除ばかりでなく、倒伏防止にも役だつ一石二鳥の策である。防除方法は二五七〜二五八ページを参照されたい。

7、後期除草剤の散布

後期除草剤として使用されている二・四―D（水中二・四―Dも同様）やMCPなどが倒伏防止にも役だつことがみとめられている。二・四―Dを有効分げつ終止期後から幼穂形成始期までの期間に散布すると、節間を短くし、または稈を硬化して、挫折抵抗を増加するといわれている（ただし、下部節間が短くなるという説と、上位節間が短くなるという説があるが、全体としては短稈となる点では一致している）。このほかに、稈基重の増加や株がひらいてくることなどが倒伏防止に関係があるともいわれている。しかし、後期除草剤による倒伏防止はそれほど有力なものではないから、大きな期待をかけてはならない。

8、イネの姿勢を正すこと

近年の研究から、付着した雨の重さが倒伏の原因の一つであることが明らかにされた。付着水はイネの葉が長くしかも横になびいているばあいに多いので、上位三〜四葉を短く、しかも直立的にする必要がある。このようなイネの姿にする方法は本章—六—11ですでに述べたが、第四章でも詳述する。

9、イナ株の刈取り

出穂前の生育の途中で必ず倒れると見込まれるばあいには、ほとんど施すべき対策がない。このばあいの非常手段として、つぎの二つの方法がある。第一は、繁茂のていどに応じて、二株おきか一株おきに根元から青刈りする方法である。倒伏必至の水田では、なるべく早い時期に思いきって間引き式の刈取りを断行することである。間引くことによって通風・採光がよくなり、稈が強健となって、倒伏しにくくなるとともに、登熟歩合が高まって、減収することが意外に少ない。

第二は、繁茂のていどに応じて、全部のイナ株を地際から一〇センチまたは二〇センチのところから刈取る方法である。この処理によって、倒伏必至のイネが倒伏をまぬかれることが多い。しかも、再生したイネがふつうの収量を容易にあげることが少なくない。この方法は最近牧草の夏枯れ対策としても研究され、夏期牧草の不足したときに、青刈りしたイネを飼料として使用するもので、倒伏の防止とともに一挙両得となるものである。ただし、幼穂を刈る危険のない高さで刈る必要がある。

一〇、穂ぞろい期追肥（実り肥）の理論と実際

登熟歩合を向上させる有力な対策の一つが穂ぞろい期追肥である。モミ数は充分着いているのに、登熟がわるいために収量のあがらないイネが最近きわめて多いが、穂ぞろい期追肥はこのようなイネに対する対策の一つである。この追肥を、科学的根拠のもとに、はじめて一般に奨励したのは著者であろうと信ずるので、以下にその経過・理論および実施方法などについて詳しく述べよう。

1、穂ぞろい期追肥にとりくんで二〇年

いまから二四年ほど前のことである。著者が戸外の全植物体を対象としたイネの同化作用の研究をはじめ、その研究もようやく軌道に乗って、新しい事実がつぎつぎに明らかにされてきたころのことであった。

チッソを追肥すると三日目にはすでに同化能力が高まり、七日目ころには追肥をやらないイネとの差が最大になることがわかった。この現象は、苗代でもみられ、本田期にはいっても常にみとめられた。しかし、著者はそのころまで、「土用過ぎてのイネの肥」という諺のとおり、また国や都道府県

で施用を禁止しているとおり、幼穂形成期を過ぎるとチッソ追肥の効果は現われないもの、とかたく信じていた。そこで、チッソ追肥と同化能力の関係の試験は、幼穂形成期ころまでにおわる予定にしていた。

第63図　出穂期ころの追肥による同化量の変化

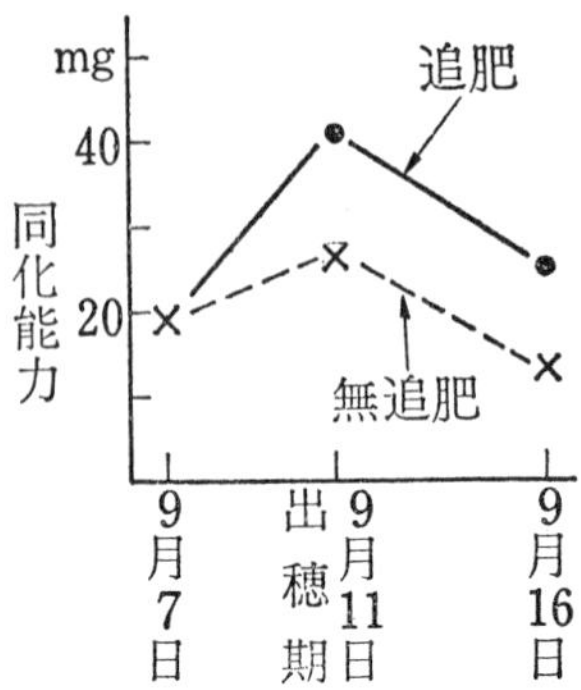

出穂はじめ９月７日に硫安を追肥。同化能力は10分間の炭酸ガスの吸収量。

　ところが、余分のポットがあったので、ためしにその後も追肥をつづけ、同化能力を測定してみると、減数分裂期にも、出穂期にも、穂ぞろい期にも、明らかに効果が現われて、常に同化能力が高くなることがわかった。この一例を示したものが第63図である。

　これは、二四×二四センチのポットに植えたイネに、基肥としてリンサン・カリを成分量として〇・八グラム、チッソだけは〇・四グラム施し、出穂期に同化能力を測定し、同等な能力を示すポットをえらび出し、一方の鉢には硫安二グラムを追肥し、他方には追肥をやらないで、その後の同化能力の変化を追いかけたものである。この図によれば、四日目の測定で、追肥区にはすでに二倍の同化能力の上昇がみとめられ、一〇日後においても追肥の効果がつづいていることがみられる。この事実は私に大きなショックを与え、出穂期であってもチッソの追肥がきくことを知った。

　もし、出穂期のチッソ追肥が同化能力を増進させることが事実であるとすれば、収量の成立経過からみれば、この効果は主として登熟をよくすること以外には現われないはずである。なぜならば、減数分裂終期までには穂数とモミ数は決まってしまっているからである。

そこで、著者は、このことを証明するために、水田に追肥を行ない、登熟歩合・千粒重および収量などにおよぼす影響を調べた。この結果は予想どおりに、登熟によい影響を与え、収量も増大することが証明された。

この事実は、従来の国や都道府県のイナ作指導に対する真正面からの反証であるので、充分な実験をくりかえし、あらゆるばあいについて検討する必要があると考え、昭和二九年から数年にわたって試験を行なった。

最初の発表は、昭和三一年四月の作物学会で行なったが、ちょうど時を同じくして農業技術研究所化学部や東大農学部作物学研究室などの研究でも、それぞれ開花後においてチッソが必要なことが指摘された。

理論的根拠と、数年にわたる各種圃場試験の結果から、いままでの指導方針に反して、大たんに穂ぞろい期の追肥を一般に奨励したのは著者がはじめてであろう。

最初、出穂期または穂ぞろい期追肥が一般のイナ作に効果のあることを発表したときには、いままでの指導方針に反するので、各方面から危険視され多くの非難を受けた。これらの非難は著者にますます関心と興味をかきたたせ、二〇年におよぶ試験を継続させた。

現在では、各地で試験が行なわれて、多くのばあいその効果がみとめられ、都道府県のなかでも奨励に移した府県が少なくない。農林省も、ついに昭和三九年「実用化に移しうる新技術」としてみとめるにいたった。思えば、最初著者が出穂期追肥の効果をみとめてから、一二たび星は移り、年は変わった時点であった。

2、出穂後の追肥はなぜ禁止されてきたか

ここでだれでもふしぎに思うことは、出穂後の追肥がほんとうに効果があるとすれば、なぜいままでは全国的にその施用が禁止されていたのであろうか、という疑問である。この理由はつぎのように考えられる。

第一に、過去において堆厩肥・魚肥・ダイズ粕などの遅効性肥料がおもに使われていた時代には、イネの初期生育があまり盛んではなく、出穂後におけるチッソ要求は現在のイネよりもはるかに少なかったのであろう。また、出穂後における土壌中からの供給量も現在よりずっと多かったであろう。したがって、当然出穂後の追肥はイモチ病などを誘発して、有害無益のばあいが多かったと考えられる。そして、遅効性肥料を使って基肥重点主義で施肥する習慣が、化学肥料が中心になった時代にはいっても、そのまま受けつがれてきたのである。

第二には、少ない肥料を効果的に使うばあいには（いままでの肥料試験は、多くはこの目的だけで行なわれているが）、単位面積当たりモミ数を増加する時期、つまり、幼穂形成末期ころまでに施すの

が効果的だったのである。しかし、現在の日本のイネの大部分は、初期生育が盛んで、単位面積当たりのモミ数は充分着いているのにかかわらず、実りがわるくて収量が少ないばあいが多いのである。

第三には、日本のイネの施肥法に科学的根拠を与えた研究は、石塚氏（北大、一九三二）、木村・千葉氏（西ヶ原、一九三八）、春日井氏（東大、一九三九）、大杉氏（京大、一九三八）らの水耕法による養分欠除試験であったと思われる。これらの試験結果はいずれも出穂後のチッソの追肥が有害または無益であることをあまりにもみごとに証明したものであり、しかもいずれも有名な学者の手によったものであるため、これらの成績が全国におよぼした影響もきわめて大きく、指導的立場にある人たちの常識になったものと考えられる。ところが、水耕法によってポットでイネをつくると、圃場のばあいにくらべて、一般に出穂期ころのイネのからだのチッソ含量が非常に高いのがふつうであり、このばあいには出穂後のチッソ追肥は有害または無益となるのは当然である。この点が、いままで見落とされていたものと考えられる。

第四には、出穂後のチッソ追肥が有害または無益であることを証明した試験は主にポット試験であったため、イネが孤立状態となり、受光能率がきわめてよく、このため登熟歩合が高まり、収量が主としてモミ数の多少によって決定されていたためとみられる。これに対し、著者の試験は主に圃場試験で群落状態であったから、葉が相互に光をさえぎり、受光能率がわるく、登熟歩合が低くなり、収量が主として登熟歩合で左右されることが大きかったためである。このように、ポット試験の結果がそのまま圃場に適用しがたいばあいのあることは、とくに注意すべき点である。

第五には、寒冷地や地力の高いところでは、現在でも基肥主義がおおむねよい結果をもたらし、後期の追肥が一般にわるい影響をおよぼすことの多い事実や、後期追肥がイモチ病・メイチュウ・暴風などの被害を多くしやすい事実も、出穂後の追肥は効果がないという理由の一部になっていたものと思われる。

3、穂ぞろい期追肥のきく理由

最近は堆肥の施用が減少するとともに、一方では、速効性チッソ質肥料が増施されるために、出穂期ころになると、イネのからだが大きくなって、モミ数が多いのにもかかわらず、イネの体内または水田の土中のチッソ濃度が低いばあいが多い。

たとえば、昭和三三年に農技研生理科で全国八カ所の地域農業試験場と鹿児島農試の出穂期におけるイネのからだを分析した結果、北海道以外は、ワラのチッソは一・三パーセント以下であった。ワラのチッソが一・三パーセント以下のばあいは穂ぞろい期チッソ追肥はよくきくのがふつうである。

一般に減数分裂期を過ぎると、第64図のように、イネの体内のチッソ濃度は急に低下しはじめる。とくに出穂後は、第64図でみるように、葉身のチッソは急に穂に移る。葉身のチッソ濃度がさがると、それにともなって葉身の単位面積当たり同化能力が明らかにさがる。このことは多くの実験で明らかにされ、とくに出穂期のワラのチッソ含量が一・三パーセント以下のばあいに、この傾向がはっきりしている。

登熟にもっとも密接な関係をもつ要因の一つは、出穂後の単位葉面積当たりの同化能力であるが、出穂期ころチッソを追肥すると、第64図にみるように、葉身のチッソ濃度を高め、同化能力を向上させるので、登熟をよくする働きがいちじるしい。

登熟の向上は、登熟歩合が高まるか千粒重が増大するか、または、この両方が向上することによるものであって、クズ米が少なくなるのが特色である。第11表に穂ぞろい期追肥試験開始直後から一二カ年にわたる試験の一部を示した。この表は、穂ぞろい期に硫安一アール当たり一・一キロ（反当たり三貫）または一・五キロ（反当たり四貫）を施したものであるが、堆肥は基肥として一アール当たり七六キロ（反当たり二〇〇貫）施してある。

この表でみるように、基肥として硫安一アール当たり七・六キロ（反当たり二〇貫）から無施用までのばあいを含んでいるが、効果の現われていないのは、昭和三〇年（一九五五年）の基肥硫安五・七キロ（出穂期チッソ含量一・五パーセント）区と三二年（一九五七年）の晩植え区と三八年（一九六三年）の直播き粗播

第64図　出穂後におけるイネのからだのチッソ含有量の変化

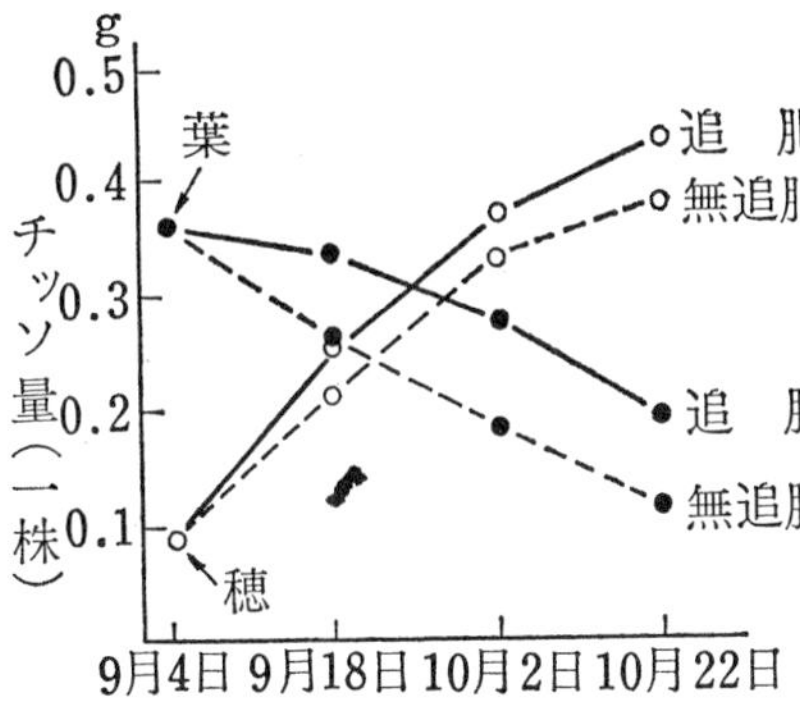

穂ぞろい期追肥の効果

年度	基肥a当たりkg	穂ぞろい期追肥	登熟歩合%	a当たり収量kg	収量指数	出穂時チッソ含量%	備考
昭35 (1960)	1.9	無施用	91	53.9	100	0.92	早植え
	1.9	施用	91	54.9	102	——	
	1.9	無施用	74	51.0	100	0.95	早植え,穂肥施用
	1.9	施用	79	54.0	106	——	
	5.7	無施用	84	56.1	100	0.82	早植え
	5.7	施用	86	58.0	103	——	
	5.7	無施用	62	47.5	100	0.91	早植え,穂肥施用
	5.7	施用	70	50.2	106	——	
	1.9	無施用	79	49.0	100	0.85	
	1.9	施用	83	51.6	106	——	
	1.9	無施用	70	50.9	100	0.86	穂肥施用
	1.9	施用	75	52.9	104	——	
	5.7	無施用	73	47.7	100	0.83	
	5.7	施用	74	50.1	105	——	
	5.7	無施用	67	48.8	100	0.91	穂肥施用
	5.7	施用	68	51.2	105	——	
昭36 (1961)	2.3	無施用	79	43.1	100	——	穂ぞろい期追肥a当たり2.3kg出穂後70%遮光
	2.3	施用	79	44.7	106	——	
	2.3	無施用	65	24.8	100	——	
	2.3	施用	64	27.9	112	——	
昭37 (1962)	5.7	無施用	83	59.8	100	——	直播き
	5.7	施用	79	65.2	109	——	
昭38 (1963)	4.6	無施用	75	44.2	100	0.94	直播き,粗播き
	4.6	施用	84	43.4	98	0.96	
	5.7	無施用	78	46.4	100	——	直播き,密播き
	5.7	施用	81	47.7	103	——	
昭39 (1964)	4.6	無施用	78	44.0	100	——	直播き
	4.6	施用	78	45.9	104	——	
昭40 (1965)	5.7	無施用	87	51.7	100	——	日本晴
	5.7	施用	92	55.1	107	——	

第11表　初期12年間における

年度	基肥a当たりkg	穂ぞろい期追肥	登熟歩合%	a当たり収量kg	収量指数	出穂時チッソ含量%	備考
昭29 (1954)	3.8	無施用	71	40.5	100	——	
	3.8	施用	76	42.6	105	——	
昭30 (1955)	0	無施用	81	36.7	100	0.71	
	0	施用	87	39.0	106	——	
	3.8	無施用	71	38.6	100	1.25	
	3.8	施用	75	40.7	106	——	
	5.7	無施用	72	44.2	100	1.57	
	5.7	施用	66	39.9	90	——	
昭31 (1956)	0	無施用	82	29.8	100	0.70	
	0	施用	87	33.1	111	——	
	3.8	無施用	75	45.8	100	1.22	
	3.8	施用	78	46.7	102	——	
	5.7	無施用	68	42.3	100	1.24	
	5.7	施用	69	43.2	102	——	
昭32 (1957)	0	無施用	78	31.3	100	0.96	
	0	施用	78	35.7	114	——	
	3.8	無施用	73	34.5	100	1.04	
	3.8	施用	76	37.8	110	——	
	7.6	無施用	60	39.4	100	1.23	
	7.6	施用	64	44.2	112	——	
	5.7	無施用	83	40.1	100	1.04	早植え
	5.7	施用	87	43.1	108	——	
	4.4	無施用	76	39.4	100	1.09	普通植え
	4.4	施用	83	43.7	111	——	
	3.0	無施用	52	29.3	100	1.13	晩植え
	3.0	施用	51	29.5	100	——	
昭33 (1958)	3.8	無施用	70	34.7	100	1.19	穂肥施用
	3.8	施用	74	40.5	108	——	
	3.8	無施用	71	36.8	100	1.12	
	3.8	施用	72	38.6	105	——	
	0	無施用	84	33.1	100	0.90	
	0	施用	88	37.5	113	——	
昭34 (1959)	2.7	無施用	78	36.0	100	0.85	
	2.7	施用	89	40.3	112	——	
	0	無施用	83	33.0	100	0.77	
	0	施用	86	36.0	109	——	

第65図　品種別の(穂肥を加えたばあいの)穂ぞろい期追肥の効果

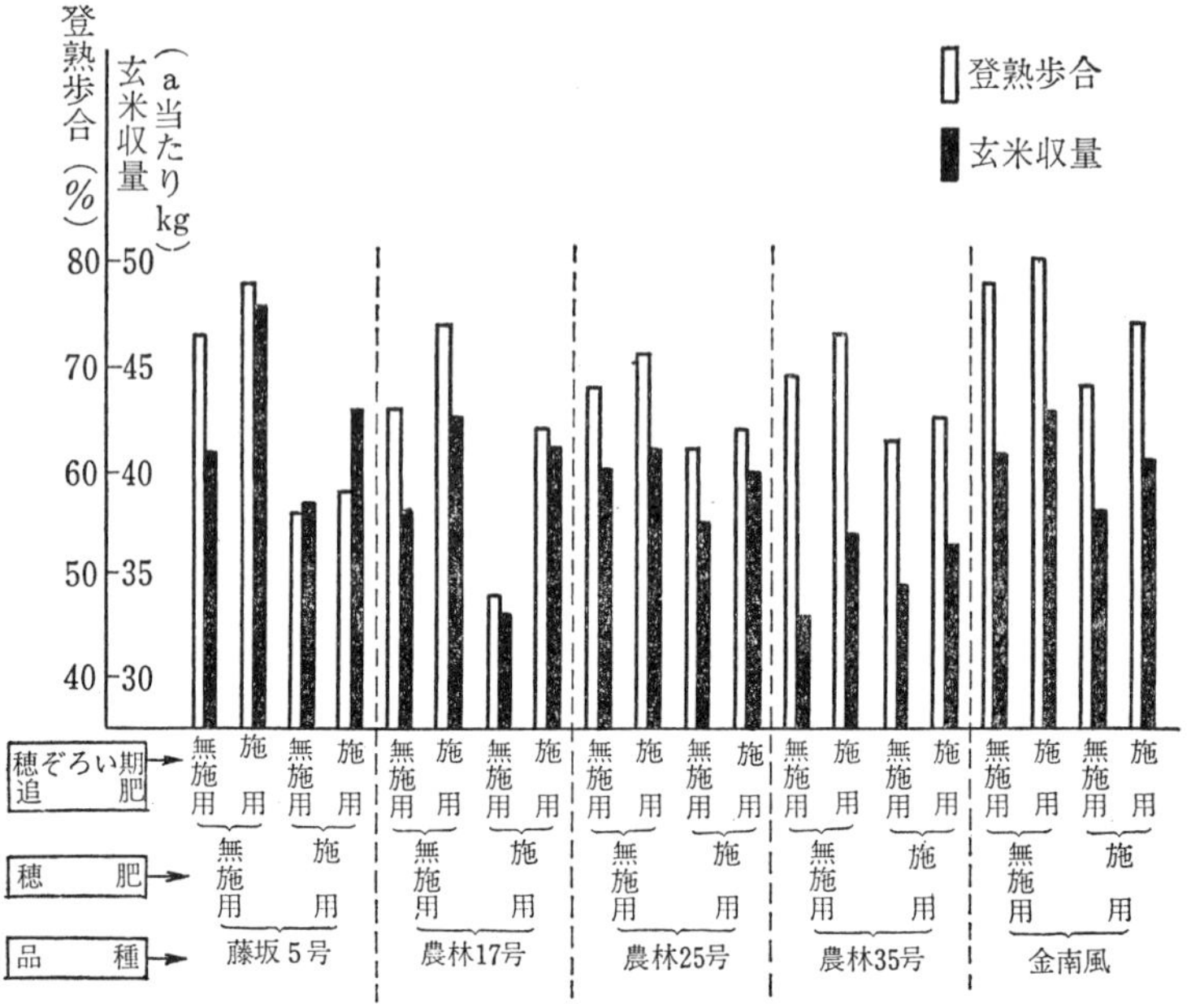

き区（穂数がひどく少なかった）だけで、その他はいずれも効果が現われている。

効果は、登熟歩合にもっともよく現われるが、登熟歩合に効果のみられないばあいは、単位面積当たりモミ数が無施用区にくらべて多いばあいであるので、収量には明らかに効果が現われている。

しかし、この一二年にわたる多種多様の天候下で、特殊なばあいを除いて、毎年埼玉県鴻巣の圃場では、穂ぞろい期追肥の効果が現われている点は特筆すべき事実である。

第11表は、いずれも農林二五号を使って行なった試験である。品種がちがったばあいには、効果が現われないとの疑問をいだく人もあろう。そこで早生から晩生にわたる藤坂五号・農林一七号・農林二五号・農林三五号・

金南風の五品種を使って、この点を検討した結果、第65図のように、いずれの品種でもはっきりと効果がみとめられた。

つぎに、出穂期前、とくに穂肥（幼穂形成期追肥）を施したばあいに、穂ぞろい期追肥の効果について疑問をいだく人があろう。この点を試験した結果、穂肥を施したイネに対しても、なお穂ぞろい期追肥の効果のあるばあいが多く、ときにはむしろ効果が大きいとさえみられた。この成績の一部は第11表の昭和三三および三五年（一九五八および一九六〇年）の成績にもみられるが、第65図にも明らかにみとめられる。第65図は五つのちがった品種を用い、幼穂形成始期に穂肥を一アール当たり硫安一・五キロ施した区と施さない区とを設け、穂ぞろい期にさらに同量の硫安を施した区と施さない区とをつくり、四つの区を比較したものである。この図によれば、穂肥の効果はみとめられないばかりか、かえって登熟歩合も収量も低下しているのに反し、穂ぞろい期追肥の効果はきわめてよいことがわかる。穂肥が害作用を示している理由は、登熟歩合の低いところに、モミ数を増加させる穂肥をやると、登熟歩合はいっそう低下するために収量も低下するからであって、このことはたびたび述べたとおりである。

穂肥を施したものに、さらに穂ぞろい期追肥を加えた区が、穂ぞろい期追肥を施さなかった区より成績のよい理由は、穂肥によってモミ数が増加し、モミ数が増加することによっておこる登熟歩合の低下を、穂ぞろい期追肥によって高めることができたからであろう。ただし、このイネは、出穂期のワラのチッソ濃度が一・三パーセント以下であった。

以上の試験は、いずれも一平方メートル当たり一八・二株（坪六〇株）植えのばあいであったが、栽植密度がちがえば、穂ぞろい期追肥の効果はどうなるであろうか。そこで、一平方メートル当たり九・一株（坪三〇株）、一八・二株（坪六〇株）、二七・三株（坪九〇株）、三六・四株（坪一二〇株）の四種類の栽植密度についてその効果を試験した。この結果は、いずれの密度でも例外なく効果がみとめられた。詳しくは拙著『イナ作の理論と技術』（養賢堂）を参照してほしい。

なお、その後の研究の結果、穂ぞろい期追肥が根の活力を増大すること、また倒伏抵抗性を高めることなどが新たに発見された。これらの詳細については、拙著『イナ作の改善と技術』を参照されたい。

4、穂ぞろい期追肥の注意点

出穂後のチッソ追肥は、どんなばあいでも、効果があるのではない。つぎの条件のばあいにだけ有効であるから、使い方を誤らないようにしなければならない。

第一の条件は、登熟歩合が低く、クズ米が多い水田であること。この追肥の効果はもっぱら発育停止米（クズ米）をりっぱな玄米に生長させることにあるので、クズ米の少ない水田では効果が現われない。

登熟歩合を調べる方法は、中ぐらいのイナ株を抜き取り、二〜三日乾燥して脱穀し、一・〇六の比重の塩水選をやり、その沈むモミ数を調べればよい(第二章—三)。この沈むモミ数が八五パーセント以下のばあいに効果が現われやすく、九〇パーセント以上のばあいにはほとんど効果は現われない。

第二の条件は、出穂期の葉の色が濃緑色でないこと。出穂期のワラ（茎葉）のチッソ含量が一・三パーセント以上のばあいは効果が現われにくい。出穂期に一・三パーセント以上のチッソをもっているイネは、一見して濃緑であり、葉が垂れて（とくに朝つゆでひどくなびく）、だれが見ても判別がつく。したがって、出穂期にとくに肥料がきき過ぎていないとみられるものにはすべて施用してよい。

第三の条件は、出穂後地中からチッソの供給が少ないとみられる水田であること。地力の高い水田では、出穂後に追肥しなくとも必要なチッソは補給されるので、追肥の効果はない。地力の低い水田や、出穂後に地中からチッソが補給されないとみられる水田にだけ効果がある。

なお、イネの姿勢が極端にわるいばあい、根が腐ってチッソも吸収できないばあい、および出穂後に病虫害の多いばあいなどにも、穂ぞろい期追肥の効果は現われない。

このほかに、注意すべき点は穂首イモチ病の心配の少ない水田であることである。著者の経験では、穂ぞろい期追肥によってイモチ病を誘発したとみられるばあいはなかったが、このおそれは否定できない（とくに枝梗イモチ病）。効果の点からいえば、減数分裂終期（出穂前五日ころ）を過ぎたら、早く施すほど効果がある。

しかし、穂首イモチ病と暴風雨の被害がおそろしいので、穂ぞろい期に施すことをすすめている。もし、この両者の被害のおそれがなければ、出穂前五日ころが施用の最適期である。なお、出穂後に極端な不良天候になったばあいにも、効果が現われないことが考えられるが、過去二〇年間いずれの年にも効果がみとめられている点からみても、また、出穂後遮光を施しても、なお効果の現われる点から考えても、天候については、それほど神経質に考えなくてもよかろう。

最近穂ぞろい期追肥が一般化されるにつれて、出穂後の気象が不良なばあいの効果、または害作用について疑問を抱く人も少なくない。そこで昭和三四〜三六年の三ヵ年にわたって行なった試験の結果を示そう。第66図は出穂直後から成熟までの全登熟期間内に、七〇パーセントの遮光をする布を水田にかぶせ、この遮光状態のもとで、穂ぞろい期追肥を施したものと施さなかったものとをくらべたものである(農林一二五号、一区二二平方メートル、三区制)。標準区は基肥として一アール当たり二・三キロ(反当たり六貫)の硫安を施しただけであり、穂ぞろい期追肥区は基肥に硫安二・三キロ施した上に、穂ぞろい期にさらに二・三キロの硫安を施したものである。この図によれば、昭和三五年(一九六〇年)には効果がでていないが(二パーセント減)、他の二ヵ年には明らかに効果がみとめられ、それぞれ六パーセントと一三パーセントの増収となっている(登熟歩合はいずれの年も六四〜七〇パーセントの範囲内で、両区のあいだに大差はない)。

七〇パーセントの遮光は、曇天状態と同じであり、この曇天が全登熟期間（約五〇日）毎日つづいたのであるから、かなり不良天候が与えられたとみてよい。しかも、この条件下においても、穂ぞろい期追肥による悪影響はなく、むしろ、効果さえみられる。したがって、多くの人がおそれているように、出穂後に不良天候となったばあいに、穂ぞろい期追肥によって、かえっていちじるしく減収するということは、きわめてまれであるとみてよかろう。

また逆に、特別によい天候のばあいにも効果はない。この理由は、追肥を施さないでも、日射が多いため、同化作用が促進され、ふつうの年ならばクズ米になるべきものが、りっぱな玄米になることが多いからである。

第66図　出穂後の遮光状態下における穂ぞろい期追肥の効果

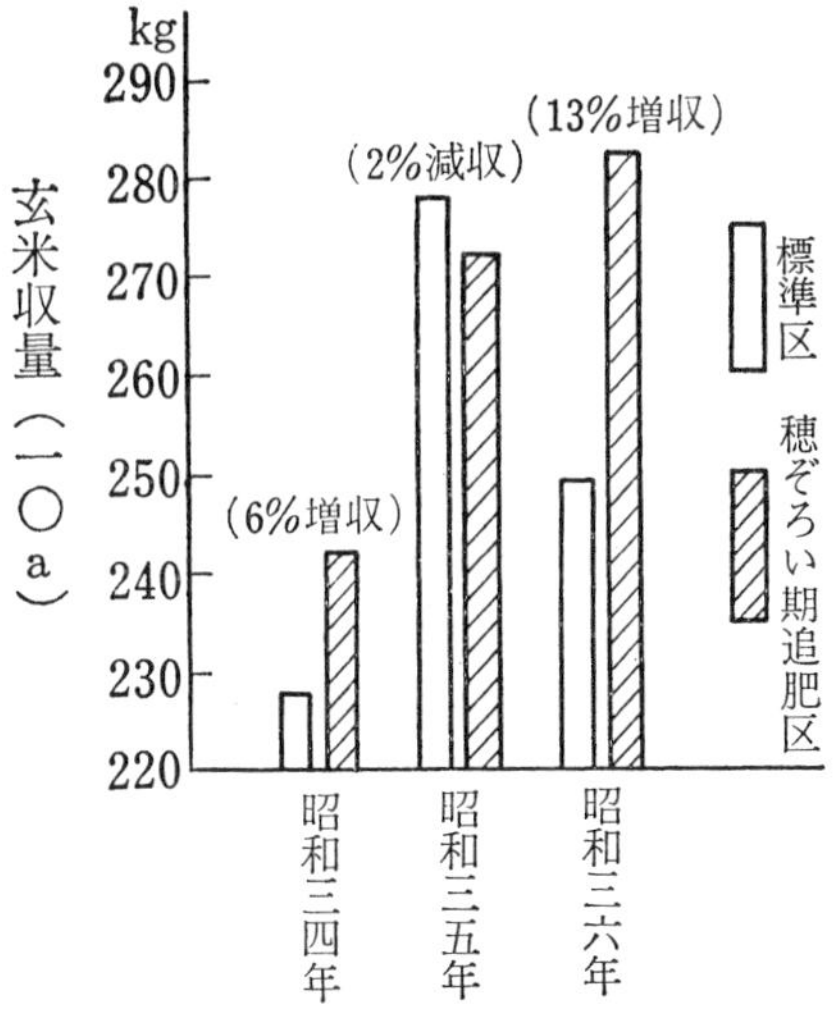

以上のように、穂ぞろい期追肥の効果は、条件さえそろえば、まちがいなくみとめられることが多い。しかし、これは単にクズ米を精玄米にする効果のみであるから、一般には二割以内の増収にとどまって、それ以上の増収を望むことは、穂ぞろい期追肥のみでは、むずかしいばあいが多い。登熟がわるく収量のあがらないイネに対する対策は、このほかにもいろいろあるので、本章―六を

参照されたい。

5、穂ぞろい期追肥のやり方

追肥の量は、根の活力が衰えているので、穂肥のばあいよりも多量に施さないと効果は明らかでない。チッソ成分として、一〇アール当たり三～五キロ（反当たり〇・八～一・三貫）は施す必要があろう。

とくに、施肥時期がおくれるほど増施する必要がある。ただし、穂ぞろい期後一〇日以降の追肥はほとんど効果はない。いくら多量に施しても、ほかの時期の追肥のように、倒伏を助長する心配のない点がこの追肥の特徴である。

根ぐされのおこりやすい水田では、硫安の追肥はかえってわるい結果をもたらすといわれるばあいもあるので、このような水田では尿素を使うのもよい。著者はNK化成を用いることが多い。

秋落地や塩害地などで根がいたんでいて、地中から養分を吸収できない水田では、尿素の葉面散布が効果がある。尿素の葉面散布には二パーセント液（水一リットルに尿素一七グラム、展着剤リノー〇・〇二パーセント加用）を一回に一アール当たり九～一五リットルを使い、二～三回散布する。

穂や葉が雨や露でぬれているときや、開花している時間に追肥すると、イネのからだをいためて、かえって登熟を害するから注意する必要がある。また、この追肥の時期にはイネのからだが大きくなっているので、肥料散布が不便であるが、水口から灌がい水にとかして施肥することもできる。

二、増収のための品種選定の方法

同一地帯に同一栽培を行なっても、品種がちがえば、収量がたいへんにちがうことは常に経験するところである。つまり、品種選択のよしあしによって、作柄の半ばが決せられるといっても過言ではあるまい。

品種を選択するときに注意しなければならない基礎的な事項はつぎのとおりである。

1、品種選定のときの注意

第一に、品種にはどんな環境にも適応する「強健性」をもつものと、ある特殊環境にだけ適応する「特殊適応性」をもつものとがある。各都道府県の奨励品種には、「強健性」の性質を多分にもったものが多いが、一方、在来品種の中には「特殊適応性」の性質をもったものが多い。したがって、奨励品種は各地に適するものが多いのに対して在来品種のばあいは、その地方でつくれば他の追随を許さないものでも、別な地帯でつくると、まったく適さないものが多い。そのために、品種の選択に際しては、ある環境で好成績をあげたからといって、ただちにとり入れることは危険である。また、奨励品種は、各種の環境に適応する力が大きいが、やはり、それぞれ独特の適応性をもっているから、これらの性質をよく理解して、各自の水田の環境に適応した品種をえらばねばならない。

第二に、その品種が適するかどうかは、極端に成績のわるいばあい以外は、少なくとも二～三年の成績で判定しなければならない。たとえば、よい天候の年にあまりよい成績でなくとも、不良天候の年にはきわめてよい成績をあげ、数カ年平均では、明らかに多収となるばあいが少なくないからである。とくに、奨励品種には、このような性質の品種が比較的多い。すなわち、年に対する適応力の大小も充分考慮しなければならない。

つぎに、山口県の例をとって、品種選択の具体的方法を示そう。各都道府県農業試験場に照会すれば、これに類する品種選定方法が定まっている。

第12表は山口県で設定されている品種選択の基準である。まず、各自の水田が山間地区・山麓地区・平坦地区・温暖地区のいずれに属するかを判定し、その地区の適応品種を第12表によって第一次選択を行ない、つぎに、その水田の特性を診断して、特殊環境の項によってこれらの中から第二次選択をするのである。各都道府県農業試験場には必ず奨励品種特性表があるから、これを利用するとよい。

第12表　各種環境に対する水稲品種適応性一覧表（山口県）　　（　）品種はやや適するもの

環境別	適応品種名
山間地区	トヨニシキ・コチヒビキ・ヤマホウシ・日本晴
山麓地区	コチヒビキ・ヤマホウシ・日本晴・アキツホ・ヤマビコ・晴々

地区		品種
平坦地区		ヤマホウシ・日本晴・アキツホ・ヤマビコ・晴々・中生新千本・太刀風
温暖地区		中生新千本・太刀風・(日本晴・アキツホ・ヤマビコ・晴々)
特殊地帯	冷水地(日陰地)	トヨニシキ・コチヒビキ・ヤマホウシ・(シュウレイ)
	瘠薄地(砂質地)	トヨニシキ・ヤマホウシ・ヤマビコ・(中生新千本)
	肥沃地(多肥地)	コチヒビキ・日本晴・アキツホ・晴々・中生新千本・太刀風
	用水不足地	トヨニシキ・ヤマホウシ・ヤマビコ
	湿地	トヨニシキ・ヤマホウシ・晴々・太刀風
	早植え地	トヨニシキ・コチヒビキ・ヤマホウシ・日本晴
	晩植え地	トヨニシキ・コチヒビキ・ヤマホウシ
	秋落地	トヨニシキ・コチヒビキ・ヤマホウシ・中生新千本
	シラハガレ病地	トヨニシキ・コチヒビキ・日本晴・アキツホ・ヤマビコ・太刀風
	イモチ病地	トヨニシキ・アキツホ・ヤマビコ・晴々・中生新千本

2、気象上からみた適地適品種

近年各地でイネの新優良品種の生まれることが多くなり、この報道を聞くと、熱心な農家はどんなに遠いところでもあらゆる手段を使って、われ先にとこの種子を入手して栽培しようとする。しかし、こうして入手した品種が不幸にして自分の水田に適さない品種であることを発見することも少なくない。

このようなばあいに、試作してみないでも、自分の土地とその新品種の育成された土地との気象環境が同じかどうかを比較検討することができれば、自分の土地に適するかどうかがわかる。つまり、気象環境がほぼ同じであれば、無理なく栽培できるし、もし、ちがっていたばあいでも、そのちがいのていどがわかれば、栽培時期を移動することによって、その品種に合った時期をえらんでつくることができる。

また戦後には早期栽培が普及して、北方の品種が西南暖地にも多くつくられるようになった。また保温苗代や保温折衷苗代の普及によって、暖地の晩生品種が東北・北陸などの寒冷地にまでつくられるようになった。このように、北の品種が南へ、南の品種が北へと遠隔地の品種がそれぞれ導入されるようになった。こんなときに、北のある地方の気象が南のどのていどの標高のところの気象と一致するか、また、北のある地方の播種期や田植日の気温が、南のある地方のそれぞれ何月何日ころの気温に相当するか、逆に、南のある地方のある品種の出穂期の気温が、北のある地方の何月何日ころの気温に相当するか、さらに、初霜日のちがいはどのていどであるか、などが手軽に敏速にわかれば、新品種の導入や栽培時期の決定などにきわめて好都合であろうと考えられる。

各地の気候を構成している気象要素の中で、イナ作上もっとも関係の深い気象要素は気温と霜であろうと思われる。そこで、この二つの要素をとりあげ、全国どんなところでも相互に比較できて、それが一目でわかるような早見図を作成しようと試みた。この結果が、第68図〜第70図の早見図である。これらの図を利用するには、各地の緯度と標高だけがわかればよいのであるが、全国各地の大書店で販売されている地形図（国土地理院の五万分の一）によれば、これらは容易にまた正確にわかる。これらの図が作成された理論的根拠は煩雑であるので、一切省略し、これらの図の利用方法だけ*を述べよう。これらの図は、単に品種だけでなく、作物や栽培法の適否判定にも利用できるものと考えられる。

*詳細は「農業および園芸」二五巻二号参照。

まず、二二九ページの第68図は全年平均気温を示したものである。この図の使用方法を説明するために一部を抜きだして第67図に示した。たとえば、長野県「追分」に住んでいる人が、その土地に適する品種や栽培法を他の地方からとり入れるばあいを考えてみよう。まず、自分の住む地の緯度と標高を地図などで調べる。「追分」の位置は、緯度三六度二〇分、標高一〇〇〇・六メートルであるから、この点を図の中に求めればA点となる。A点を通りヨコ軸に平行線BCを引けば、BC線上の点はことごとく「追分」と年平均気温は同様で気温七・三度を示すのである。したがって、BC線上の各地点の作物・品種・栽培法が「追分」に気温的には適応するものと考えられる。そこで、この線上の二〜三の点を拾ってみよう。

標高〇《ゼロ》メートルの線との交点Dは、緯度四二度五五分であり、追分と同様な気温の地を平坦地に求

第67図　早見図の使い方

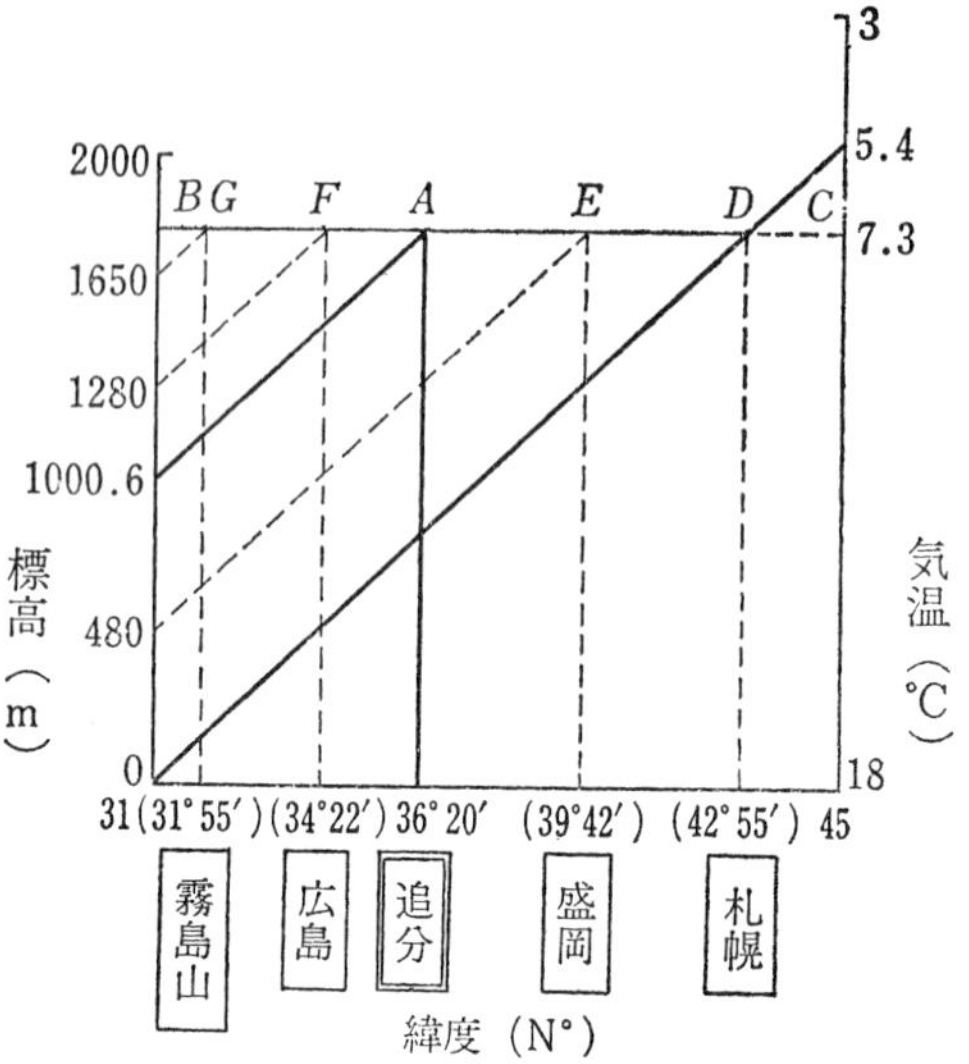

第68図適地適品種栽培早見図（全年平均気温）の一部を抜きだしたもの

めれば、札幌がほぼこれに相当することがわかる。つぎに盛岡付近において、追分と同様な気温のところを求めれば、盛岡の緯度三九度四二分との交点Eであり、この標高は四八〇メートルである。すなわち、盛岡付近の海抜四八〇メートルていどの山地が追分とほぼ同様な気温であることがわかる。同様に、西日本の広島付近に求めればF点となり、一二八〇メートルの山地に相当する。さらに九州南部の地に求めれば、霧島山の一六五〇メートルの地（G）に相当することがわかる。したがって、これらの諸地点はもちろん、この線上の全地点において相互に同一の作物・品種・栽培法が適応しうる可能性があるものと考えられる。

つぎに、二三〇ページの第69図は夏期気温の代表として七月の平均気温を示したものである。この図の見方は第68図とまったく同様である。これら両図によって、気候を決定する最大要素である気温が全年平均と夏期の七月とについて、どんな地でも任意に読みとられ、自由に比較できるのである。

第68図　適地適品種栽培早見図(1)

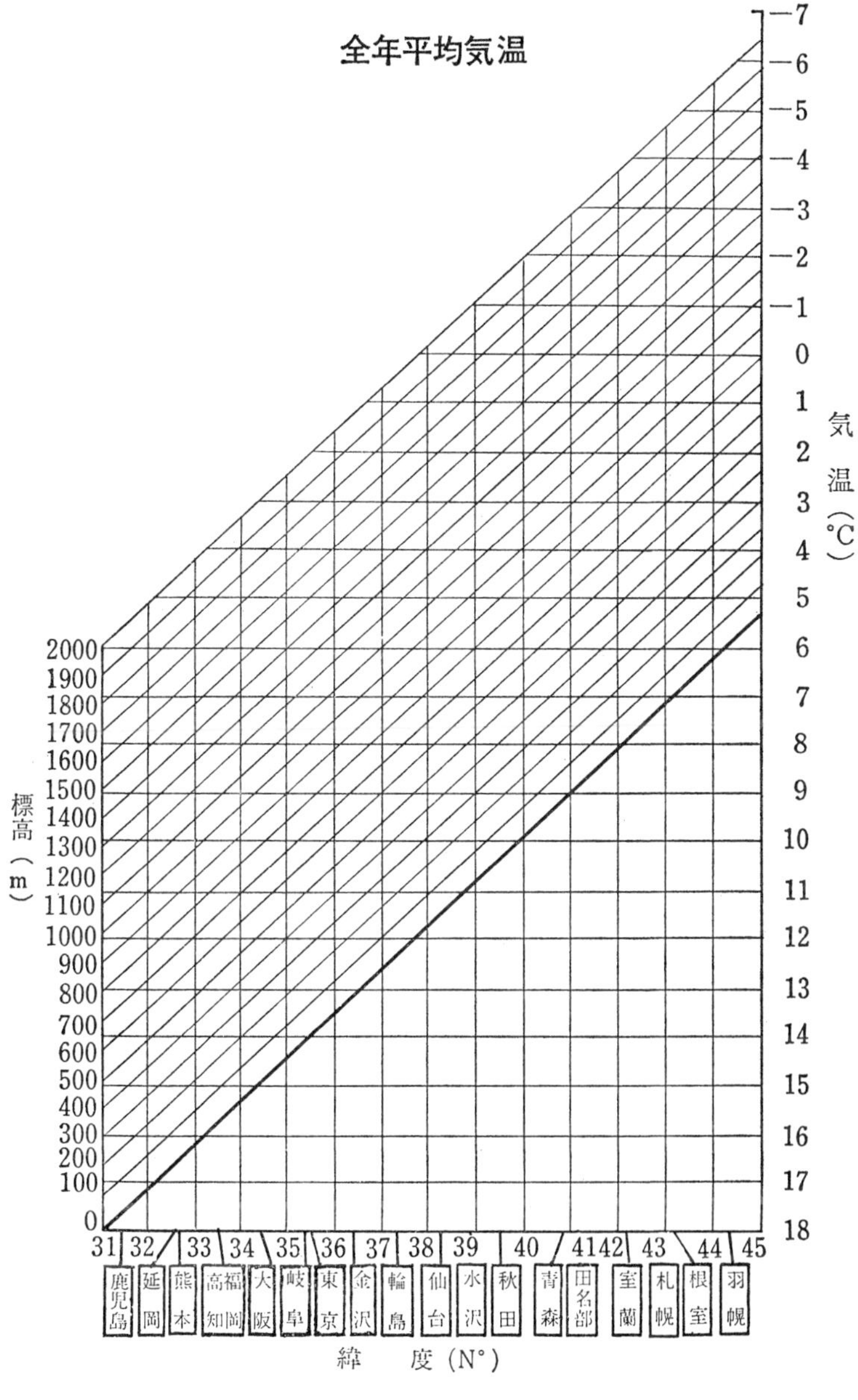

第69図　適地適品種栽培早見図(2)

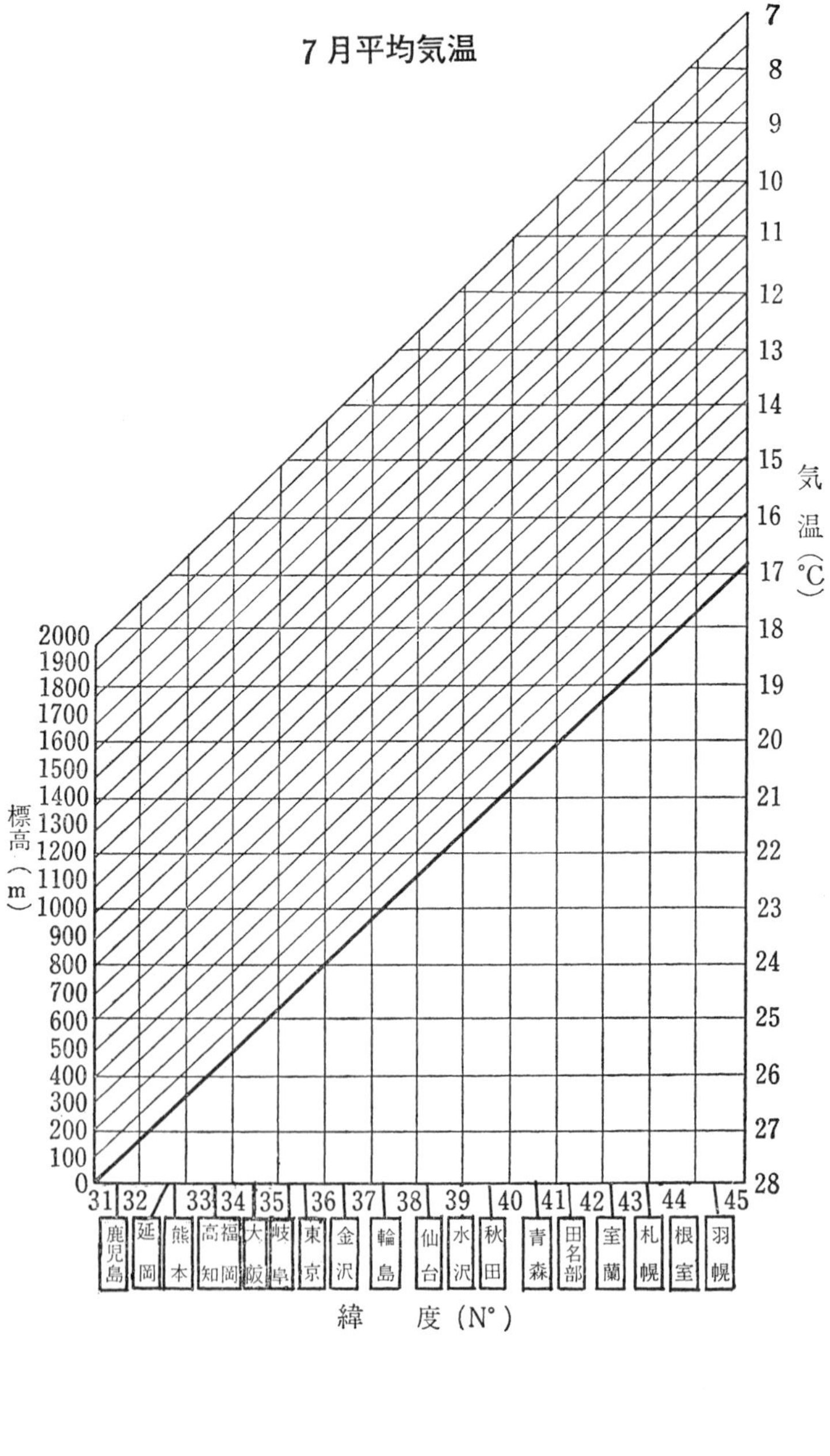

第70図　適地適品種栽培早見図(3)

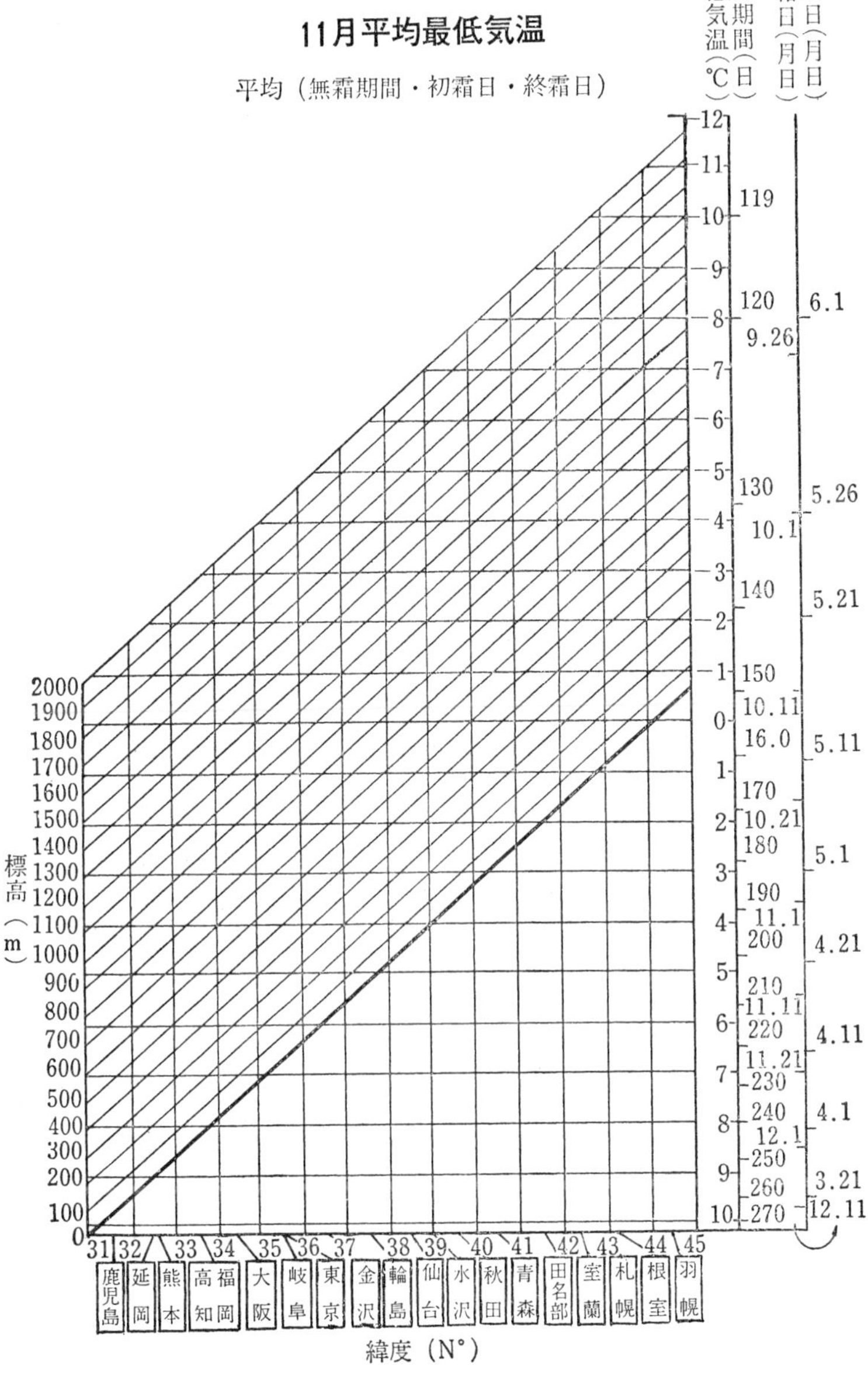

第71図　緯度による気温の年変化曲線の差異

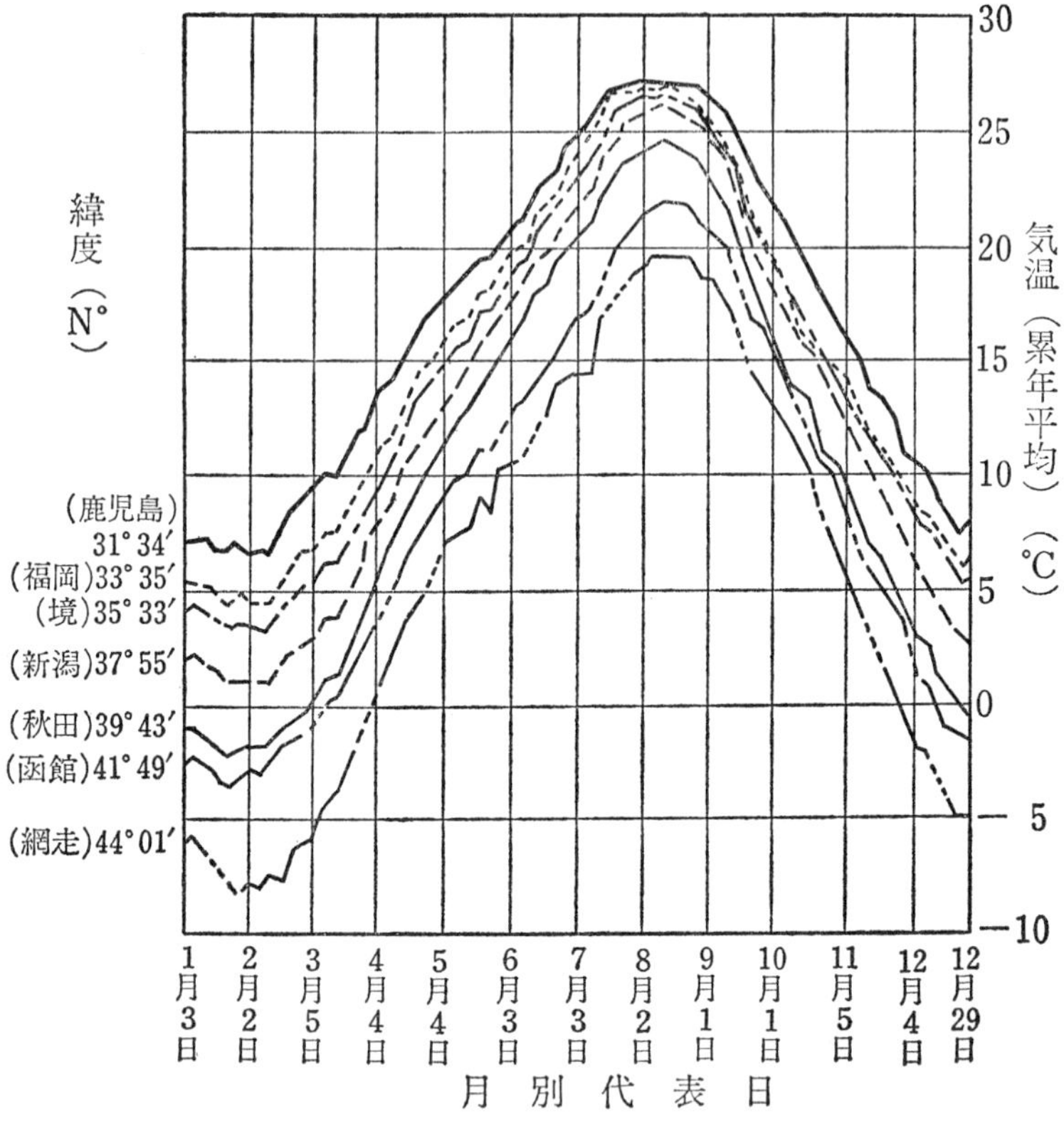

したがって、甲地にある作物・品種・栽培法などが乙地に適するかどうか、また、甲地に適する作物・品種・栽培法などは他のどのような地から導入すればよいかなどが一目で判断できる。

さらに、各地のある時期の気温が他の地方のどの時期に相当するかを知ることも、適地適品種栽培や適作上に必要なばあいが多い。そこで、この関係を一目でわかるように図示したものが第71図である。この図の利用法は、まず、各地の標高を第68図によって〇《ゼロ》メートルの緯度の地に更正しなければならない。このためには、その地点（A）からヨコ軸に平行線を引いて、標高〇メートルの基線と合する点（D）の緯度を読めばよい（二二八ページ第67図参照）。この緯度を第71図の緯度の目盛に合わせて、その曲線をたどれば、一ヵ年間の気温の変化が読みとられる。たとえば、鹿児島（北緯三一度三四分）の五月上旬（四日）の気温は長野県追分の何月何日ころの気温に相当するかを調べてみよう。第71図から、鹿児島の五月四日の気温は約一七・六度であることがわかる。一方、追分の標高を〇メートルの緯度の地に更正すれば、前例でみたように、おおよそ四二度五五分となる。これは第71図の函館と網走のほぼ中央の緯度に相当するので、この両曲線のほぼ中央をとおる曲線が、追分の気温の一年の変化を示している。この曲線と一七・六度線との交点から垂線をおろせば、およそ七月一五日となる。すなわち、鹿児島の五月上旬は追分の七月中旬にほぼ相当することがわかるのである。

つぎに、イネの生育を制約する要素は霜であろうと思われる。苗代時期の終霜と登熟期の初霜などは栽培時期の決定や品種選択上おろそかにすることのできない重要な要因である。初霜・終霜ならびに無霜期間はイネの品種選択や栽培時期の決定上に重要であるばかりでなく、一般の作物、とくに野菜や果樹の適地を決定する上にも、見逃すことのできない重大な要因である。そこで、気温のばあいと同様に、霜についても自由に簡便に比較できるような図表を作成したものが二三一ページの第70図である。

この図の右側のタテ軸に一一月平均最低気温・無霜期間・初霜日・終霜日の四本の線があるが、これらの四者間には相互に密接な関係のあることがわかった。つまり、いずれか一つがわかれば、他の三者がおのずからわかるのである。

この図の見方は、第68図で示したばあいと同様であり、緯度と標高さえわかれば、この図の中にその地点（A）を求め、二二八ページ第67図のようにBC線を引けば、この線上の諸点がすべて同一降霜状況を示すのである。また、任意の地を図中に求めて、ヨコ軸に平行線を引き、右側の軸の目盛を読めば、その地の初霜・終霜・無霜期間が簡便に読みとられるので、必要な地点間の比較も容易にできる。

要するに、イナ作気候を構成する二大要素である気温と降霜状況が、上述の四つの図により、任意の地で随意に比較できることになったので、イネの品種の選択や栽培時期の決定に役だつばかりでなく、広く一般の作物や栽培方法の導入の上にも有力な参考となろう。

二、地力の増強

昔から「イネは土でつくれ」といわれているように、一般に安全に多収のできる方法は地力を増強することである。収量を増大するには、収量構成四要素をバランスのとれた状態で増大しなければならない。バランスのとれた収量構成四要素の増大方法としては、地力の増大がもっとも安全で確実な方法である。一般に、イネの収量の三分の二は地力でつくられるといわれてきているが、こう考えて地力の増強に努めるのが安全である。第四章で述べるように、地力がなくても増収のできるばあいもあるが、現在の段階では地力の増強によるのが、一般の農家にとっては安全であり無難である。ところで、地力とはなんであり、どうすれば増強されるかは大問題であって、簡単にはいえないが、参考までに常識的なことを要約してみよう。

地力を構成する主な要素はつぎの五つであろう。

第一は、堆肥を主とした有機質であり、一般に、多いほど地力を高める。堆厩肥は、土壌を膨軟《ぼうなん》にして物理的構造をよくし、土壌微生物の繁殖を促し、土壌中の貯蔵養分を増加する。粘土地に施せば軽くなり、砂土地に施せば粘質となり、用水不足地に施せば保水力を高め、排水不良地では透水をよくするばあいがある。また、リンサンやカリのよい供給源となるばかりでなく、イネの健康度を高めるケイサンその他の微量要素の重要な供給源でもある。

一般的にいって、現在の地力を維持して、玄米一五〇キロ（一石）を生産するためには、堆肥約三七五キロ（一〇〇貫）に相当する有機質を必要とするといわれているので、一〇アール当たり四五〇キロ（反当たり三石）の玄米を生産する水田では、毎年一〇〇〇キロ（約三〇〇貫）以上を施さなければ地力は増強されない。ただし、近年堆肥も万能薬ではなく、場所によってはきかないばかりか、かえって有害なばあいさえあることが明らかにされた。つまり、地下水位が高く、透水不良のところや腐植に富んだ湿田的性格の水田では、イネの生育中・後期に土壌の異常還元がおこって、根が障害を受け、堆肥を施すことによって、いっそう根の障害を大きくして減収するばあいが少なくない。これに反して、排水良好な水田や肥料三要素の少ない水田、ケイサン・苦土・石灰・マンガンなどの欠乏しやすい水田、老朽化水田などでは堆肥の効果が現われやすい。

第二は土性であり、一般に壌土または埴壌土が地力が高い。したがって、砂質がかった水田には粘土を、粘質の水田には砂土を客土する。とくに、砂質の老朽化水田では鉄分が溶脱しているので、赤土の粘土客土が各地で行なわれていちじるしい効果をあげていることは周知の事実である。

また、近年地力の増進には、腐植粘土複合体が重要な意義をもつといわれているが、これは、土壌中に集積した腐植と粘土とが結合して生成されるもので、イネの生育の進行につれて、イネの求めるときに必要な養分をじょじょに供給することに役だつものとみられている。したがって、堆肥とともに、良質の粘土を施用することは、それ自身が地力を高める上にたいせつであるばかりでなく、この複合体を生成するのに重要である。

第三は耕土の深さであり、一般には深いほど地力を高める。下層土が肥沃であるばあいにはただちに効果を現わすが、普通田では一度に深耕すると、かえって減収するばあいが少なくない。したがって、毎年一・五〜二・〇センチずつ深耕するとともに、完熟堆肥を増施することがたいせつである。下層土が砂礫のばあいや漏水を助長するばあいなどには深耕してはならない。ただし、最近、全国的に行なわれた深耕・多肥・密植の試験をみると、深耕の効果は期待されたほど大きくなく、肥効の現われる時期がおくれて登熟歩合が低下し、場所によっては、ほとんど増収していないところや、減収しているところさえある。

近年、トラクターによって容易に深耕できるようになったが、このばあいには一度にかなり深く耕されるものと思われるので、施肥方法に注意して、肥効が後期、とくに有効分げつ終止期から幼穂形成始期にかけて現われないように注意する必要がある。

第四には保水力（水もち）である。一〇センチの深さにたたえた水が、五昼夜ていどで、地面が見えはじめる状態となるくらいの透水性が最適といわれている。著者がかつて山口県下全部落を対象として、水田の中央で九センチにたたえた水が、何時間で減水し地面が見えはじめるかを調査した結果によれば、三六・八パーセントの部落が四〇時間以内で、一九・六パーセントの部落は二〇時間以内であった。この例にみるように、各地に保水力の弱い水田が意外に多いと思われる。一方、この反対に湿田などでは保水力が強過ぎて、透水性がわるいといったぐあいで、適当な保水力の水田は少ない。

保水力が弱いと、肥料の流亡がはなはだしい上に、地温・水温も低下してイネの生育はわるくなる。また、透水性がないと、土壌中に異常還元がおこり、硫化水素・有機酸その他の有害物質が生成し、しかも、これらが流出されることもないので、根の生理を害し、根ぐされをおこす。したがって、根を健康に保つには、水の垂直的な透水性が必要であるが、たとえ一日の減水深が適当であっても、調査してみると、垂直的な透水によるのではなくて畦をぬけて横へ漏水するばあいが少なくないから注意しなければならない。ある調査では、垂直的な透水の八倍の水が横にぬけていることがわかった。

漏水を防止するには、根本的には床土の盤練り、床締め、粘土客土などの土木的方法によらなければならない。耕種的には、耕起後水田に水を入れて、ていねいにすき返す代《しろ》ずきとか、代かきのときに二〇キロていどの重石をモッコに入れて引きまわす石代かきなどがあるほかに、近年は青刈ライムギのすき込みやベントナイトを客土する方法などが効果の大きいことが各地で実証されている。保水力の弱い山間の冷水地帯や西日本の浅耕土地帯では、漏水防止だけで予想外の増産が可能な地も少なくないであろう。

透水をよくするためには、暗きょまたは明きょによる排水を行なうのがふつうであるが、これは、個人では実行しがたいばあいが多いので、国や府県の助成をえて共同で行なうのがよい。透水のわるい水田では、生育期間中にときおり排水して、田面を干し、土にサンソを供給して、異常還元や有害物の生成を防がなければ増収することはむずかしい。

第五には、適度の酸化状態を保つことであり、とくに異常還元の防止である。各種の養分がいかに多量に与えられても、根がそれを吸収できない状態におかれては、なんの役にもたたない。土壌の異常還元は、根の生理を害して、養分の吸収を阻害することのほかに、根ぐされ・アカガレ病・イモチ病などをはじめ、各種病害の原因となる。

土壌の還元は盛夏のころにもっとももすすむのが一般であるが、これは、土壌中の有機物が高温になるにつれて盛んに分解し、このためにサンソが消費されることが主因である。したがって、幼穂が分化し発達するもっとも重要な時期に、ちょうど異常還元がおこりやすくなるので、ここに見のがすことのできない重要な問題がある。

このために、湿田・排水不良地・有機質過多地・高水温地などのサンソの欠乏しやすいところでは、幼穂分化始期ころから根の活力が衰えはじめ、これが一穂モミ数・登熟歩合および千粒重をいちじるしく低下させる原因となるのである。

異常還元の防止方法としては、暗きょや明きょによって排水して水田を干すことや、ポンプで地下水位を低下させ、水田の垂直的な透水性をよくすることをはじめ、掛け流し灌水を行なったり、客土や含鉄資材（ボーキサイトなど）の補給をしたり、緑肥や堆厩肥などの有機物を減らすことなどの方法がある。このほかに、重要な方法として、早期栽培または早植え栽培もあげられる。これは、早く植えることによって、生育の重要な時期と還元のもっとももすすむ時期とが一致しないように回避する方法である。回避できるわけは、一つには早植えによって生育の段階がすすむことと、一方では、盛夏のもっとも還元のすすみやすい時期には、イネが充分繁茂して田面をおおい、水温が過度に上昇することがないからである。

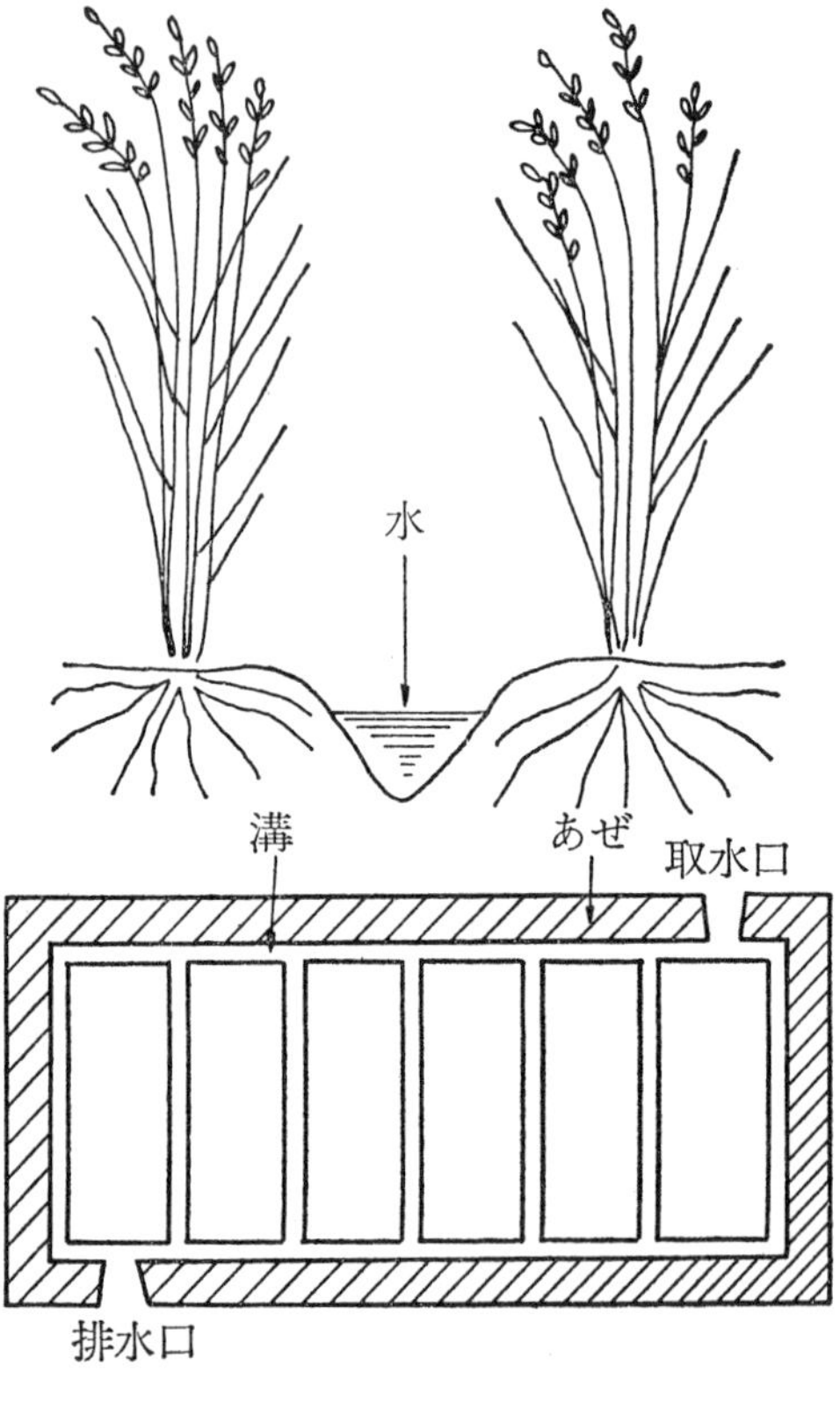

第72図　湿田の排水方法の一例

なお、近年トラクターによって過度に細かく砕土され、またていねいに代かきされるために、土壌の団粒構造がくずれ、その結果還元が進行してかえって収量が低下する、といわれる例も少なくない。著者の経験では、もっとも簡単な異常還元防止法は水田を干すことである。中干しを行なうことはもちろん、幼穂形成期以後でも二〜五日ていどの田干し（間断灌水）はたびたび行なう必要があろう。

また、田を干すことのできない水田では、第73図のような溝切り機を用いて、第72図のように田の周囲に手溝（幅一〇センチ・深さ一五センチ）を掘り、さらに一〇列に一本ずつイネの条間にも手溝をつくり、周囲の手溝に連絡させて排水を図るのがよい。著者は鴻巣の水田でこの方法の効果を確かめるとともに、新潟県北蒲原郡水原町の湿田でも、この効果を試験した。この結果、排水しない田では、腐った根の数が多く、硫化水素の臭いが強いのにくらべ、水位を約一〇センチ落とした田では、腐根はほとんど見られず、硫化水素の臭いもなかった。* 表面水を一〇センチ落とすだけで、これほど効果があることは、意外に思われるかもしれないが事実であり、困難なばあいには五センチでもよい。

なお、水位が高くて、この方法さえも行なえない湿田地帯では、穂首分化期から出穂後二五日までの、根の活力を増進しなければならない期間だけでも共同で電力によってポンプ排水し、さらに、不充分であれば右の方法を用いるのがよかろう。

* 新潟県の湿田地帯の熱心な農家の間には、このような方法が普及しはじめた。

第73図　溝切り機

一三、作業のポイント（作業暦にそって）

以上、安定多収栽培の実際について重点的に述べたが、個々の作業については、ほとんどふれなかった。そこで、ここではイネの生育に関連して、順序をたてて作業暦ともいうべきものを示し、主な作業について、簡単に説明しておくことにする。また一般農家にはこれが便利であろうと思われる。

主な作業

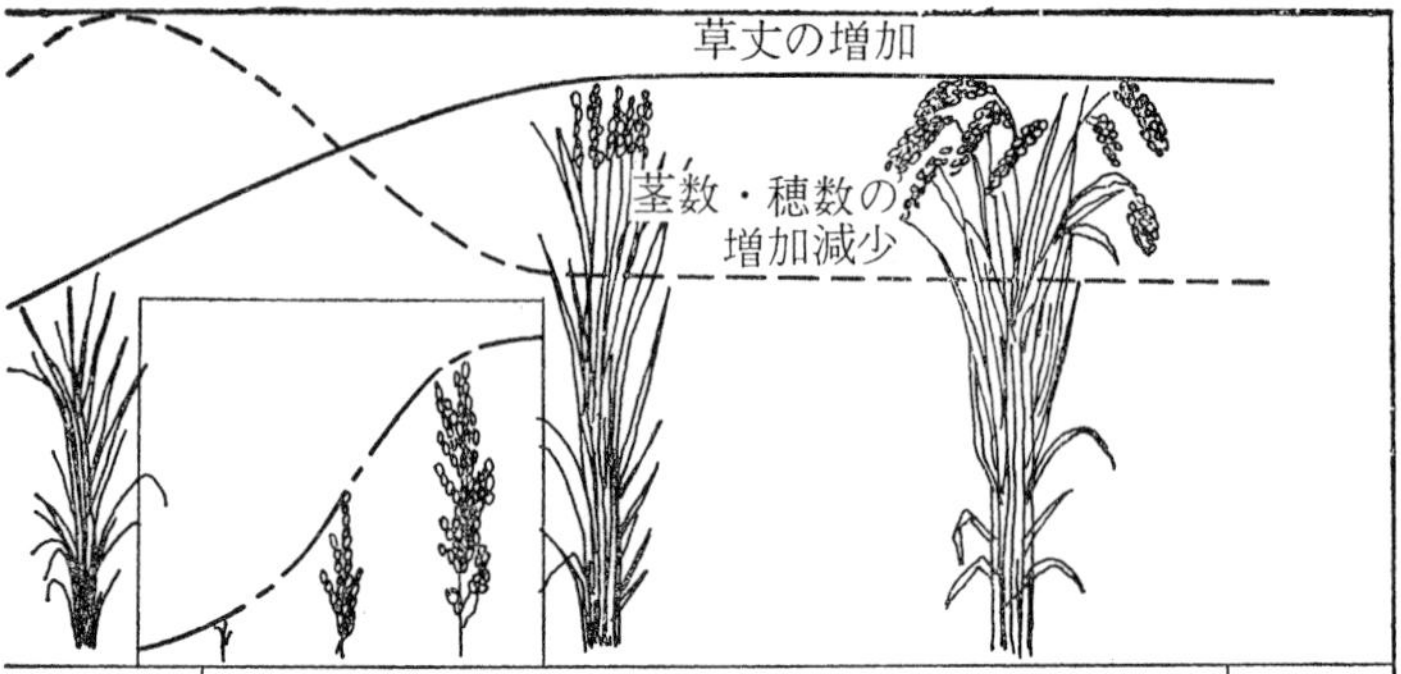

生殖生長期

穂の発育期	結実期

最高分げつ期
穂首分化期
幼穂形成期
穂ばらみ期（減数分裂期）
出穂はじめ
出穂期
穂ぞろい期
乳熟期
糊熟期
黄熟期
完熟期
刈取期

田　　　期

葉色おとす
追肥(2)
間断灌水
小粒キンカク病防除
追肥(3)
メイチュウ二化期・ウンカ類
穂イモチ・モンガレ病防除
追肥(4)
穂イモチ・白ハガレ病・ウンカ類防除
ひえぬき・葉鞘変色茎摘採
落水
収量診断・採種
刈取り・乾燥
刈取後除草剤散布

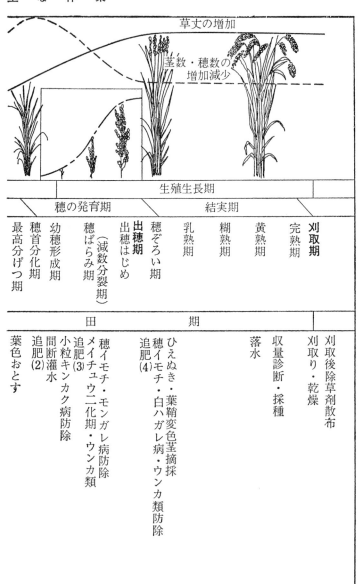

第74図　イネの一生と

イネの一生

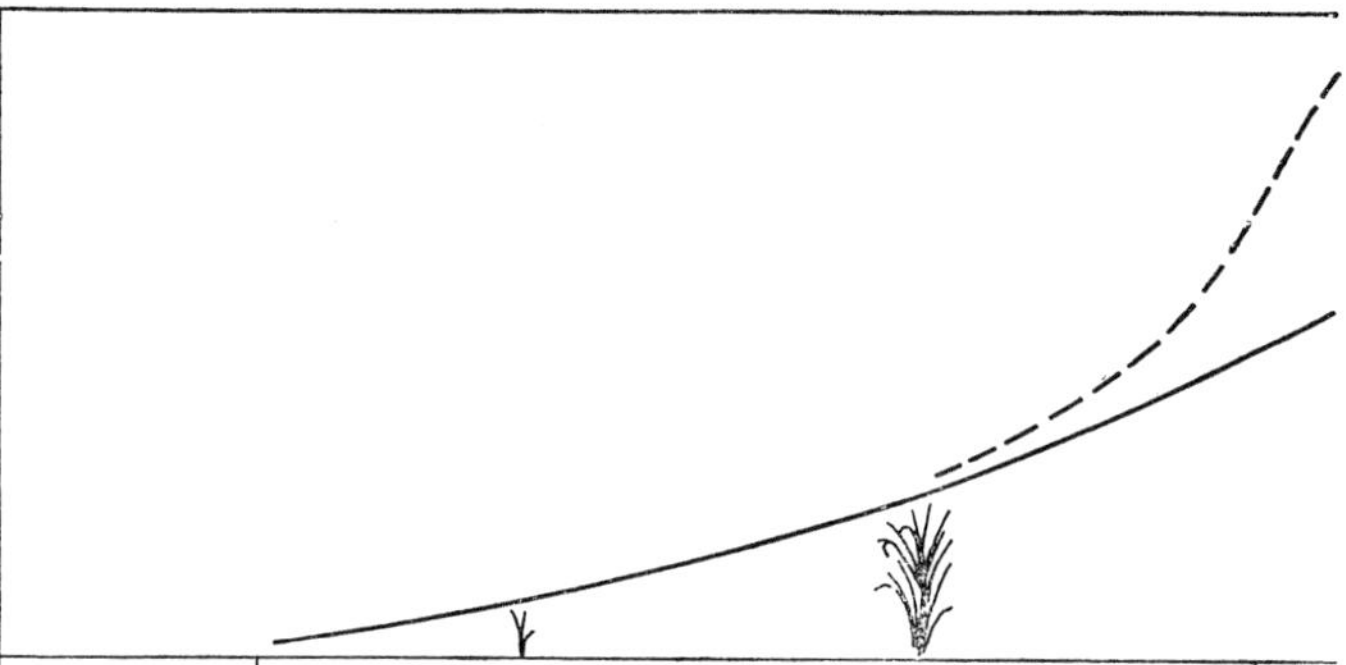

生育期

栄養生長期

幼苗期 ／ 活着期 ／ 分げつ期

- **播種期**
- 発芽はじめ
- 発芽ぞろい
- 幼苗期
- 成苗期
- **田植期**
- 分げつはじめ
- 分げつ盛期
- 有効分げつ終止期（有効分げつ期）
- （無効分げつ期）

主な作業

苗代期 ／ 本

- 品種選定・採種・地力増強・種子更新・選種
- 種子消毒・浸種
- 苗代つくり
- 苗代施肥
- 種まき
- 芽干し
- ひえぬき
- （除草剤DCPA散布）
- イモチ・ウンカ類防除
- 本田堆厩肥散布
- 本田耕起・代かき・基肥施用
- 苗取り・田植
- 深水
- 除草剤（初期）散布
- 浅水
- 追肥(1)除草剤（中期）散布
- メイチュウ一化期・ウンカ類防除
- 葉イモチ・ゴマハガレ病防除
- 中干し、除草剤（後期）散布

箱育苗

- 床土準備(前年秋より)
- 床土の酸度調整
- 床土の消毒・施肥
- 選種・種子消毒
- 浸種・種まき・灌水
- 温度管理
- 緑化・硬化
- 障害対策

この線に沿って作成したものが第74図であり、イネの生育とそれに応じた主な作業とが対比されている。主な作業について、以下に簡単な説明を加えよう。

品種選定　まず、つくるべき品種を選定しなければならない。このためには、自分の水田の環境を診断し（標高・気温・水温・日照・地力・用水過不足・排水状態・栽培時期・秋落ち・病虫害・塩害・鉱害・風水害など）、本章—一一に述べた事項を参照し、それぞれの水田に適した品種をえらばねばならない。これは前年の秋から冬にかけて行なわなければ、種モミが手にはいらない。

採種　自分の水田からとるばあいには、混種や変種の見分けやすい出穂期と成熟期前に水田をよくまわってこれらを抜き捨てるか、または成熟期に品種の特性をそなえたよい穂だけをえらんで集める。種子用のものはふつうのイネより早く刈取らなければならない。黄熟期以後は早刈りしたものほど発芽も収量もよいからである。

また、刈取った穂は充分乾燥し、脱穀にはなるべく千歯を使ったほうがよいが、回転脱穀機を使うばあいは、回転数を落として、かろうじて脱穀できるていどにして行なうことである。このばあい、乾燥不充分なものほど、また、回転数の速いものほど発芽率が明らかに落ちる。一般に、玄米が混入したモミは発芽がわるいとみてよいが、これは脱穀機の回転数が速いためである。脱穀したモミは、乾燥冷涼なところに貯蔵しておかないと発芽力が衰える。

地力増強　これもおもに収穫後から春にかけて行なうべき作業であり、本章—一二を参照して実施する。

種子更新　自家採種をくりかえしていると、よほど注意して採種しないかぎり、混じりがあったり、品種が退化して生産力が衰えるばあいが多い。各市町村には必ず採種圃が設けられており、この生産種子量で、各市町村の水田面積の約八割の種子が生産されるように、農業試験場から原種が配布されている。したがって、この採種圃の種子を利用して、血統の正しい種子を使うようにしなければならない。採種圃のものは必ず一株一本植えにして、株えらび（変種・混種の抜取り）を厳重にしなければならない。

選種　充実がよく、重くて、大きな種モミから健苗がえられる。うるちの無芒種は一・一三、うるち有芒種ともちの無芒種は一・一〇、もちの有芒種は一・〇八の比重で塩水選をする。比重計のないばあいには、生卵を利用すればよい（四九ページ第13図参照）。水一八リットルに加えるべき食塩量は、比重一・一三にはほぼ四・五～四・九キロ、一・一〇には三・〇～四・一キロ、一・〇八には二・二～三・六キロていどである。塩水選したモミは、充分水洗いしないと発芽を害する。

種子消毒　浸種前に必ず種子を消毒しなければならない。バカナエ病・ゴマハガレ病・イモチ病・黄化イシュク病・苗ぐされ病などの防除として、ベンレート（乾モミ重量の〇・五～一パーセント量を種モミにまぶすか、液剤の五〇〇～一〇〇〇倍液に六～一二時間浸す）・ベンレートT（液剤の二〇倍液に一〇～三〇分浸すか、二〇〇～四〇〇倍液に六～二四時間浸す）がある。いずれも処理時間を含めて二四〜四八時間後に洗わないで浸種する。そのほかにホーマイ（使用法ベンレートTと同じ）で消毒する方法もある。また、シンガレ病センチュウ（新しく出る葉の先端数センチの部分が淡黄色になり、古くなるとコヨリ状に巻く）の発生する地帯では、種モミの温湯消毒をしなければならない。このためには、乾燥したモミを五六〜五七度の温湯に一〇分間浸漬し、ただちに冷水で冷却すればよい。

第75図　芽出しのていど
（ハト胸）

浸種・催芽　消毒のおわったモミは、水洗いしないで浸種する。浸種日数は、水温一〇度では八〜一〇日、一五度では六日、二二度では三日ていどである。

芽出しまきをするばあいには、つづいて催芽をしなければならない。育苗機や催芽機があれば、発芽適温三二度に保つことは容易であり、二四時間でハト胸ていどに発芽する。これらの機器のないばあいには、つぎのようにすればよい。四〇度ていどの風呂に一晩浸し、カマスのまま暖かいていどの熱のある堆肥の上に伏せ、一日に二回温水を注げば、二日で芽が出る。芽出しのていどは、第75図のように、ハト胸ていどがよい。

苗代つくり・苗代施肥・種まき　第三章―四―1を参照して行なう。保温折衷苗代やビニール畑苗代が健苗の育成および増収にはたいせつなので、充分注意してつくらなければならない。

保温折衷苗代では、三葉目がなかば展開したときが除紙の適期である。除紙後に霜のおそれのある夜は、深水をたたえて霜を防ぐ。ビニール畑苗代では灌水に注意し、土が乾燥しないようにするとともに、発芽後は床内温度が二〇〜二五度以上にならないように、日中日射の強いときには、ビニールのすそや天井をあけて温度をさげる。田植前一〇日ころからは昼夜ともビニールをはずし、外気と日射にさらして硬化させる必要がある。霜のおそれのあるときは、夜間だけビニールをかける。

芽干し　第三章—四—1に述べたように、早い時期に行なうほど効果があり、発芽直後白芽（コレオプティル・鞘葉）だけが出ているあいだがよく、青い本葉が現われてからはすでにおそい。

《稚苗・中苗の箱育苗のばあい》　箱育苗については、第三章—四—1および第二章—一—5・6でもあるていど述べたが、なお書き残した主な点について述べよう。

床土の準備＝前年の秋から、山土または田や畑の土を集めて積んでおく。ときどき肥料・下肥・鶏ふんなどを混ぜて切り返しておけば、肥沃な床土がえられる。加えた肥料の量により播種時の床土の施肥量を減少する（第三章—四—1）。

土壌酸度の調整＝床土は苗代期間はpH五〜六が最適であるのに、田の土は六・三を中心に五・八〜六・八の範囲で、畑の土は七に近いばあいが多い。播種のときpH五にしておけば、育苗期間中はpHを五〜六に保てるので、多くのばあいpH五に下げる必要がある。pHの調整は、急ぐばあいには、市販の濃硫酸を一八〜二〇倍にうすめて、床土にかけて充分に混合する（うすめる際に、はねてやけどしやすいので、手袋と眼鏡をかける）。ふつうの水田の土であれば、床土一〇〇キロに一八倍の稀硫酸約五〇〇〇ccでpH五になる。時間に余裕のあるときは、硫黄華が無害で安全である。このばあいには、一カ月前から土と混和しておかねばならない。北海道農試の実験によれば、pHを一だけ下げるのに要する硫黄華および濃硫酸の量は、床土一〇〇キロにつき、つぎのとおりである。

土の種類	硫黄華	濃硫酸
泥炭	二四〇g	七〇〇g
埴土	八〇	二四〇
砂土	五〇	一六〇

なお、ツクシの生える土はpH五であるから調整の必要はないが、土がやせているから、肥料を充分施す必要があるという(星川)。

床土の消毒＝発病のおそれのあるばあいには、土壌消毒が望ましい。土壌消毒を本格的に行なうには、焼土法・くん蒸法・薬剤処理法などを用いねばならない。しかし、一般にはタチガレ病とムレ苗が多いのでタチガレン一〇〇〇倍液を箱当たり〇・五リットルまくか、またはタチガレン粉剤を箱当たり三〜六グラム、おそくとも播種五日前までに、土とよく混和しておけばよい。

床土の施肥・選種・種子消毒・浸種・種まき＝第三章—四—1および本章—一三を参照して行なう。

灌水＝原則として灌水は常に少なめにまた必ず午前中に行なうことである。過剰の灌水が根の活力を弱め、ムレ苗そのほかの病気の原因になることが多いからである。葉が巻かないかぎり、また夕方に葉先に水玉が一せいに着くかぎり、必要な水は補給されていると考えて、灌水はなるべくしないほうがズングリした健苗をつくりやすい。

緑化＝ハト胸ていどの催芽モミをまき、三二度で四八時間保つと鞘葉（コレオプティル）が地上八〜一〇ミリ出てくる。このときが緑化に出す適期である。緑化には直射日光でなくてもよい。明るい室内でもよいし、電燈や螢光燈の光でもよい。暗室から急に真昼間の強い直射日光の下に出すと、白化苗になることがしばしばある。育苗機に入れたままでじょじょに緑化させてもよい。緑化の目的は光を与えることのほかに、温度を下げることである。まず、緑化第一日には二五度とし、二日目には二〇度とする。三日間緑化をつづけるばあいにも、三日目は二〇度とする。育苗機の中やハウス内では四月ころの晴天の日には昼は二五度以上になるから注意する必要がある。緑化の二日間を昼二五度、夜二〇度としてもよい。播種時に充分水を与えた箱であれば出芽期の二日間と緑化期の二日間をとおして灌水の必要はないが、緑化期をトンネルやハウスで過ごすばあいには、緑化一日目から灌水が必要である。灌水は前述のように、なるべく少なくすることがたいせつである。稚苗や中苗の箱育苗のばあいでも、成苗の乾田畑苗代式の育苗が必要であり、なるべく乾いた状態で育苗することである。

硬化＝苗を丈夫にし、抵抗力をつけるための作業である。硬化開始は、緑化に二日とって三日目（播種後五日目）から行なう方法と、四日目から行なう方法と、この中間のものなどがあるが、育苗箱内に四日以上おくと、徒長苗となりやすい。硬化期の適温は昼夜平均温度で二二度であるので、夜間は一二度以下に、昼間は三〇度以上にならないように注意する必要がある。硬化期には一日一回午前中に灌水し、葉が巻かないかぎり、また夕方に葉先に水玉が現われているかぎり、かける水の量を少なくする。

小西豊氏（滋賀県の篤農家）は播種後五日目から移植するまでの硬化期（一六〜一八日間）を二つに分けて、予備硬化期と硬化期とにしている。予備硬化期は昼三〇度・夜一二度、硬化期は昼二〇度・夜一〇度としている。実際には、最初の八日間はハウス内に移した苗にカンレイシャをかけて保温する。八日を過ぎたころから、カンレイシャをはずし、ハウスのビニールも天井部をはずし、夜間も自然の風を入れて硬化させる。こうして健苗の育成に成功しているが、きわめて合理的であると思われる。寒冷地ではこのままの適用は困難であろうが、この趣旨はとり入れる必要があろう。著者の経験でも、苗はいったん寒さに馴れると、軽い霜や雪にも被害は現われないことを確かめているが、田植前の苗は必ず自然温に近い低温に馴れさせておく必要がある。

著者は稚苗期を二期に分け、前期を播種後苗令二・〇までとし、後期を二・〇令から三・五令までとし、前期には三一度・二六度・二一度の三段階の温度を与え、後期には昼夜変温として一〇段階の温度を設け、これらを組み合わせて三〇種類の温度処理を行なった。処理後精密な活着試験を行なって、苗の良否を判別した。この結果、前期三一度・後期昼二六度・夜一六度、前期三一度・後期昼二一度・夜一六度、前期二一度・後期昼二一度・夜一六度、前期二一度・後期昼一六度・夜一六度の四区が活着よく、いずれも後期の夜温が一六度である点が共通している。とくに後期の昼温二一度・夜温一六度の組み合わせは、前期の温度が高くても低くても、健苗をつくる上に最適の温度条件とみられた。ただし、夜温一六度以下の試験区がなかったので、最適夜温の指摘はできなかったが、多分一〇〜一五度の範囲であろう（拙著『イナ作の改善と技術』参照）。この点からも後期の低温の必要性が理解できる。

障害対策＝病虫害および生理的障害とその対策については、第三章—四—1ですでに述べた。

ヒエ抜き　苗代中にぜひヒエ抜きをしなければならない。ヒエが三センチていど伸びたときがもっとも見分けやすい。最近は床面から水を完全に落として、床面をかわかし、ＤＣＰＡを散布する方法が用いられる。ＤＣＰＡはヒエ二葉期ころに散布すると効果が大きい。

イモチ病・ウンカ類の防除　苗に多少でもイモチの病徴が見られたら、抗生物質のブラエス・カスミン、有機リン剤のヒノザン・キタジンＰ、有機塩素系薬剤のラブサイドなどを散布する。この中ではラブサイドがもっとも効果があるように思われる。粉剤は朝露が乾いてから均等に散布する。ブラエスは、眼にはいると障害をおこすので、粉剤使用の際には防塵メガネをかける。

ウンカ類の防除には、有機リン剤のマラソン・メカルバム・ＭＰＰ、カーバメート剤のＣＰＭＣ・ＰＨＣなどを散布するのがよい。

近年、早植えや早期栽培が多くなるにつれて、シマハガレ病やイシュク病の発生がいちじるしく多くなったが、これは、おもに苗代後半期から田植後五〇日のあいだにヒメトビウンカとツマグロヨコバイの媒介によるものであるから、苗代中期以後田植までに、二回は前記（一四三ページ）薬剤の散布を行なわねばならない。

本田堆厩肥散布　玄米一〇〇キロ当たり二五〇～三〇〇キロの割合で堆厩肥を施す。ただし、この中のチッソ成分含量は、〇・二～〇・二五パーセントとして施肥設計をたてる（リンサンは〇・二五パーセント、カリは〇・五〇パーセントとして計算してよい）。

耕起・代かき・基肥　昨日までの休閑田やムギ田が今日はイナ田になるなど、耕起と田植の期間が短いと、イネの生育や収量がよくないことが多い。これは、土が風化しないためである。耕起された土が一度乾かされると、土中から肥料が浮いて出る（これを乾土効果という）ためと風化とによって、土壌の物理的な関係がよくなる。したがって、なるべく早く耕起して、一度このまま乾かしてから代かきに移るようにくふうする。

荒代前か中すき前に基肥の硫安・塩安・尿素などの濃厚チッソ肥料を施す。この時期に施すと、耕土の全層にゆきわたって、いわゆる全層施肥となり、チッソがガス態となって空中に逸脱する（これを脱チッという）ことが少なく、肥効がおそくまでつづく。しかし、あまりにも少量の肥料を、あまり深く施すと、かえって肥効がさがるばあいがあるので、だいたい深さ三センチごとに硫安四キロを標準に施せばよい。したがって、少量のチッソ肥料を基肥とするばあいは、植代の前に施すのがよい。ただし、第四章の理想イネによる多収・安全・良質イナ作のところで述べるように、活着直後に充分にチッソをきかせて、姿勢の運命づけられる時期にチッソを欠乏させるためには、肥効のおそぎきする水田や重い粘土質土壌などでは、脱チッを覚悟の上で表層に施肥（植代後施肥）しなければならないこともある。

基肥を施した後はなるべく早く灌水する。基肥の量は第三章―二―2を参照して決める。ただし、施用後ただちに多量の水を入れて代かきを行ない、この水がどんどん更新されているばあいを見うけることが少なくないが、これではせっかくの肥料が全部流亡する。水が浅いほど土壌へ吸着されやすく、三センチの水深のばあいは、三昼夜で七割五分吸着されるのに対し、一五センチのばあいでは、四昼夜たって六割しか吸着されない。したがって、作業へ支障のないかぎり浅水とし、水尻を充分閉じることを忘れてはならない。

代かきについては、水もちのわるい水田では、ていねいに行なわねばならないが、その他のばあいには、土壌の団粒組織を破壊するので、田植作業に支障のないかぎり粗雑でよい。

苗取り・田植　成苗の苗取りには、なるべく根を切らないほうが活着がよい。このためにもっとも効果的な方法は、乾田に畑苗代をつくり、床面に水をかけずに育苗し、苗取り時にはじめて床面上に充分水をかけて苗を取る方法である。苗が取りやすいばかりでなく、活着に必要な根が充分ついてくる。植える深さはなるべく浅いほうがよい。苗代日数が長すぎないように、とくに早生種では注意する必要がある。稚苗・中苗などの機械移植のばあいに注意しなければならない点は、田植日を従来の成苗を植えていた田植日より二〜三週間早くしなければ、成苗と同等の収量は得られないということである。このためには、稚苗や中苗の播種日をおそくとも従来の成苗の播種日と同じ期日としなければならない。

田植後の水管理　田植直後一週間は深水にして萎凋を防ぐとともに、日中は必ず水口をとじて水温をできるだけ高めるようにしなければならない。水田に水を入れるには、夕方おそくか朝早く行なうことが水温を高める上にたいせつであり、日中は絶対に入れてはならない。活着後はできるだけ浅水とし、有効分げつ終止期になってから中干しを行なう。冷水対策・高水温対策・具体的な水のかけ引きなどは第三章—四—6や第三章—九—5などを参照する。

雑草防除　機械移植栽培の普及にともない、水田雑草の発生生態にはかなりの変化がみられるようになり、一般にウリカワ・ミズガヤツリ・ホタルイなどの多年生雑草が多発する傾向がみられている。現在、広く使われている水田除草剤を使用時期上から大別すると、つぎの四つに分けられる。

①初期除草剤
- 田植前
  - 土壌混和処理
  - 全面土壌処理
- 田植後全面土壌処理

②中期除草剤……………生育期茎葉兼土壌処理

③後期除草剤…………生育期茎葉処理

④イネ刈取後除草剤……茎葉処理

初期除草剤というのは、田植を中心にその前後に用いられるもので、ロンスター乳剤・MO粒剤・サターンM粒剤・エックスゴーニ粒剤などの除草剤である。

中期除草剤というのは、田植後一五～三〇日のころに施されるもので、サターンS粒剤・スエップM粒剤・マメットSM粒剤などの除草剤である。

後期除草剤というのは、有効分げつ終止期から幼穂形成期までの間に用いられるもので、粒状水中二・四―D、粒状水中MCP、グラスジンなどの除草剤である。

イネ刈取後除草剤というのは、イネが刈り取られて後にマツバイ・ミズガヤツリ・クログワイ・ホタルイなどの防除を目的に施されるもので、二・四―Dソーダ塩、グラモキソン液剤などである。

なお、土壌混和処理というのは、代かきの際にロンスター乳剤などを土壌とよく混和するものである。全面土壌処理というのは、土壌表面にくまなく施すものである。生育期茎葉兼土壌処理というのは、イネの生育中に水面に施し、一部は雑草の茎葉にかかり、大部分は田面土壌に施されるものである。生育期茎葉処理というのは、イネの生育中に雑草の茎葉に主に施されるものである。茎葉処理というのは、イネの生育していない時期に雑草の茎葉に主として散布されるものである。

除草剤の開発進歩で、目的に応じた特徴のある除草剤を選びうるようになった。しかし、一般にビエおよび広葉一年生雑草が主体で発生量も多くないばあいが少なくないが、このような水田では初期除草剤あるいは中期除草剤を一回処理するだけで充分である。他面、多年生雑草が多発する水田や草の多い水田では、前記①から④の除草剤を組み合わせた体系で処理する必要がある。この際は、その水田の優占雑草や発生時期を考えて、除草剤を選定することがたいせつであるので、農業改良普及所などの指導を受けるのがよい。

なお、最近水田のガス抜き（とくに生ワラ施用田）をかねて、一部で動力中耕除草機が利用されるようになった。中耕除草機を組み合わせた除草体系については、今後イネの生育に及ぼす影響を含め総合的に検討する必要がある。

追肥　本田におけるもっとも重要な作業である。追肥の時期としては、四つの時期のあることはたびたび述べた。基肥と追肥の割合はどうするか、何回に追肥するか、どの追肥時期に重点的に施すかなどについては、第三章—二—2および第三章—八などを参照して決める。

寒冷地などでは、基肥に全量施すところもあるが、寒冷地から暖地になるにしたがい、早生種から晩生種になるにしたがい、また水もちがわるくなるにしたがって、基肥と追肥の振り分けで追肥の割合が多くなるのがふつうである。多くのばあい、初期生育を盛んにさせ、しかも、イネの姿勢の運命づけられる時期（出穂前四三〜二〇日の間）にやや肥切れさせ、さらに出穂前一八日ころから以後に追肥の重点をおくような追肥のやり方が安全である。たとえば、チッソは基肥三、田植後一四日ころ

三、出穂前一八日二、穂ぞろい期二、などの割合がその一例である。

病虫害防除　〈葉イモチ病〉　本節の苗代期のところで述べた方法に準じて行なえばよい。ただし、病状の進行状況によっては、七〜一〇日おきに二〜三回くり返さねばならない。

〈穂首イモチ病〉　前記（二五一ページ）薬剤を穂ばらみ期および穂ぞろい期の二回散布する。朝露や雨滴のあるあいだは、薬害がおこりやすいから、粉剤の散布は行なわないほうがよい。

〈ゴマハガレ病〉　従来は秋落ちに付随しておこったが、近年は穂枯れの主要原因となることがわかり、新たに注目されるようになった。肥切れするばあいに多いので、肥料の分施をするか、または最高分げつ期ころに完熟堆肥一〇アール当たり四〇〇キロていど施用する。肥切れといっても過剰と欠乏をくり返すことによって発病するので、一回のチッソ施用量は多すぎないように、砂土地などではとくに注意しなければならない。酸性土壌のばあいは、田植後二五日ころ石灰を一〇アール当たり八〇〜一二〇キロ施す。湿田や砂土の秋落田では、根ぐされに伴っておこるので、無硫酸根肥料（石灰チッソ・塩安・尿素・トーマスリン肥・熔成リン肥・塩化カリなど）を用い、ときどき落水して空気を土中に与えるとよい。また、ケイサン・マンガンの欠乏によってもおこりやすいので、ケイサン石灰を一〇アール当たり一二〇キロを用いるのもよいし、マンガンの葉面散布も有効である。根本的には地力の増強であるので本章—一二を参照して地力を高めなければならない。薬剤散布は穂枯れのみを対象として行ない、ジマンダイセン水和剤・マンネブダイセン水和剤・サニパー水和剤・ヒノザン乳剤・同粉剤などを穂ばらみ期と穂ぞろい期に予防的に散布する(いずれの薬品も治療的効果はない)。

〈モンガレ病＝大粒キンカク病〉 初夏からおもに葉鞘部に不整形の斑紋を生じ、成熟期に先だって下葉が早くから枯れ上がり、夏季高温多湿の年に多発する。根を健康にし、チッソ質肥料の偏用をさけ、幼穂形成期から穂ばらみ期までの病斑進展期に、モンゼットやアソジンなどの有機ヒソ剤を株元に散布する。水和剤は二五〇〇〜三〇〇〇倍のものを一〇アール当たり一〇〇〜二〇〇リットル、粉剤ならば四キロを用いる。有機ヒソ剤は薬害の危険があるので、減数分裂期(穂ばらみ盛期)には散布してはならない。しかし、バリダシン剤やポリオキシン剤は薬害はないので、いつ散布してもよい。二重散布のばあいは、後の散布にはこれらの薬害のない薬を用いる。

〈小粒キンカク病〉 出穂後に地際の葉鞘および稈が暗色になり、倒伏しやすくなる。また、近年最上節間および穂を侵して、穂枯れの原因となることがわかった。秋落地帯などで、カリ不足地に多い。カリ質肥料を多用し、浅水にしてときどき田面を乾かすことがたいせつである。刈取りに際しては、地際から刈取り、翌年のまんえんを防ぐ。堆厩肥やカリの増施とともに最高分げつ期から穂ばらみ初期にかけてキタジンP粉剤を一〇アール当たり三キロか、粒剤六キロを水面散布する。

〈シラハガレ病〉 品種によって耐病性にちがいがあるので、試験場や普及所と相談して、強い品種をえらばなければならない。酸性土壌でも発病しやすいから、石灰を施用する。風水害のあとにまんえんしやすいので、その直後にオリゼメート・サンケルなどの水和剤を散布する。

ヒエ抜き・葉鞘変色茎の摘採　穂ぞろい期後は比較的仕事がひまになる上に、ヒエがよく目だつときでもあり、さらにメイチュウ二化期の葉鞘変色茎（三章―六―6参照）の摘採適期になることも多いので、田の中を散歩するつもりで、この両作業を実施すること。

落水　穂がすっかり傾きおわったら、落水してよい。ただし、穂首イモチの出やすい水田では、なるべくおそくまで水を張っておくのが安全である。落水後には一般に地面が黒色をしていれば充分であり、ふつう雨水だけでたりる。しかし、ひどく乾燥するようなばあいには、走り水を与えるのがよい。

収量診断　今年のイナ作を反省し、明年のイナ作改善に役だてるために、黄熟期になったらぜひ収量診断（成熟期のイナ作診断）を行なわねばならない。これは、楽しい作業であるばかりでなく、自分のイナ作技術を向上するのに非常に役だつことであるから、忘れないで実施しなければならない。この方法は第二章―三で詳しく述べた。

刈取後除草剤散布　マツバイ・ミズガヤツリ・クログワイなどの多い水田では、二・四―Dソーダ塩（一〇アール当たり二五〇～五〇〇グラム）、MCPソーダ塩（一〇〇〇～一五〇〇グラム）、グラモキソン液剤（三〇〇～四〇〇グラム）などをイネ刈取後に散布すると翌春の発生を防ぐことができる。ただし、この秋季防除は、多年生雑草の繁殖器官がつくられる前にイネの刈取りが行なわれる早期・早植栽培地帯に限られる。

以上、主要な作業について、イネの生育と対比して、簡単に説明を加えた。

なお拙著『イナ作8カ月とV字理論イナ作』（山口県農協中央会発行・山口県小郡町下郷）を参照されれば役だつことも少なくなかろう。

第四章　理想イネによる多収・安全・良質イナ作

一、はじめに

第三章では一般的な増収技術を述べて、多収穫についてはまったくふれなかった。さらに前進しようとする農家はこれらの技術だけでは満足せず、八〇〇キロ、九〇〇キロ、さらに一〇〇〇キロを収穫できる技術を要望されているものと思われる。そこで、この章では、著者が研究生活最後の一五年間に主力を傾注して行なった多収・安全・良質イナ作についての研究の概要を紹介して、飛躍的多収を望まれる読者のみなさんの夢の実現に役だてたいと思う。

第三章までのイナ作の理論と技術は一般的なイナ作を対象としていて、多収穫には必ずしも適用できないことがわかって、著者は長らく深刻に悩んだ。多くの試験を行なったが成功せず、著者自身が迷路に踏み込み、研究も行きづまった状態であった。従来の多収穫はもっぱら地力を増強して高収量をえているのであり、著者も当初はこの線で多収をえようと試みたが、著者の圃場では必ずしも成功しなかった。また、地力の増強は一朝一夕でできることではなく、長い年月と多大な資本と労力を要するばあいが多く、とくに三チャン農業の現在では、きわめて困難なことが多い。そこで、地力がとくに高くなくとも（高いほうが一般によいことはもちろんであるが）、高収量をあげうる途が発見されないかぎり、一般イナ作農家の飛躍的多収の夢が実現する可能性はないとみてよかろう。長いあいだ迷路をさまよったあげく、つぎに述べるように、ふとした考えがヒントとなって、従来の多収穫の道とはまったく異なった道が発見されるに至ったのである。

二、なぜ多収はむずかしいか

イネの収量は第一章—一で述べたように、つぎの第(1)式で表わされる。ここで、平方メートル当たり穂数と平均一穂モミ数を掛け合わせたものは、平方メートル当たりモミ数となるから、収量は第(2)式でも表わされる。

平方メートル当たり収量＝平方メートル当たり穂数×平均１穂モミ数×登熟歩合×千粒重（÷1000）…………(1)

〃　＝平方メートル当たりモミ数×登熟歩合×千粒重（÷1000）…………(2)

ところが、研究の結果、同一品種または同一粒大の品種を用いたばあいには、千粒重が収量におよぼす影響力は小さく、ほとんど無視してもよいことがわかった。したがって、収量は平方メートル当たりモミ数と登熟歩合とを掛け合わせたもので決まると考えてよい。

ところで、多収穫するためには、どうしてもモミ数を多くとらねばならない。このためには、第三章―二―2で述べたように、どんなばあいでもチッソを多く吸収させる必要がある。チッソを多く吸収させると、必ずといってよいほど実りがわるくなって、登熟歩合が低下するのが一般である。したがって、たとえモミ数が多くなっても登熟歩合が低下すれば、収量はこの両者の積であるから、収量は決して多くならない。ここが多収穫の泣きどころで、多収穫のむずかしさも実にここにあるのである。すなわち、多収をえようとしてモミ数を多くすると、登熟歩合が低下して、収量が多くならないばかりか、ときにはかえって減収することも少なくないのである。

三、いつチッソがきくと登熟歩合は低下するか

この点の解決のために著者が長年苦しんでいたとき、ある夜床の中で、ふと一つの考えがひらめいた。それは、イネの一生はかなり長いので、いつの時期にチッソを吸わせても登熟歩合はいつも同じように低下するのではあるまい、という考えであった。そこで、どの時期にチッソを多く吸わせたばあいに登熟歩合が低下しやすいかを、詳細に圃場で試験した。三カ年とも、第76図のような結果が出た。

第76図からわかるように、第七区の出穂前三三日ころを中心とした時期にチッソをきかすと登熟歩合がもっとも低下し、この時期を中心として前後に離れるほど、登熟歩合は向上する。出穂前三三日という時期は、調査した結果、ちょうど穂首の節が生まれる時期（穂首分化期）に当たり、下位節間

第76図　生育各時期にチッソを多施
すると登熟歩合はどうなるか

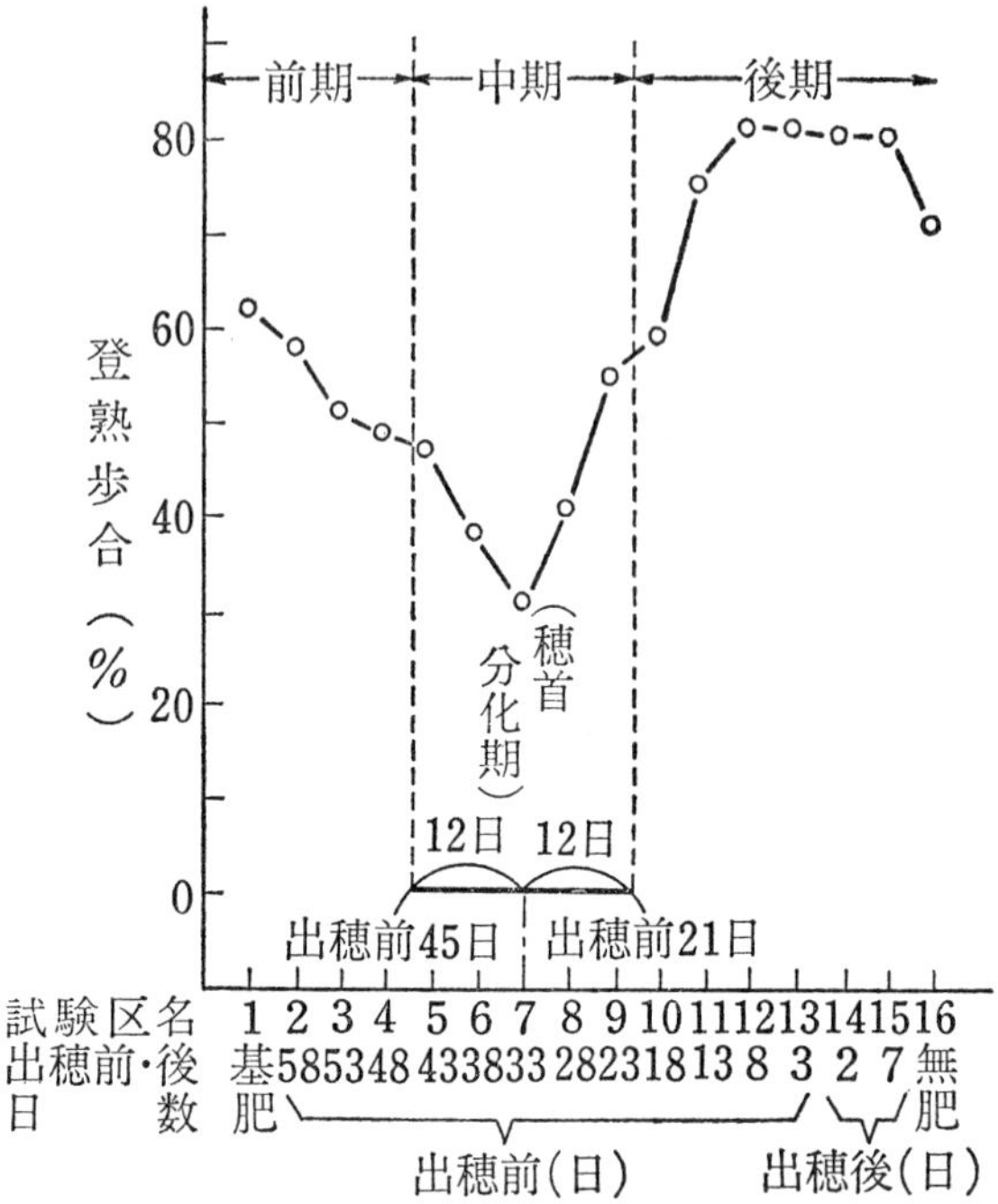

の伸長がはじまり、この直後に幼穂が生まれてくる。第76図はちょうど英字のVの字に似ているために、ここから「V字理論イナ作」という名が生まれたのである。この図からだけでも、出穂前三三日ころの穂首分化期を中心として、前後一二日ていどをとった期間、つまり出穂前四五〜二一日の期間にチッソをきかせすぎることは、きわめて危険であることがわかる。ところで、この危険期間を中期と呼び、この前の時期を前期、中期のあとを後期として、イネの生育時期を三つに分けると、前期と後期に充分チッソを施し、中期はむしろチッソの肥効を落とすようなイナ作の必要なことが理解できる。

ところで、なぜ穂首分化期ころにチッソがきくと登熟歩合が低下するかの原因を追究した結果、平方メートル当たりモミ数が多くなること、不受精モミが増加すること、倒伏しやすくなること、出穂前にイネの体内にデンプンの蓄積が減少することなどが、それぞれあるていど関与することがわかった。しかし、これらはいずれも決定的な影響を与えるとはみられなかった。ところが、草丈・止葉および第二葉の長さを調べてみると、七七ページの第27図にみられるように、いずれも穂首分化期（出穂前三三日）の追肥を最高にして、第76図の逆対称の逆V字型をしていることが確かめられた。このことから、著者は草型が登熟歩合に密接に関連するものとのヒントをえて、いろいろの調査や研究をつづけた。従来でも、草型は品種によっていちじるしくちがうことはわかっていたが、同一品種が栽培法によって見ちがえるほどその姿勢の変わることを知って驚いた。そして、研究が進むにしたがって、この草型が登熟歩合を強く支配することが、実験的にも理論的にも明らかにされるに至った。そこで、著者はこの理想的草型を基調として、その他の多収に必要な諸形質を備えた理想イネを想定し、この理想イネをつくればきっと多収がえられるものとの考えに到達したのであった。

四、理想イネとはどんなイネか

従来の「地力を高めなければ、絶対に高い収量はえられない」という考え方に対して、著者は「理想イネさえつくれば、どんなところでもかなり高い収量があげられ、地力の高いところは、一般に理想イネがつくりやすいだけである」という考え方を抱くに至った。そこで、多収穫のできる理想イネとはどんなイネであるのか、どんな条件を備えていれば多収穫になるのかを追究した結果、少なくともつぎの六条件を具備している必要があるという結論に達した。
(1) 必要にして充分なモミ数をもっていること。
(2) 多穂・短稈・短穂であること。
(3) 上位二〜三葉が短く、厚く、直立的であること。
(4) 出穂後にも葉色のあせないこと。
(5) 一茎当たり青葉数の多いこと。
(6) 出穂前一五日間および出穂後二五日間、合計四〇日間が好天候であるように出穂すること。
この理由については、この章の末尾の拙著に詳しく説明してあるので、参照されたい。

五、イネの姿勢を自由に変える技術

さて、以上の六条件を備えているイネをつくれば、後述するように必ず多収になるが、この中で中心ともなり、しかも具備されるのにもっとも困難な条件が(2)と(3)のイネの姿勢である。とくに、短稈（下部節間が短い）で、上位三葉が短く、厚く、直立的な姿勢のイネの創作がむずかしいのである。これが自由にできなければ、理想イネは決してつくれない。

そこで、著者はイネの姿勢を自由に変える技術の研究に二〜三年間専念した。その結果、イネの体のどの部分でも、かなり自由に伸ばしたり縮めたりすることができるようになった。したがって、この技術を利用すれば、誰でも理想型姿勢のイネを自由に創作できるようになった（第三章―六―11）。詳細はこの章末尾の拙著を参照されたいが、結論だけ述べればつぎのとおりである。すなわち、葉令指数六九（ほぼ出穂前四三日、拙著参照）から九二（出穂前二〇日）の期間にチッソの吸収を制限すると、イネの姿勢は必ず上述の理想的な型になることがわかったのである（五三ページ第17図参照）。

六、理想イネによる多収穫の実証

そこで、浅い池を掘り、内側にビニールを張って水が漏らないようにし、この池に小さな石を詰め、水を入れて、石ころの水田をつくった。この水田にイネの必要とするチッソ・リンサン・カリ・ケイサンなどの主要素をはじめ、マンガン・マグネシウム・鉄などの微量要素一〇種類をも加え、平方メートル当たり二九株の密度で苗を植えて、地力のないところで理想イネをつくり、どのていどの収量がえられるかを試験した。出穂前四三日までは充分チッソを与えて分げつを多くとり、出穂前四三～二〇日の期間にはチッソを与えないか、またはきわめて少なくし、その後はふたたびチッソを収穫期まで与えつづける方法をとった。こうして、昭和三七年から四〇年まで四カ年間実験した。

この結果、初年目に一〇アール当たり一〇一六キロと七七二キロの玄米収量がえられた。周囲のイナ株は除外して、内部のイナ株のみを用いた成績である。一〇一六キロの収量は、長い米作日本一の歴史の中でも第三位の収量である。次年目には初年目の好成績で安易に考え、一躍一五〇〇キロを目標としたことと、出穂後の天候がわるかったために失敗し、最高で七五〇キロしかとれなかった。それ以後は一〇〇〇キロを目標に試験し、三年目には九二〇キロと九一〇キロ、四年目には九二〇キロと九〇〇キロの収量がえられた。すなわち、理想イネさえつくれば、米作日本一に匹敵する多収穫のできることが実証できたとみてよかろう。

七、多収におよぼす堆厩肥の意義

ところで、前述のように、堆厩肥なしで玄米が一〇二〇キロ（約七石）もとれるとするならば、米作日本一をはじめとして、高収量をあげている多くの事例が、ほとんど必ずといってよいほど堆厩肥を長年にわたって多用している事実は、どんな意義をもっているのであろうか。地力増強は考えなくてもよいのであろうか。この点について、著者はつぎのように考えている。

従来の多収穫法は、端的にいえば耕土改善方式ともいいうるもので、もっぱら地力増強を主としてきたものである。これに対して、理想イネイナ作では、理想イネをつくる点に主力をおき、地力増強はこれを従と考え、理想イネをつくる上での一つの補助手段としか考えないのである。著者は各地の多収穫をあげたイネを見学しているが、どれも決してわるい姿勢のものはみられなかった。つまり、いずれの多収穫イネも比較的理想イネの草型に近いものとみとめられた。このことは、いずれの多収穫イネも初期生育が盛んで、前期にかなりの穂数を確保し、中期の姿勢が運命づけられる時期に少なくとも過剰なチッソを吸収したことのない証拠だと思われる。もし中期に多量のチッソを吸収したとすると、イネの姿勢は必ず乱れるはずだからである。

前述の群落水耕栽培で多収をあげた事実から、従来の多収穫をあげるために行なってきた堆厩肥多施の意義は、たぶんつぎのようになると思われる。

有機物の分解にともなっていろいろの害作用が現われるが、このような害作用のおこらないばあいにだけ、堆厩肥の効果が現われる。それは第一に、生育の全期にわたって（とくに出穂後においても）、必要にして充分な肥料成分を供給し吸収させることであり、第二に、イネの姿勢が運命づけられる生育時期にチッソ過多にならないように調節作用の役割を果たすのであろう。

第一の理由については説明の要はないが、第二の理由はやや補足説明の必要があろう。一般に堆厩肥を多用すると、乾田などのよい条件のもとでは、良質の腐植が土壌中に蓄積される。この腐植は各種の必要な成分を生育の全期にわたってイネに供給するとともに、過剰なチッソを腐植自身が吸着して直接イネに供給せず、過剰チッソの供給を一時制限して、緩衝剤として働くものと考えられる。

したがって、有機質そのものは、多収をあげる上に直接的には絶対欠くべからざるものではなく、従来のイナ作の範囲内では、理想イネをつくりやすい手段の一つであったと考えられるのである。堆厩肥さえ多用すれば多収ができる、と考えるのは誤りであることは、これを多用している人が必ずしも高い収量をあげていないことでも明らかである。堆厩肥を多用して成功している実例は、姿勢の運命づけられる時期に、過剰なチッソがイネに吸収されていないばあいにかぎると思われるのである。

堆厩肥については以上のように考えるのであるが、実際の理想イネイナ作のばあいにも、乾田では玄米一〇〇キロ当たり二五〇～三〇〇キロ（生ワラ七〇～一〇〇キロ）ていどを施用するのがよいばあいが多い。すでに第三章―一二で述べたように、地力には有機質のほかに四つの要素が関与しているので、この四つの要素については、それぞれ改善して地力を高めることが理想イネを創作する上にも実際上きわめてたいせつなのである。

八、理想イネによる安全イナ作

ところで、今後のイナ作では、単なる多収本位でなく、安全性が高いことと玄米品質の良好なことが必須条件となっている。従来の多収穫は多収本位で、安全性と品質を犠牲にしていたばあいも少なくなかったのに対し、理想イネイナ作には、多収性のほかに安全性と玄米品質の向上という大きな特色がある。

まず、安全性を高める点について述べよう。最近奨励されている銘柄品種には、全国的にみても、倒伏に弱く過繁茂になりやすいつくりにくい品種がとくに多いので、安全性を向上させることは、きわめて緊急な課題である。端的にいえば、銘柄品種や倒伏に弱い品種、過繁茂になりやすい品種には、理想イネによるイナ作がもっとも必要なのである。

さて、安全イナ作であるということは、第一に倒伏に強いこと、第二に病害にかかりにくいこと、第三に災害に強いことであろう。そこで、この三つの角度から、理想イネによるイナ作の安全性を検討しよう。

1、理想イネイナ作による倒伏抵抗性の増大

多収穫でもっとも失敗しやすいのは倒伏である。そこで、このイナ作によって、倒伏抵抗性がどのようにして増強されるかを述べよう。

第一に、理想イネイナ作を行なうと、稈長とくに下部節間が短縮されるのが特徴である。これによって、明らかに倒伏しにくくなる。

第二に、イネの姿勢がよくなり、上位三葉身が短く、直立してくる。これで雨水の付着が少なくなり、倒伏に強くなる。

第三に、「稈自身の強さ」や「稈にかかる外力に耐える強さ」が増大される。それは、挫折荷重が大きくなり、倒伏指数が小さくなることによって証明された。

第四に、理想イネイナ作では原則として穂ぞろい期に追肥をするが、このチッソ追肥が倒伏防止に明らかに効果のあることが立証された。すなわち、この追肥が下葉の枯れ上がりを防ぎ、稈の基部に

デンプンを多く貯え、根の枯死を防いで、倒伏防止に役だつことがわかった。

2、理想イネイナ作による病害抵抗性の増大

つぎに、理想イネイナ作を行なうと、生育の中期にチッソの吸収が制限されるので、これがイネの体内にデンプンを多量に貯える原因となる。中期に多量のデンプンが体内にいったん蓄積すると、その後に穂肥を施しても、このデンプンが消失せずに後まで残り、炭素率（C／N比、炭水化物とチッソの比率）を高く維持するのが一般である。このことが病害に対する抵抗性を高めるのである。

シラハガレ病・イモチ病・モンガレ病の菌を、穂肥を施した後に人工的に接種してみると、理想イネはいずれの病気に対しても抵抗力の強いことが立証された。中期のチッソ吸収制限期間中に接種すれば、理想イネが病気に強いのは当然であるが、穂肥を施して充分チッソがきいている時でも、病害抵抗性が強くなる点が注目に値するのである。

3、理想イネイナ作による災害抵抗性の増大

さらに、風害に対する抵抗性、冷害に対する抵抗性、および冠水（水害）に対する抵抗性などを検定した。この結果、理想イネイナ作を行なうと風害・冷害および冠水害に対する抵抗性が明らかに強まることが立証された。検定はいずれも、穂肥を施してその肥効が充分現われた時期（ほぼ減数分裂

期）に行なったものである。たとえば冷害のばあいには、ふつうに栽培しておいたイネと、理想イネイナ作を行なって穂肥を施したイネとを、それぞれ減数分裂期に一六度の低温に三日間または七日間あわせ、不受精モミの発生歩合や退化モミ発生歩合を調べてみると、不受精モミ歩合も退化モミ歩合も理想イネでいちじるしく低いことが確かめられた。ここで注目すべき点は、穂肥を施されて、チッソ含有率がふつうのイネとほぼ同等となっている時期に低温処理を受けたにもかかわらず、理想イネは低温抵抗性が高まっている事実である。すなわち、理想イネをつくっておけば、出穂前二〇日（北海道は一〇日）以降にチッソ追肥を行なっても、冷害の年に被害が現われないばかりか、かえって低温抵抗性が増大されるということである。この点は、冷害の年にはチッソ追肥を行なうべきではないという従来の考えと大いに異なるのである。

災害に対する抵抗性の強まる原因はいずれのばあいも、イネの体内にデンプンが多く蓄積されて、炭素率が高まっている結果であることが確かめられた。

九、理想イネによる良質イナ作

玄米品質の向上は、今後のイナ作における重要な目標の一つである。玄米の品質はまず血統（品種）で決定されるので、良質な品種をえらぶことが先決である。しかし、同一品種で同一気象条件の下でありながら、栽培法によって品質がいちじるしく変動することも、また見のがせない事実である。

栽培面からみて、玄米の品質向上にもっともたいせつなことは、登熟歩合を向上させることである。登熟歩合を向上させれば、おのずから玄米の品質は向上し、検査等級もよくなるのが一般である。理想イネイナ作の最大特色の一つは登熟歩合の向上にあるので、このイナ作が玄米品質の向上に大いに役だつのは当然である。

1、生育中期のチッソ制限による品質の向上

生育中期にチッソの吸収制限をすることにより、穂の二次枝梗の数がいちじるしく減少する。元来、二次枝梗につくモミは実りにくく、登熟歩合を低下させる有力な原因になることが少なくない。中期にチッソ吸収制限をすると、二次枝梗につくモミ数が少なくなり、一次枝梗上のモミ数割合が多くなって、登熟歩合が向上する。この結果、品質が向上するのである。なお、このほかにも、中期のチッソ制限によって出穂前にイネの体内にデンプンが多く蓄積することも、登熟歩合を高める原因の一つである。

2、穂ぞろい期追肥による品質の向上

穂ぞろい期追肥を施すことにより、単位葉面積当たり同化能力が必ず高まり、これが登熟歩合を向上させ、ひいては品質を向上させる。

また、穂ぞろい期追肥により玄米の粒厚が明らかに厚くなり、粒が豊満になる。さらに、穂ぞろい期追肥は完全米の数を多くし、青米・腹白米・心白米・乳白米などのクズ米の数を少なくする効果がある。なお、見のがすことのできない事実は、玄米の蛋白質含有率を明らかに高め、三割も増大させることも珍しくないことである。しかも、この蛋白質は大部分(八割五分)は白米中に含まれている。日本人は年間蛋白質摂取量のうち三〇パーセントを米からとっている上に、米の蛋白質は良質であって、牛肉に匹敵している。したがって、玄米中に三〇パーセントの蛋白質を増加させれば、その分だけ肉類を節約できることとなる。このことは、国民栄養上に重大な意義があるといわねばならない。

要するに、穂ぞろい期の追肥として一〇アール当たりチッソ成分三〜四キロを施すことにより、登熟歩合および品質を向上させ、検査等級も一等級上がるばあいが少なくないことは注目に値する点である。

一〇、理想イネによる多収・安全・良質イナ作の実際

つぎに、この理論を実際の田に適用する具体的方法について、その大要を述べよう(詳細については、末尾の拙著を参照されたい)。

1、理想イネによる多収・安全・良質イナ作の公式

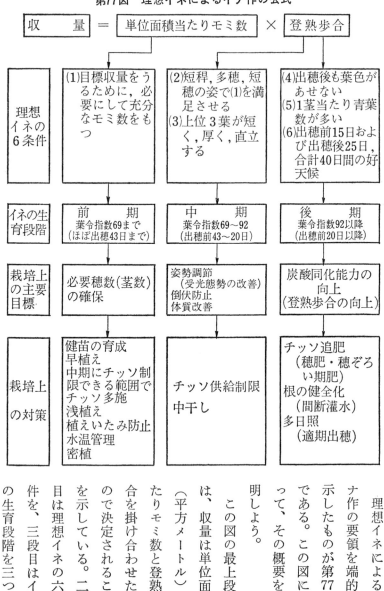

第77図　理想イネによるイナ作の公式

収　量 ＝ 単位面積当たりモミ数 × 登熟歩合

理想イネの6条件	(1)目標収量をうるために，必要にして充分なモミ数をもつ	(2)短稈，多穂，短穂の姿で(1)を満足させる (3)上位3葉が短く，厚く，直立する	(4)出穂後も葉色があせない (5)1茎当たり青葉数が多い (6)出穂前15日および出穂後25日，合計40日間の好天候
イネの生育段階	前期 葉令指数69まで (ほぼ出穂43日まで)	中期 葉令指数69～92 (出穂前43～20日)	後期 葉令指数92以降 (出穂前20日以降)
栽培上の主要目標	必要穂数(茎数)の確保	姿勢調節 (受光態勢の改善) 倒伏防止 体質改善	炭酸同化能力の向上 (登熟歩合の向上)
栽培上の対策	健苗の育成 早植え 中期にチッソ制限できる範囲でチッソ多施 浅植え 植えいたみ防止 水温管理 密植	チッソ供給制限 中干し	チッソ追肥 (穂肥・穂ぞろい期肥) 根の健全化 (間断灌水) 多日照 (適期出穂)

　理想イネによるイナ作の要領を端的に示したものが第77図である。この図によって、その概要を説明しよう。

　この図の最上段では、収量は単位面積（平方メートル）当たりモミ数と登熟歩合を掛け合わせたもので決定されることを示している。二段目は理想イネの六条件を、三段目はイネの生育段階を三つに区分することを、四段目はそれぞれの生育段階について栽培上の主要目標を、最下段は各時期の栽培上の対策を、それぞれ示している。

まず、イネの一生を前期・中期・後期の三時期に分ける。これが理想イネイナ作の第一歩である。前期は発芽から葉令指数六九（ほぼ出穂前四三日）までの期間であり、中期は葉令指数六九〜九二（ほぼ出穂前四三〜二〇日）で姿勢が運命づけられる期間であり、後期は葉令指数九二（ほぼ出穂前二〇日）以降成熟期までの期間である。

収量は平方メートル当たりモミ数と登熟歩合との積であるが、平方メートル当たりモミ数の確保はもっぱら前期における管理の最大の目標であり、登熟歩合の向上は中期および後期の最大の目標である。また、理想イネの六条件の中で、第一条件は前期の目標であり、第二および第三は中期の目標、第四、第五および第六条件は後期の目標である。これらのことが第77図の第三段までに示されている。

2、生育各期の栽培上の目標

前期の目標は平方メートル当たりモミ数の確保であるが、これを穂数によって確保するのである。理想イネイナ作のイネは穂が小さいために、必要なモミ数は穂数で確保しなければならない。この際、何本の穂数が必要であるかということは、目標とする収量、供用品種の一穂モミ数、および千粒重の大小によって異なる。第一章の第3表または第4表を利用すれば、平均粒大の品種について、任意の目標収量に対して各種の栽培密度における必要な一株モミ数がえられる。これを、用いる品種の平均一穂モミ数で割れば、必要な穂数が判明する。この必要な穂数の確保が前期の最大の目標であり、この穂数を出穂前四三日ころまでに確保しなければならない。このことは、必要な穂数と同数の分げつを出穂前四三日までに出せばよいということではない。おそくとも出穂前四三日までに、ほぼ三枚以上の青い葉をもっている分げつを、少なくとも必要な穂数と同数だけ確保しなければならないのである。ここがもっとも困難な点の一つであって、これに成功すれば、理想イネによる多収穫はほぼ半分成功したと考えてよい。

つぎに、生育中期の目標は登熟歩合の向上である。登熟歩合を向上させるためには、イネの姿勢を調節して受光態勢を改善し倒伏を防止するとともに、イネの体質を改善する必要がある。姿勢の調節や倒伏の防止が登熟歩合の向上に関係のあることについては、説明の必要はなかろう。しかし、体質改善については若干の説明を加えよう。このばあいの体質改善は主としてイネの体内の炭素率の増大である。これが大きいほど登熟歩合が高まりやすくなるとともに、気象災害や病気に対する抵抗性が強まることは、すでに本章―八で述べた。

最後に、生育後期の目標も登熟歩合の向上である。後期では、単位葉面積当たりの同化能力を向上させて登熟歩合を高めるのである。なかでも出穂前一五日間と出穂後二五日間の同化能力の良否が、もっとも登熟歩合を左右するのである。

3、生育前期の栽培上の要点

まず、生育前期に必要な穂数を確保するためには、つぎの七項目に留意する必要がある。

第一には、健苗の育成である。苗代期間と田植後二〇日間で理想イネによるイナ作の成否が決まると著者は考えているほどである。よい苗をつくらないかぎり、本田初期の分げつは少なく、必要な穂数は確保できない。苗半作という言葉は、理想イネによる多収イナ作のばあいにこそもっとも必要である。第三章―四―1の健苗育成の項を参照して、よい苗をつくることがたいせつである。

第二には、早植えである。早く植えることにより、生育期間が長くなるとともに、茎の基部に低温が作用して分げつを促すからである（第三章―四―2参照）。稚苗や中苗はとくに早植えの必要があり、従来の成苗と同等の収量をうるためにも、少なくとも二週間は早く植えねばならないので、従来より多収を望むには、さらに早植えを励行する必要がある。著者が明らかにしたように、活着や初期生育を支配するのは気温より水温であるから、晴天の日の早朝に田の水口・水尻を閉じ、水温を測定し、日中の水温が四～五時間一六度以上を維持するようになれば、一日も早く田植をするのがよい。また、第五章で述べる株まきポット苗は低温でも活着しやすいので、従来よりいちじるしく早く植えることができる。

第三には、チッソを充分与えて分げつの発生を促すことである。しかしこの際、施しうる量は、生育中期にチッソが欠乏し、葉色をやや落としうる範囲でなければならない。この点が重要であり、各自の田について、その量を実験して決める必要がある。初期の分げつがたいせつなので、初期分げつの不足しやすいところでは、基肥の表層施肥と活着直後のチッソ追肥（三キロていど）を利用するのがよい。

第四には、浅植えである。浅植えによって初期の生育が盛んになり、分げつ発生が明らかに多くなる（第三章—四—4参照）。後述の株まきポット苗の投げ植えは、この点で最良の方法であろう。

第五には、移植の際の植えいたみ防止である。いったん植えいたみをおこすと、分げつの発生がおくれ、出穂前四三日までに強大な茎を必要な穂数だけ確保することは決してできない。田植後二〇日間の分げつ発生の良否が、理想イネイナ作の成否を決めるという立場からみても、とくに留意する必要がある。第三章—四—5を参照して、植えいたみ防止をしなければならない。なお、後述の株まきポット苗を用いることは、すぐ活着して分げつしはじめるので、もっともよい防止対策であろう。

第六には、水温の管理である。活着期には昼夜とも水温が高いほど活着がよいが、いったん活着すると、昼間は高く夜間は低いほうが分げつの発生を促す。水温の低い田では、早朝または夕方おそく水を入れ、日中には決して冷水を入れてはならない。このほか、第三章—四—6を参照して、水管理に注意する必要がある。

第七には、密植である。田植の際、できるだけ多くの株数を植え込むことが、出穂前四三日までに穂数を確保する上で、もっとも安全確実な方法の一つである。田植機でも密植できるばあいには、できるだけ密植にするのがよい。人力で植えるばあいには、労力が多くかかって困難であるが、株まきポット苗を用いれば簡単に密植できるようになったことは福音といわねばならない。

4、生育中期の栽培上の要点

生育中期の姿勢調節・倒伏防止および体質改善のためには、端的にいえば、この期間にチッソの吸収を制限しさえすればよい。しかしこの制限は、中期に入ってから急に実施しようとしても、すでにおそすぎるばあいが多く、前期から心がけなければならない。中期に直接できる対策としては、ほとんど中干しだけである。イネの生育の中途において、チッソ吸収を積極的に制限しようとする技術は、長いイナ作の歴史の上でもまったく用いられなかった新しい技術であり、理想イネイナ作の独特のものである。したがって、研究の歴史も浅く、充分開発されているとはいえないが、以下に述べる点を参考にして各自の創意工夫を加えられたい。

(1)　中干しによるチッソ吸収制限

中干しは土壌環境をよくし根を健康にするのが主な目的であったが、この中干しを強く、しかも長く行なうことによって、チッソの吸収をかなり制限することができる。中期はイネの一生でもっとも不良環境に耐えうる時期であり、田面にどんなにわれ目ができても、葉が三日以上巻かないかぎり収量に悪影響は現われない。したがって、葉の巻く兆候が現われないかぎり、できるだけ強い中干しをなるべく中期全期間にわたって行なうのがよい。このころまでは、イネは水分不足に対する抵抗力が強いのである。しかし、えい花分化後期（出穂前一八日）以後になると、水分不足の悪影響が顕著に現われるので、強い中干しを行なってはならない。なお、中干しを行なった後に水をたたえておくと、水もちのよい田では根が腐ることが少なくない。したがって中干し後には、後述のように間断灌水を行なわねばならない。

また、中干し中に雨が降ることも少なくなく、充分に田を乾かすことができないばあいも多いので、チッソ吸収制限を中干しのみに頼ることはできない。正確に中期のチッソ吸収制限を行なうためには、前期からつぎの方法を実行する必要がある。

(2) 前期から行なう中期のチッソ吸収制限

第一に、健苗を用いて密植することである。健苗を密植することにより、土壌中のチッソが早くから多く吸収されて、中期には明らかに欠乏してくる。これがもっとも安全な中期のチッソ吸収制限法の一つである（第五章四—2参照）。

第二には、田植時期を早めることである。同一施肥量で、田植時期を異にしてイネをつくると、早く移植したものほど早くから肥料欠乏の兆候が現われはじめる。早植えは、平方メートル当たりモミ数を確保する上に必要欠くべからざる方法であるばかりでなく、生育中期のチッソ吸収を安全にしかも有効に制限できる点で、健苗の密植とともに重視すべき手段である。

第三には、基肥のチッソ量を減らすことである。これはもっとも常識的なことであり、容易に実行でき、しかももっとも効果のある方法である。しかし、基肥のチッソが少なすぎると、穂数が少なくなり、平方メートル当たりモミ数が少なくなって減収する。したがってこの方法は、収量に対して平方メートル当たりモミ数の多すぎるばあいに適する方法といえよう。モミ数が多すぎるか否かは登熟歩合を診断すればわかる（第二章―三参照）。

第四には、中間追肥を中止・節減または繰り上げることである。中間追肥というのは、移植直後から穂肥までの期間の追肥をさすので、この中には「分げつ肥」や「つなぎ肥」が含まれる。これらの追肥を中止したり、減らしたり、または施す時期を繰り上げることによって、中期のチッソ吸収を制限することができる。この方法も平方メートル当たりモミ数を減少させることが多いので、第三のばあいと同様の注意が必要である。

第五には、生育中期の追肥を繰り下げることである。生育中期には、特別のばあい以外はチッソ追肥を行なわないのが原則である。しかし、一般にはこの期間にチッソ追肥を行なうことが多い。たとえば、出穂前四〇日ころの「つなぎ肥」や出穂前三〇～二五日ころの穂肥を施している農家は多い。これらの追肥を出穂前二〇～一八日（えい花分化後期）まで延期するのである。出穂前二〇～一八日のえい花分化後期をイネの生育状態から判別する方法としては、太い分げつを抜きとってみる。その幼穂の長さが一～二センチていどの時期がえい花分化後期である。

第六には、全層施肥を表層施肥に改めることである。基肥のチッソは耕起の際や代かき前に施され、耕土の全層に混合されているのが一般であるが、中期に葉色の落ちない田では、植代前か代かき終了後田植直前に耕土の表層に施すほうがよいばあいが少なくない。表層施肥の特色は、脱チツのため吸収率は低いが、生育初期に早く肥効が現われ、急に肥効が衰える点であり、これが中期のチッソ制限に好都合なのである。

第七には、硝酸態チッソを利用することである。硝酸態チッソは土壌に吸着されず、水中に溶けているだけであって、水が流出すればそれとともに流出する。したがって、水田では不経済な肥料である。しかし、いかに多量に施しても、水を取りかえることによっていつでも自由にチッソ制限できる点で利用価値がある。実際に施用するには、分げつ中期から後期の「分げつ肥」や「つなぎ肥」に利用するのがよい。肥料がかろうじて溶けるていどの浅水として施し、田面に水がなくなってもそのまとし、四～五日間は水をかけないようにすると吸収率が高まる。生育前期に分げつがとりにくく、しかもチッソを施すと生育中期まで肥効がつづきやすい田にのみ用いるべきであり、中期の葉色の落ちやすい田では決して用いてはならない。

第八には、梅雨期を利用することである。梅雨期には日照が不足し、気温・水温・地温も低下するので、チッソ吸収も抑制される。したがって、生育中期のチッソ制限のため、梅雨期を利用することも賢明な策であろう。実際にも、意識しないで生育中期のチッソ制限が梅雨期と合致しているばあいが少なくないが、さらに積極的に梅雨期を利用する必要があろう。

以上の諸方法をいくつか組み合わせて実施すれば、必ず中期のチッソ吸収を制限することができる。ただ、ここで問題となるのは、どのていどまで制限すべきかという点である。

(3)　チッソ吸収の制限ていど

生育中期のチッソ制限は、①イネの姿勢を調節して受光態勢を改善し、②倒伏を防止し、③体質を改善して病害や災害に対する抵抗力を強め、④二次枝梗数を減少させて登熟歩合や品質を向上させる、などの重要な利点がある。しかし、この半面に、中期にチッソを制限するほど穂数や一穂モミ数が減少し、平方メートル当たりモミ数が明らかに減少する重大な欠点がある。

したがって、理想イネイナ作では、生育前期に充分力を入れて従来よりいちじるしく大きなイネをつくり、中期のチッソ制限によるモミ数の減少を補う点に主力がおかれているのである。この方法で効果のあがらないのは、多くのばあい前期に従来どおりの小さなイネをつくり、中期に強くチッソ制限しているからである。そこで、チッソ制限のていどは、目標収量に対する平方メートル当たりモミ数の多少によって決めなければならない。つまり、平方メートル当たりモミ数が多いと見込まれたばあいには、中期のチッソ吸収制限は強く行なわねばならない。これに反し、モミ数が少ないと見込ま

第78図　中期のチッソ制限ていどの決め方

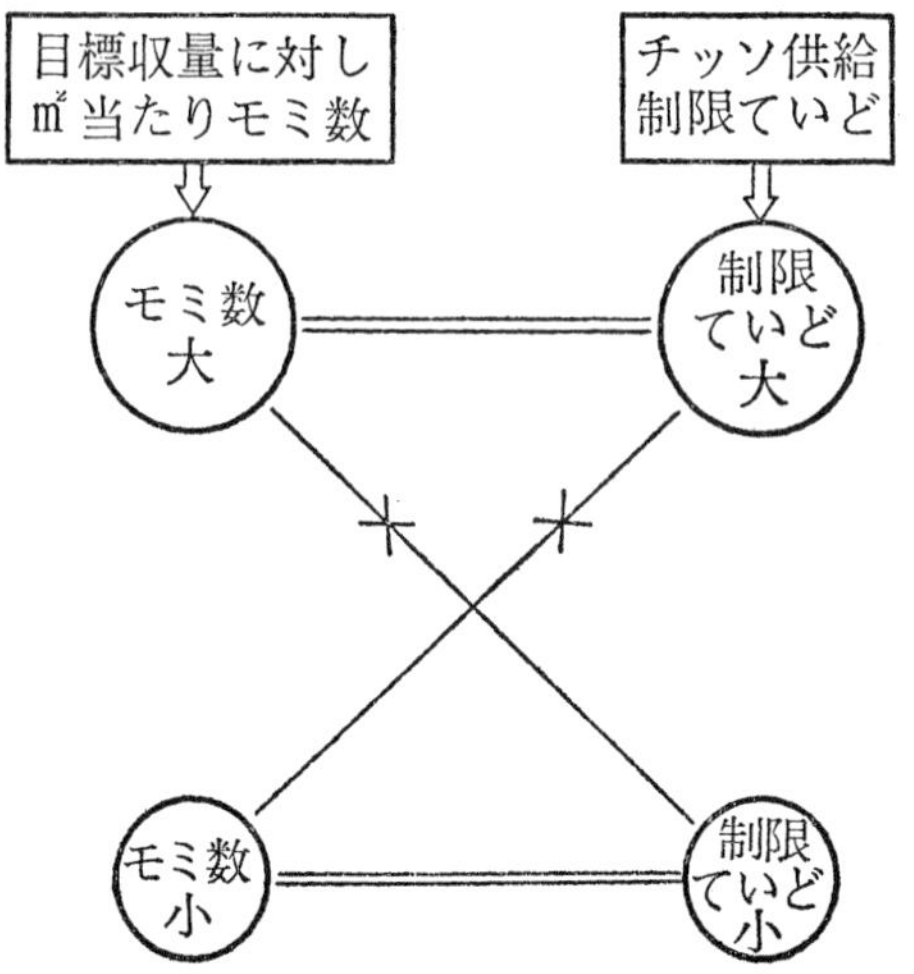

二重線の組み合わせは正しく，一重線の組み合わせは不合理なことを示す。

れたばあいには弱くする必要がある。これを図示したものが第78図である。

この図に示されているように、収量に対する平方メートル当たりモミ数の多少とチッソ吸収制限ていどとは車の両輪のような関係であり、一方が大きければ必ず他方も大きく、一方が小さければ必ず他方も小さくする必要がある。一般にもっとも多い失敗例は、モミ数が少ないのにチッソ制限ていどを大きくしたばあい（図中の右上、左下の斜線）である。理想イネイナ作では、前期に充分モミ数を確保し、中期に充分葉色を落とすことを理想としているので、第78図の「モミ数大」と「制限ていど大」との組み合わせの方式で実行するのが正道である。この組み合わせなら、中期にいかに強いチッソ制限を行なっても、生理的に登熟を害することは決してないばかりか、登熟歩合は必ず向上するものである。ただし、平方メートル当たりモミ数（これは草丈×茎数×葉色度で表わされる）の少ないばあいには、葉色はほとんど落としてはならない。

なお、チッソ制限ていどの判定には葉色を用いるのがよい。この葉色診断には第二章―一二―3の標準色板を利用するのが簡便である。

5、生育後期の栽培上の要点

生育後期では、登熟歩合を高めるために、もっぱらイネの同化能力を向上させる点に栽培上の主な目標がおかれている。同化能力を向上させるために、後期で実施しうる方法はつぎの三つである。

第一に、チッソの追肥である。まず、中期終了（えい花分化後期、出穂前二〇〜一八日、太い分げつの幼穂長一〜二センチ）と同時に穂肥を施すのである。落ちていた葉色を早く充分に回復しなければならないので、一般にはチッソ成分として少なくも三〜四キロは施さなければならない。葉色が回復しないばあいには、五〜七日後にさらにもう一回施す。この時期になると、チッソを施しても、イネの体内のデンプンは消失しない上に姿勢にも影響がないので、思いきって多量に与えても安全なばあいが多い。

つぎに、穂肥を施した後、穂ぞろい期に再び追肥を施すのである。出穂後は葉身のチッソが穂に移り、葉身のチッソ濃度が低下するとともに、正比例的に同化能力が低下するからである。根が弱っているので、少量のチッソではきかないことが多く、穂肥と同量かむしろ多量の施肥量を必要とするばあいが多い。第三章—一〇を参照して実施されたい。

第二には、根の健全化である。根の活力と同化作用との間には密接な関係があり、根の活力が衰え

第79図　根の活力と同化作用の強さ

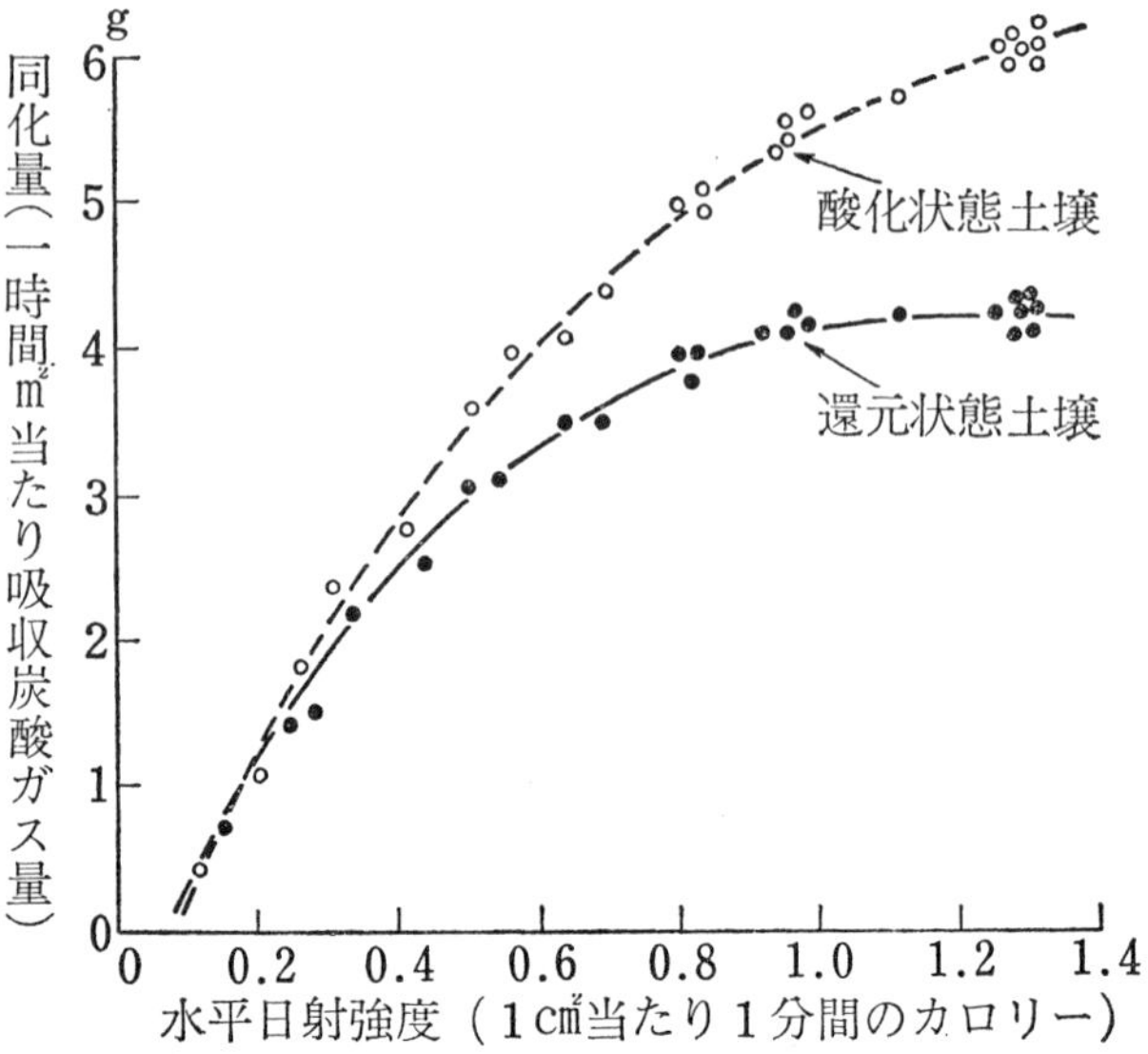

9月10日に圃場で測定，地面平方メートル当たりの値。品種はマンリョウ，葉面積指数5.5。

ると同化作用はいちじるしく低下する。この一例を示したものが第79図である。第79図は、減数分裂始期にデンプンを施して土壌を還元にした小型水田と、間断灌水を行なって土壌を酸化状態に保った小型水田とについて、登熟盛期に圃場状態のままで同化作用を測定した結果である。この図によれば、弱光下では酸化区（間断灌水区）と還元区との間には同化能力の差は少ないが、光が強くなるにつれて両者の差は大きくなる。酸化区では光の強さとともに同化量が増大していくのに対し、還元区では光の強さが〇・八カロリーのころから飽和となりはじめ、これ以上光が強くなっても同化量は増加しないことがみとめられる。この原因を調べた結果、還元区では根の活力が衰え、水分吸収能力が低下し、葉身水分含有率が低くなる結果であることが判明した。

さて、根を健康にする上にもっとも効果的な方法は、空気を土壌中に補給することである。一般の水田で土壌中に空気を入れる手段としては、落水して水位を下げる以外に方法はないので、イネがもっとも水を必要とする減数分裂期直前からの水管理は間断灌水以外にない。ところで、間断灌水の必要度は田によって異なり、水もちのわるい田ではこの必要はない。各自の田の保水力の大小、土腐れ（還元）の難易、管理の便利さなどから、それぞれの田に適するように湛水期間と落水期間を決める必要がある。たとえば、一日湛水して一日落水（一湛一落）、一日湛水して三日落水する（一湛三落）方法とか、二日湛水して五日落水する（二湛五落）などの方法がある。土壌が腐れやすい田では、過度に乾燥しない範囲でなるべく落水期間を長くする必要があり、湛水期間は五日以上長くしないことが望ましい。これに反し、透水性のよい田では、落水期間を短くして水分不足に陥らないように注意し、多少でも葉の巻く兆候がみられたら、ただちに灌水しなければならない。

ここで注意しなければならない点は、間断灌水を行なうと、脱チッや流亡によって土壌中のチッソが失われやすいことである。根の活力が増進しても、チッソ不足のために増収にならないばあいも少なくない。したがって、間断灌水の際には葉色に注意して、チッソ不足にならないように、追肥量または追肥回数を多くしなければならない。

第三には、日照を多く与えることである。日照は同化作用の原動力であり、いかにイネの側が同化能力を高めうる態勢にあっても、日照が少なければ同化量は決して増大しない。イネの一生には、と

第80図　鴻巣における出穂期前後の平年日照時数

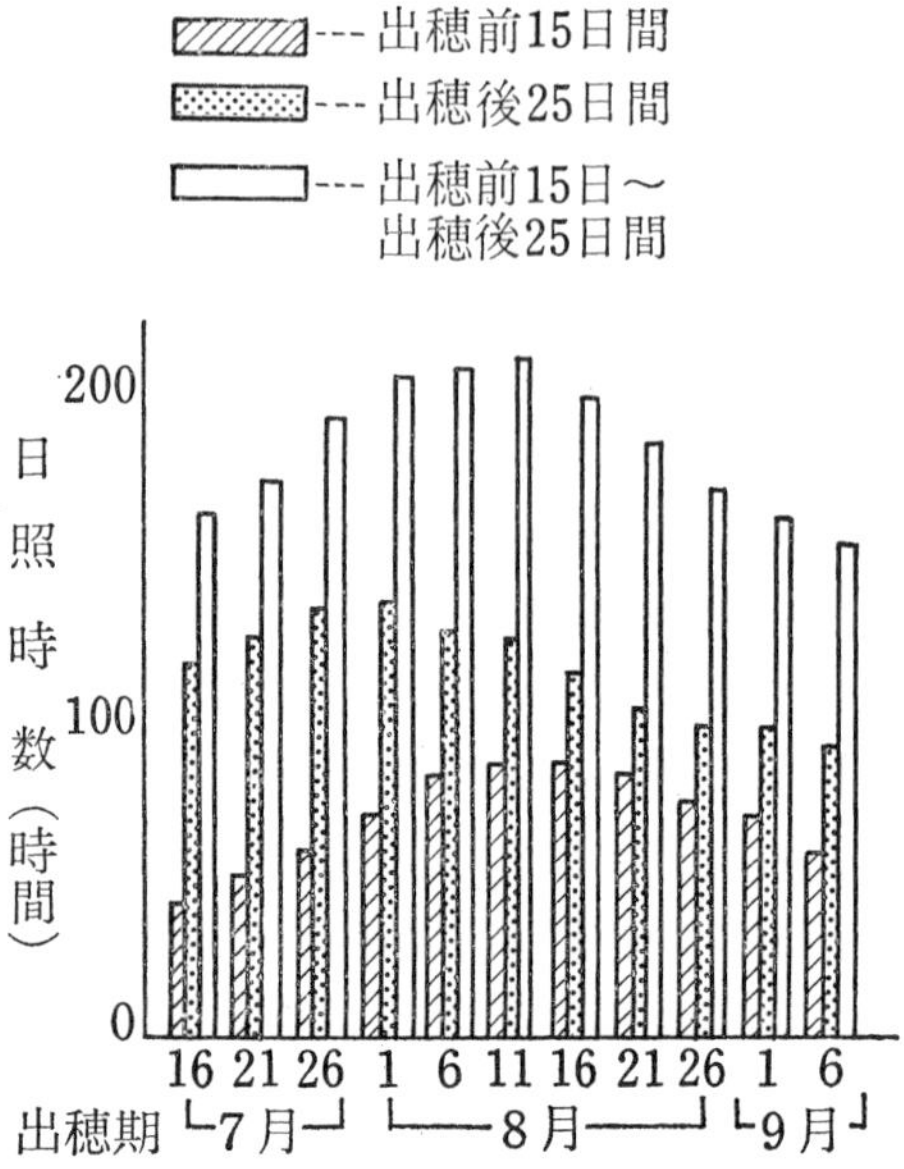

くに日照を必要とする時期があって、この時期に日照が少ないと決定的に収量が激減することは、第三章―二―3ですでに述べた。そして、この時期は出穂前一五日間と出穂後二五日間、合計四〇日間であることも指摘した。したがって、この四〇日間の日照時数がもっとも多い時期をねらって出穂させることがとくに必要となるのである。

そこで、具体的な理想イネの出穂期の決め方を、著者の研究室のあった埼玉県鴻巣市の農林省農事試験場における気象資料を用いて例示しよう。

第80図は、出穂期を七月一六日から九月六日までの間に五日おきに仮定して、長年の日照時数の平均値を用い、出穂前一五日間、出穂後二五日間、およびこれらの合計四〇日間のそれぞれの日照時数を算出したものである。この図によれば、出穂前一五日間の日照時数は八月一一日を出穂期としたとき最大となり、これを頂点として前後に離れるほど少なくなる。また出穂後二五日間の日照時数は七月二六日に最大となり、これを頂点として前後に離れるほど少なくなる。さらに、両者の合計四〇日

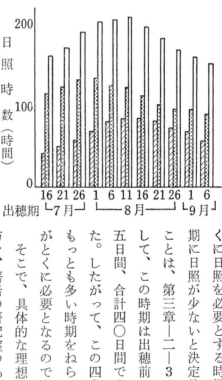

間の日照時数は八月一一日に最大となり、これを頂点として前後に離れるほど少なくなる。この結果からみると、鴻巣市での最適出穂日は七月二六日から八月一一日までであることがわかる。

このように、平年における最適出穂日がわかると、つぎにこの最適出穂日に出穂させるためには、最寄りの農事試験場に照会すればよい。つまり、試験場には、どの品種をいつ播種していつ田植すればいつ出穂するかについて試験した資料があるからである。こうして、最適出穂日に出穂させるように、品種および栽培時期をえらべばよいのである。

以上で、理想イネイナ作の輪郭を述べたが、紙面の都合で詳しいことや試験成績は述べる余白がなかった。必要な方はつぎの拙著で補足されたい。

(1) イナ作八カ月とV字理論イナ作（山口県農協中央会・昭和四三年発行・〒七五四　山口県小郡町下郷・定価五〇〇円送料二〇〇円）（通俗的であり、もっとも簡潔。）

(2) V字理論イナ作の実際（農文協・昭和四四年発行・〒一〇七　東京都港区赤坂七—六—一・振替東京二—一四四四七八・定価七五〇円送料一六〇円）（通俗的な質疑応答であるが、前者よりかなり詳しい。）

(3) イナ作の改善と技術（養賢堂・昭和四八年発行・〒一一三　東京都文京区本郷五—三〇—一

五・振替東京二―二五七〇〇・定価二七〇〇円送料二四〇円）（理想イネイナ作の決定版、最近の試験成績まで全部収集、もっとも詳しい解説書。）

第五章　株まきポットイナ作と多収穫栽培

一、株まきポット考案の動機

著者は昭和四八年一月に農林省農業技術研究所部長を最後に、三九年にわたる研究公務員生活に終止符を打った。その後は日本工営というコンサルタント会社の顧問として勤務し、余暇には国内のイナ作の調査・指導もしているが、主として諸外国のイナ作開発のための調査・研究・指導に当たっている。その中で、最初に手がけた仕事にナイジェリア国のウゾーウワニ・イナ作開発計画があった。西アフリカ一帯は世界でもっとも食糧の不足している飢餓地帯であり、ナイジェリアも食糧不足に脅やされている国の一つである。その対策の一環として、ナイジェリア政府は、東部アナンブラ州のアナンブラ河とドウ河にはさまれた流域にあるウゾーウワニ地域に、第一段階として一〇〇〇ヘクタールのイネのパイロット水田をつくる計画をたて、その調査・設計・実施・耕作・管理を日本工営に依頼してきた。著者もたびたび現地に出張して自然環境や農業環境を調査し、さらに試験圃場を設けて実際にイナ作試験を行なうとともに、開拓した圃場にはつぎつぎと作付けを開始した。この結果、現在では、付近の農家のヘクタール当たりモミ一・二トン（玄米で一〇アール当たり約八五キロ）の収量を、二期作化することと品種・栽培法の改善とによって画期的な増産を図り、約一〇倍に引きあげることも不可能ではないと信じ、熱意を燃やしている現状である。

ところで、ナイジェリア政府は機械化イナ作の導入を希望しており、計画も直播栽培による機械化の方向に進んでいる。機械化には直播栽培が導入されやすいが、民度の低いアフリカに直播きによる機械化栽培を導入することは失敗の可能性が大きく、少なくとも当初の収量はいちじるしく低い状態に甘んじなければならないであろう。たとえ機械化に成功しても、収量が低ければ現地政府や農家には決して喜ばれないばかりか、かえって嘲笑を受ける可能性さえある。そこで著者は、パイロット水田付近の農家二五〇戸の労力を利用して、最初は移植を主体として、当初から増収に努め、米の多収穫の可能性を政府当局者や農家に実地に見聞させることを優先させ、直播きによる機械化はこれと並行して試験と経験を重ね、一歩一歩実施しやすい部分から取り入れ、面積が多くなるにつれて直播きによる機械化栽培の比率を年々多くするのが安全であると信じ、この線に沿って実行している。

さて、移植栽培を主としたばあい、もっとも大きな問題は田植作業であり、付近農家の労働力のみでは不充分であり、それはパイロット水田の面積が増大するにつれてますます不足する。その際、田植機を入れるにしても、少なくとも数十台は必要となる上、機械の知識のまったく乏しい農家が使用するとなれば、機械の故障もいちじるしく多いと思われた。さらに、開墾直後の水田では田面も均平でなく、田植機の運行も困難であろうとみられた。そこで考えられたのがペーパーポット苗のばらまき栽培であった。

早速この方法を試みた結果、一〜二ヘクタールていどの栽培面積ならば、そのまま好適すると思われたが、大面積のばあいには不都合なことがわかった。つまり、ペーパーポットは底がないため、土詰めや運搬に不便であるばかりでなく、苗が小さすぎるのである。現地の圃場は一筆面積が大きい（〇・五ヘクタール）上に均平作業も不充分なため、圃場の一部は露出しながら、一部は水面下二〇〜三〇センチ以上といったばあいも少なくないので、小さな苗では水没してしまうのである。なお、気になった点は、ペーパーポットの紙代が高く、この高い紙を毎年日本から輸入しなければイナ作ができないということでは、先方の国民感情をも害するおそれもあるということであった。そこで、苗をさらに大きくすることができ、取り扱いが便利であり、いったん施設費として当初に設備しておけば、半永久的に使用ができるような株まきポットの必要なことが痛感された。

以上が直接の動機であったが、もう一つ他に強い動機があった。すなわち、第四章の理想イネによる多収イナ作を実施した際にもっとも困難と感ぜられたことは、田植直後の初期生育をいちじるしく良好にしながら、しかも中期に葉色を落とさねばならない点であった。実際問題として、田植直後の初期生育を極度に良好にすること自体がすでに容易ではないのである。とくに、著者が強調するように、田植直後二〇日間の生育の良否がこのイナ作の成否を決めるほど重要でありながら、「誰でも、いつでも、どこでも」容易に初期生育を極度によくしうる技術が不充分であるとみられた。このことを著者は長年気にかけて、「誰でも、いつでも、どこでも」容易に達成できる技術を探し求めていたのであった。

ところで、ペーパーポットが出現するにおよんで、これを利用することを考えたが、つぎのような欠点があり、そのまま利用することはできなかった。すなわち、取り扱いが不便であること、底紙が有毒であって根の生長を阻害すること、苗が小さく成苗になりえないこと、田植直後に根鉢の周囲の紙と底部の毒された根のために発根がおくれるとみられること、ポットの紙が田の中に残ること、ポット紙代が高価である上に一年しか用いられないこと、などが欠点であるとみられた。したがって、これらの欠点を改善した新たな株まきポットの開発の必要性を痛感していたのであった。

この二つの動機が著者を動かした結果、丸井加工株式会社に依頼して、その協力をえ、上述の改善目標の線に沿って、試作と実験を繰り返して製作したものが、つぎに述べる株まきポットである。

二、株まきポットの考案

著者は四〇年に近い試験研究の中で、ポット試験を行ない、イナ株を引き抜いて根を調査することがしばしばであった。この際、イナ株がきわめて容易に引き抜ける上に、根はまったく損傷されず、完全に一つの塊となって土をきれいに包み込み、土の崩れ落ちることがほとんどないことを、いつも不思議な思いで経験した。これが直接のヒントとなって、つぎのような集団小型ポットの考案に発展した。

第81図にみられるように、株まきポットA型の箱は縦六一センチ×横三一センチ×高さ二・七センチの大きさで、この中に五七八個のポットが含まれている。この箱の大きさは田植機用育苗箱の寸法と同一としたので、各種の作業に便利であろう。一つのポットの縦断面をみると、上面は一・六センチ平方であるが底面はややせばまり（第82図参照）、中央に直径二・五ミリの穴がある。高さは二・五センチである。

第81図　株まきポットA型

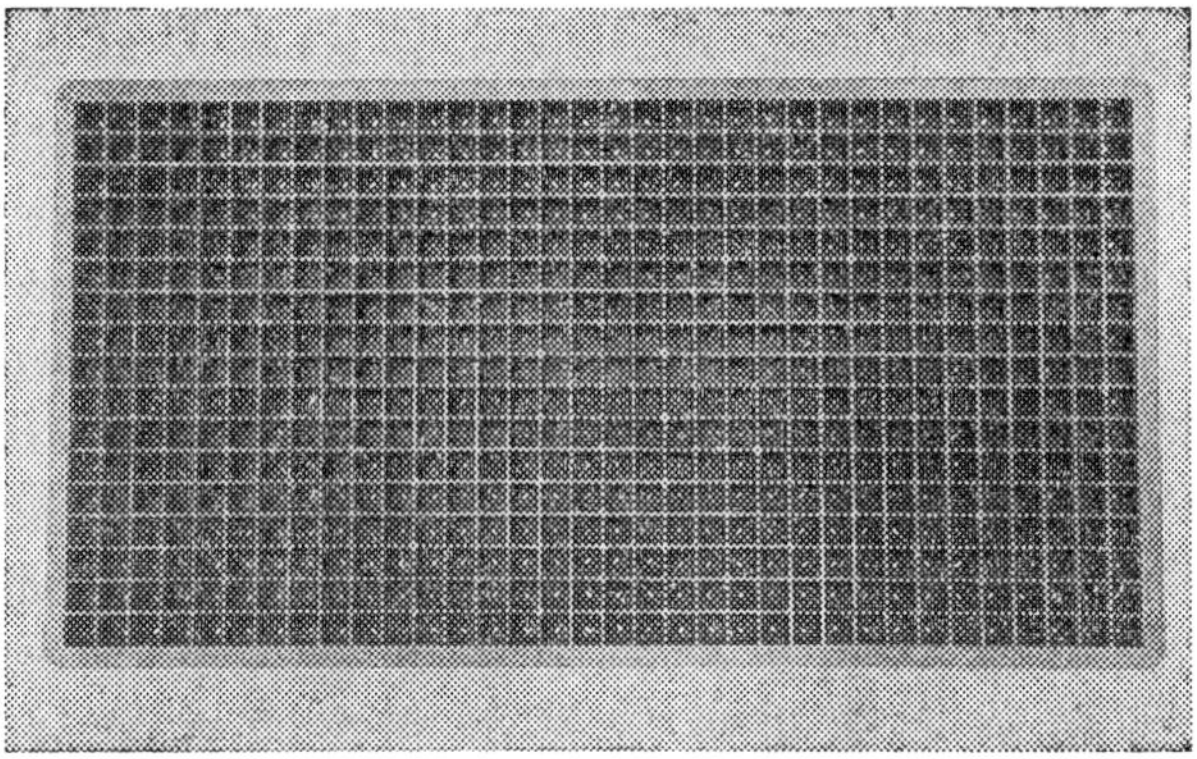

第82図　株まきポットの縦断面

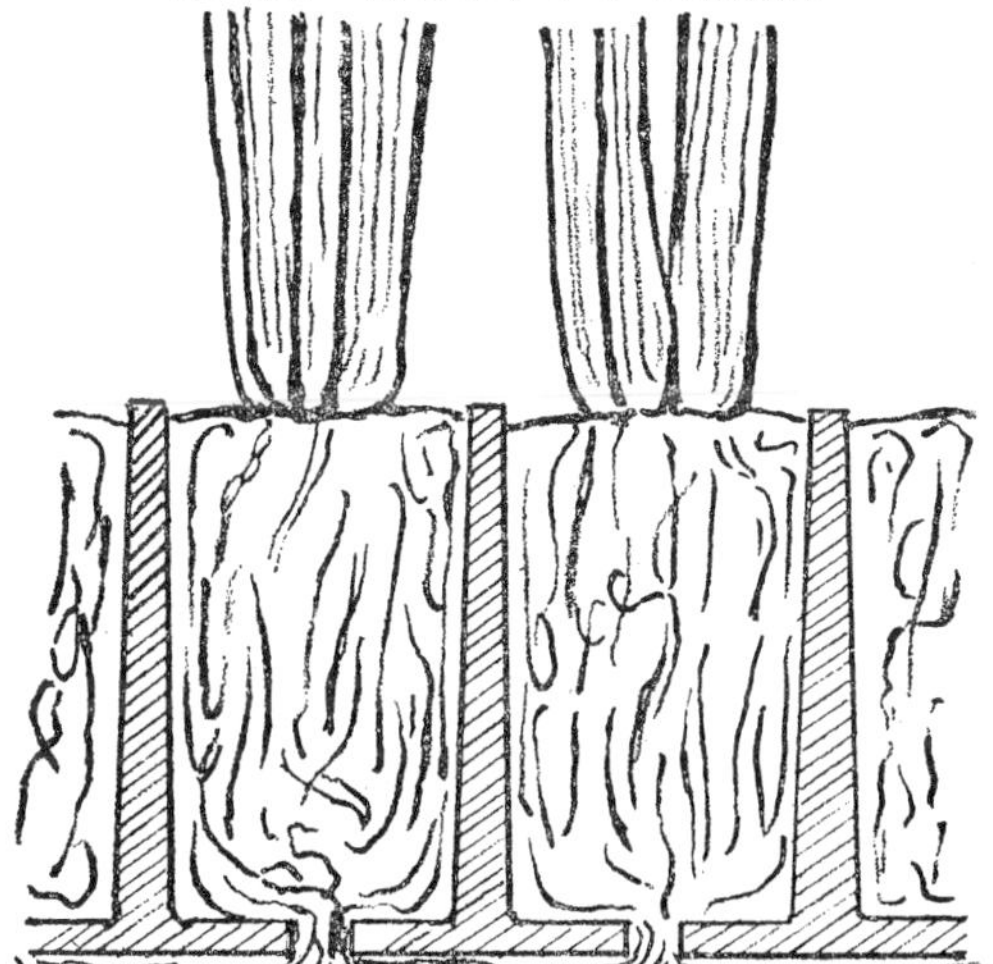

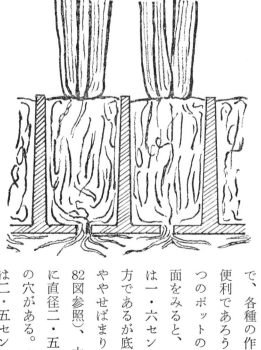

一個のポットの大きさについて検討した結果、大きな成苗をつくるためには、この大きさではまだ不足であることがわかったので、さらに大きくしようと試みた。しかし、これ以上大きくするにはポット一個の面積を拡大するか深さを増さねばならず、材料費が高くなるばかりではなく、苗の取り扱いや投げ植え作業にも不便となり、これ以上大きくすることは適当でないとみられた。また、ポット内に多量の肥料を与えて苗を大きくしようと試みたが、これも結果がよくなかった。

そこで、苦肉の策として考えたものが、底に穴をあけることであった。穴の大きさの点について試験してみたが、大きくしすぎると土がもれやすくなり、その上に切断される根量も多くなって活着に不利となる。反面、小さすぎると、穴が根で詰まって下からの水分補給が妨げられる欠点がある。この結果、一応二・五ミリていどが適当とみとめられた。苗の根がポット内に充満するころには、根はこの穴からはみ出し、苗床中の肥料を吸収するのである。このため苗は、穴のないポットやペーパーポットの苗より大きくなり、五・五〜六・〇葉ていどの成苗にまで達しうるのである。

なお、なるべく大きい苗を育成しようと試みた他の理由は、同じ日に田植したばあい、苗の適令を超えない範囲では、苗の大きいほど一般に増収となりやすいからである（すなわち稚苗より中苗が、中苗より成苗が収量の多いのが一般である）。しかし、作業上の便利さや経済的見地から、中苗用または稚苗用のポットが要求されるばあいもあるので、現在ではB型およびC型も製作され発売されている。また、さらに安価な、薄いプラスチック製で、田植機用の育苗箱にセットできるD型も製作された。これらの規格は、いずれも外寸法は縦六一センチ×横三一センチ×高さ二・七センチであるが、ポット一個の寸法はB型一・五センチ×一・五センチ×二・五センチ、C型〇・八センチ×〇・八センチ×二・五センチ、D型一・六センチ×一・六センチ×二・五センチである。また、箱一枚のポット数はB型六四八個、C型二〇一五個、D型四〇六個である。材料はD型以外は堅固なプラスチックなので、半永久的に使用できる。

三、株まきポットの使用方法

1、所要箱数

一〇アール当たり株まきポットの所要箱数は栽植密度によって異なり、第13表のとおりである。栽植密度が密になるほど、一般に好成績がえられるので、従来の平方メートル当たり株数より、少なくとも一〜二割は多くしたほうが有利であろう。

2、床土の準備

ポット用の土は農閑期に五ミリていどのふるいにかけて積んでおく。これを株まきポットに詰める。土は壌土か埴壌土がよい。その際、酸性の強い土（pH四・五〜五・〇）を用いたほうがタチガレ

第13表　栽植密度と10アール当たり所要箱数との関係

栽植密度												
栽植密度	平方メートル当たり株	12	14	16	18	20	22	24	26	28	30	32
	坪当たり株	40	46	53	59	66	73	79	86	92	99	106
ポットの種類	A　型	21	24	28	31	35	38	42	45	48	52	55
	B　型	19	22	25	28	31	34	37	40	43	46	49
	C　型	6	7	8	9	10	11	12	13	14	15	16
	D　型	30	35	39	44	49	54	59	64	69	74	79

病やムレ苗の防止に役だつことは、すでに第三章—一三で述べた。一箱当たり床土の量は約四リットルで、一〇アール当たり三五箱とすれば一四〇リットル（りんご箱約三個）である。土壌水分は約三〇パーセント（握ってはなしたとき、ややくずれにくいていど）がよく、乾きすぎても湿りすぎても、土詰めや播種穴鎮圧などの作業が困難になる。

3、施　肥

床土の肥沃度によって異なるが、第三章—四—1で述べた箱育苗の施肥法を参考とし、チッソ・リンサン・カリをそれぞれ成分量として箱当たり一〜二グラムていど施す。もし二グラム施すとすれば、硫安一〇グラム、過石一〇グラム、塩化五グラムとなる。いずれも平坦地（温暖地）より山間地（寒冷地）になるにしたがって多く、砂土地に多く、埴土地に少なく施すのがよい。したがって、寒高冷地や早植えのばあいにはチッソ成分で二グラム、暖地または晩植えのばあいは一グラムとし、生育をみて〇・五グラムていどの追肥をする。

育苗箱の下の苗床には施肥しなくてもよいが、平方メートル当たりチッソ二グラム、リンサン二グラム、カリ三グラムていどを施したほうがよいばあいも少なくない。なお、箱育苗のばあいと同様に、タチガレ病やムレ苗予防のために、タチガレンを一箱当たり三〜五グラム（一〇アール当たり一〇〇〜二〇〇グラム）を床土に混入するのがよい。

4、土詰めと鎮圧

用意した株まきポットをかたわらに積み重ねておき、一枚ずつとって、この上に肥料とタチガレンをよく混合した床土をのせ、ならし板を使って土詰めをする。軽い振動を与えて床土を締め、ポットの土に厚薄のないようにする。つぎに、付属品の播種穴鎮圧板で押えて播種穴をつくる。土によっては（合成培土や乾燥土）、播種穴があきにくいばあいがあるが、その際は付属のブラッシによってあらかじめ床土を減らしてから鎮圧する（また、充分灌水して播種穴をつくることもできる）。

5、播種（標準播き）

第三章—一三に述べた選種・消毒・浸種を行ない、さらに催芽した種モミを表面の水が切れるまで軽く乾かして、手播きまたは専用の播種器で播く。手播きのばあいでも一箱約二分で播けるので、栽培面積の少ないばあいは手播きで充分である。しかし、栽培面積の大きいばあいは付属の播種器を用いるほうがよい。

播種器はⅢ型が簡便である。このばあいは播種器のツマミで播種溝を閉じ、種モミを播種器の上にのせ、播種器をやや傾斜して、ブラッシによって種モミを播種溝に入れ、余分の種モミを種モミ受けに落とす。再びツマミを回すと、溝の中の種モミが各穴に三〜四粒（C型ポットは二〜三粒）ずつ入る。この際、ブラッシの使い方で播種量を調節することができる。種モミを播きおえたところで、充分灌水することがたいせつである。ここで灌水しないと、後で苗床に並べたとき、水がポットの土の上面まで上がりにくい。灌水してから、種モミがかくれるていどに覆土し、ならし板で余分な土をかき落とす。箱の上面に余分な土があれば上で根がからみ合って、田植のときイナ株が分離しにくくなるからである。

播種量は一箱当たり乾モミ六〇〜八〇グラム（一〇アール当たり二・五〜三・〇キロ）がふつうであるが、浸種したモミは約二割増である。

6、混合播き

最近各地の農業試験場において、株まきポットの播種作業を省力化する目的で、床土・種子・肥料を同時に混合して充填した混合播きと、上述の標準播きとの比較試験が行なわれた。その結果、混合播きは出芽が不ぞろいであったり、底部に播かれたモミが発芽しにくかったりする欠点はあるが、二割ていど播種量を増して混合播きすれば、両者の間には収量上の有意差はみられないばあいが多かった(ただし、標準播きのほうがやや多収になる傾向はみられた)。播種作業の労力の点からみれば、両者の間には大きな差があり、たとえば農林省四国農試の試験結果によれば、混合播きの労力は標準播きの二三パーセントですむという。したがって、混合播きで発芽にとくに支障のないばあいは、この方法が有利であろう。

土を充填した後に灌水することは、標準播きのばあいと同様である。その後に手直していどの覆土をする。忘れてならない点は、標準播きより二割ていど播種量を増すことである（標準播きが一箱当たり乾モミ七六グラムとすれば、混合播きは九一グラムとなる)。

7、苗箱の設置と灌水

播種・灌水の終わった箱は保温折衷トンネル苗代か乾田トンネル畑苗代の上に並べる（寒気の強い地方では、ポリエチレンとカンレイシャの二重張りがよい)。苗代床面を均平にして、苗箱の高低がないようにする。苗箱は苗代床面の土に密着させる。灌水は苗代の溝に水を入れ、さらに苗代床の上まであげて、苗箱の高さの三分の一ていどの高さまでとする。こうすると、ポットの上面土壌まで毛細管現象で水があがる。全部のポットに土の上面まで水があがったのを見とどけて覆いを閉じる（ポットによっては上面まで水のあがらないものもあるので、この際は上からジョロで水をかける。また、苗床の土が強粘土のばあいには、底の穴が粘土でふさがれてポットの中に水が入りにくいばあいがあるので、苗床上に薄くワラを敷くのがよい)。ここで発芽の三条件がそろうので、出芽はきわめて良好となる。もちろん、トンネル畑苗代でもよいが、灌水労力がきわめて多くかかる。

第二章—四—1および第三章—一三で述べたように、出芽後の灌水はなるべく少なくし、苗代床面上の水もたびたび落とし、苗の硬化を図るのがよい。とくに暖地や晩植えのばあいには、低温を利用できないので、イモチ病に注意しながら土壌水分を制限して、苗の生長を抑制しなければならない。

なお、田植機用の出芽器を利用し、出芽させてから苗代床面に並べる方法もあるが、この方法によれば、寒地では出芽がいっそう良好になり、さらに育苗日数を短縮することができる。

8、育苗管理

トンネル内に温床紙・新聞紙・有孔ポリなどを平張りすると、保温と同時に乾燥防止にも役だつので、寒いばあいの育苗にはきわめて効果的である。

温度管理としては、出芽後は第二葉（不完全葉を第一葉とする）が展開しおわるまで充分保温に努める。第三葉が伸長しはじめるころから、じょじょに寒さに慣らす訓練をし、暖かいときは覆いを開き、寒いときは覆いを閉じる。カンレイシャとの二重覆いのばあいは、カンレイシャのみ開閉する。第四葉が出てからは、特別に寒い夜を除いて覆いをかけないようにし、直射日光と寒風にあててズングリした健苗を育てる。要するに、前半期には充分保温し、後半期には低温にあわせて、じょじょに生育させることである（ただし、両半期の間に寒さに馴らす期間が必要である）。

苗代日数は一般に寒高冷地や早植えのばあいに三〇～四〇日、暖地では二五～三五日、晩植地帯で二〇～三〇日ていどのことが多いが、著者は実験結果から、なるべく長くするほうがよいと信じている。成苗に達する日数の長いほど、硬くて太いズングリ苗になるからである。

苗代後半期に低温を与えることと灌水を少なくすることとにより、同一葉令に達するまでの日数を容易に多くすることができる。ただ、ここで注意しなければならない点は、苗代に長くおくといっても田植をおくらせないことである。田植は付近の農家より必ず早く行なわねばならない。したがって、苗代日数を長くするには、必ず一般より早く播かねばならない。

また、同じ日に田植したばあい、適令（六令）の範囲内では葉令の多いものほど一般に増収するので、なるべく葉令の多い苗を用いるのがよい。たとえば、四・〇令の苗と五・五令の苗を同じ日に田植すれば、五・五令の苗のほうが多収になるのが一般である。株まきポット苗が稚苗や中苗より多収となる理由の一つは、葉令が多いからである。ここでも注意すべきことは、葉令を多くするために田植をおくらせないことである。たとえば、付近の田植がはじまったら、たとえ三・五令でも植えたほうが、五・五令になるのを待っておそく田植するより増収となる。したがって、葉令の多い苗を植えるためには、付近の農家よりどうしても早く播かなければならないのである。

9、苗取りと運搬

まず、株まきポットを持ち上げ、裏面に付着している土を板で払えば、穴から出ている根はきわめて簡単に切れる。ポットの水分が多すぎるばあいには半日前に陸に上げて水を切り、畑苗代のように水分の少ないばあいには一〜二時間前に灌水しておくと、苗が抜けやすくなる。苗取りは第83図のように苗をわしづかみにして引き抜くか、ポットを裏返して棒ではたき落とす。この際、株間相互の根のからみあいがまったくないことが、この株まきポットの特徴である。

運搬には、取り出した苗を雑然と箱に入れて運ぶ方法と、苗箱のまま運び田植現場で苗を取り出す方法とがある。苗箱のまま運ぶには、簡単な木枠をつくって一輪車・二輪車・三輪車・四輪車・トラックなどに取りつけ、これに積んで運ぶのが便利である。

第83図　株まきポットの苗とり

10、田　植

田植はこのイナ作でもっとも特色のある作業であり、苗を投げて植えるのである。苗には根鉢がついているので、目の高さ以上のところから落とせば、根が必ず下になって、土の中に突き刺さる。したがって、投げ植えは代かき直後の土がややわらかい状態のときが最適で、しかも水はなるべく浅いほうがよい。

まず、できるだけ多くの苗をわしづかみにして、一度振って分離し、苗を分散させるように空中に投げる(第84図参照)。田一面に厚薄のないように散播する目的で、第一回の散播に六〇～七〇パーセントを用い、第二回は三〇～四〇パーセントの苗を用いて薄播きのところをめがけて投げる。

広い田に播くばあいには、数メートルおきになわを張って田面を小さく区切り、この面積に応じた箱数の苗を播くと、厚薄なく播くことができる。なお、播きおえてから、このなわを中心に三〇センチ幅にある苗をひろい上げて薄いところに播くと、苗のない部分が後に除草剤、農薬の散布、または中干し作業の際の通路となって、便利なことが少なくない。

強風や豪雨のときは、ころび苗や浮き苗が生じやすいので田植を避けるほうが安全である。しかし、ころんだ苗も四～五日で直立する。

第84図　株まきポットの田植

灌水は、投げ植えしてから半日か一日たって、苗と土とが密着してから行なうほうがよい。浅水にしたほうがころんだ苗が起き直りやすい。

除草剤はころんだ苗が起き直るころ、すなわち投げ植え後四〜五日に散布する（たとえばMO三キロ）。

投げ植えの時間は、一〇アール当たり苗まきに二時間、厚いところの苗を薄いところへ移す手直しに一時間ていどかけるのが標準である。しかし、慣れた人は全部の作業を一時間半でおわることもできる。なお、広い田ではトラクターに苗をのせ、トラクターの上から投げて能率を上げている人もある。

以上のように投げ植えが一般的であるが、中には一株ずつ心をこめて手植えしたいという農家がいる。このばあいには、株まきポットをひもで直接肩からさげるか、ひものついた板の上に苗をのせて肩からさげるかして、苗を引き抜きながら腰を伸ばしたままで一株ずつ落としてゆけばよい。こうしても従来の手植えにくらべれば体が楽で、しかもいちじるしく早い。手植えにも、従来と同様の縦線・横線の交点に植える正方形植えや矩形植えの方法と、一方の直線上にだけ植えるすじ植えの方法とがある。前者のばあいには縦横の交点を目がけて苗を投げ、後者のばあいには直線上に適宜の間隔で苗を落としてゆけばよい。この方法でも意外に早く、一〇アール当たり三〜四時間で足りるという。

これに反し、他方では株まきポット苗の田植機を要求する農家がある。この要求に応えて、丸井加工株式会社では、トラクターに取り付けてすじ植えできる田植機を開発した。六条・八条・一二条・一八条の四種類のものがすでに発売されている。トラクターの付属品として開発したものなので、安価で取り扱いも簡便である。このほか、第85図のような株まきポット専用の田植機も開発され、近く発売される予定である。

第85図　株まきポット苗の田植機

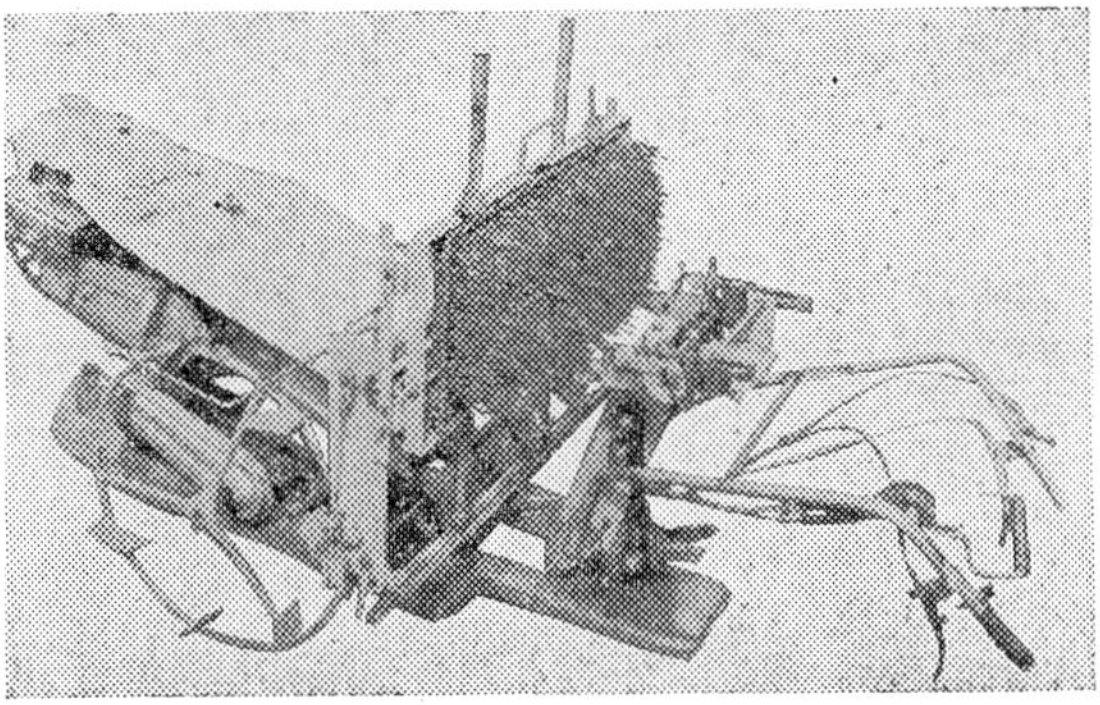

四、株まきポット苗の本田管理

さて、株まきポット苗の特徴は、健苗になりやすい上に、根鉢がついているために活着がきわめてよく、初期生育がすこぶる良好なことである。ここで注意しなければならない点は、せっかく健苗がえられ活着が良好であっても、その後のイネのつくり方で秋落ちになったり、姿勢が悪化したり、過繁茂になったりして、健苗の特性を生かせないばかりでなく、健苗を用いたことによってかえって減収さえすることが少なくないことである。この点がたいへん重要であって、健苗の特性と初期生育のよさを安全にしかも効果的に生かすイナ作を行なわねばならない。このイナ作がすなわち、第四章の理想イネによる多収・安全・良質イナ作なのである。したがって、株まきポットの本田管理は原則として理想イネイナ作の方法によればよいのである。ここでは、株まきポットと関連の深い点だけを述べてみよう。

理想イネイナ作の特徴としては、①前期の生育をいちじるしく盛んにして、必要穂数を前期にしかも早く確保すること、②中期の生育を抑制して姿勢を正し、倒伏を防止し、体質を改善すること、③後期には同化能力を向上させることであった。この中で、①の前期の生育を盛んにすることと、②の中期生育抑制が一般には最大の難関であるが、この点の解決に株まきポット苗が大きな役割を演ずるのである。

1、生育前期の生育促進方法

早植え　前期の生育を促進する方法の第一は早植えである（第三章—四—2および第四章一〇—3参照）。

株まきポット苗は一般の苗にくらべて、苗代後半期に茎基部が低温にふれて育つことと、根の切断が少なく、しかも根鉢がついていることのため、低温下でも（高温下でも）活着がよい。この特性を生かせば、いっそう早く植えることができ、さらに初期生育を促進させることが可能である。前にも述べたように、活着や初期生育は気温より水温にきわめて強く支配されるため、早朝か夕方おそく田に水を入れ、日中は絶対に入れないようにすれば、晴天の日中は水温が容易に一六度以上になるので、かなり早く植えたばあいでも活着・初期生育とも促進される。

密植　密植は、本田初期の太陽光線をむだにしないで、葉に受けとめて有効に同化作用に利用し、平方メートル当たり生育量を多くする上できわめて重要な意義がある。

従来のイナ作では、労力が多くかかるばかりでなく、過繁茂になったり倒伏しやすくなったりするため、密植は必ずしも有利であるとはいえなかった。

ところが、理想イネイナ作では、中期にチッソ吸収制限をするため、倒伏したり過繁茂になったりすることがきわめて少なくなった。このため、密植するほど明らかに多収がえられるようになった（拙著「イナ作の改善と技術」二七〇〜二七四ページ参照）。株まきポットイナ作では、苗を投げるだけでよいので、苗箱数さえ増せば容易に密植することができるようになった。このことは、前期の平方メートル当たり生育量を増大させる上で特筆すべきことである。従来の栽植密度より一〜三割増加することも容易であり、これによって増収となるばあいが多い。要するに、従来実行が困難であった密植が、株まき苗を投げ植えすることにより、きわめて容易に実施できるに至った点は注目に値しよう。

浅植え　生育初期に分げつの発生を促進させて穂数を増すために、もっとも有力な手段の一つが浅植えである。

すでに第三章―四―4でも述べたように、第一に、本田初期の根は主に浅層に分布していて、日中の地温は表層に近いほど高いため、浅植えほど養分を吸収しやすくなる。第二に、浅植えほど生長点が表層に近くなるため、昼夜温度較差が大きくなり、これが分げつの発生や発達を促す原因となる。第三に、浅植えするとイナ株が扇型に開きやすく、このことが分げつを物理的に発生しやすくするのである。

浅植え（一センチ）した区と深植え（五センチ）した区について、本田初期に条間または株間の太陽光線の地面照度を測定してみると、移植後二〇日目で浅植え区を一〇〇とすれば、深植え区は一四〇であった。つまり、地面照度が高いということは、太陽光線がイネに充分利用されず、むだになっている証拠である。生育初期に平方メートル当たり同化作用能率を高め、初期生育を良好にする点からも、浅植えの有利なことが理解されよう（拙著『イナ作の改善と技術』二七五～二七七ページ参照）。

ところで、株まきポット苗を投げ植えすることによって、もっとも浅植えができるようになった。この点も株まきポット苗の利点として看過することのできない重要な事実である。ただし、あまりに浅植えになりすぎるため、ときには倒伏しやすくなるばあいもあるので、その防止を図らねばならない。ここで理想イネイナ作の最大の特徴である中期のチッソ吸収制限が威力を発揮するのである。ここにも、株まきポット苗を用いたら、その後の肥培管理は理想イネイナ作によらなければその利点が生かされにくい理由がある。

植えいたみの防止　植えいたみが前期の生育を阻害し、収量にも重大な悪影響をおよぼすことについては、すでに第三章―四―5で述べた。

理想イネイナ作では、葉令指数六九（出穂前四三日）ころまでに、三枚以上の青葉をもつ分げつを、少なくとも必要穂数と同数だけ確保する必要がある。そのためには、移植直後から盛んに分げつを出さねば間に合わないのが実状である。もし植えいたみが現われると、このもっとも重要な第一段階の目標が達成できないのである。著者は「理想イネイナ作では、移植後二〇日までに第一段階の成否が決まる」といっているほどである。

この重要な植えいたみ防止が、株まきポットを利用することによって、完全にできるようになったことは特筆すべき点である。株まきポット苗には活着に必要な土と根が充分ついている上に強健な苗となっているため、どんな悪環境でもよく活着する。株まきポット苗を用いることは、植えいたみ防止上最良の方法であろうと思われる。この点も、理想イネイナ作を容易にする上で、重要な役割を果たすことになったのである。

以上が、前期の生育促進方法として直接株まきポットに関係する重要な四つの項目である。要するに、理想イネイナ作における最大の難関の一つである前期の生育促進が、これら四方面から攻略できるようになったのである。

2、生育中期のチッソ吸収制限の方法

さて、以上の方法で健苗ができ、活着もよく、前期の生育が期待どおりに良好に進行しても、中期にチッソ吸収の制限ができないと、これまでの努力が水の泡に帰してしまう。その理由は、過繁茂になったり、姿勢が悪化したり、秋落ちになったりして、増収にならないばかりか減収さえするからである。このことが、古くから苗半作ということが宣伝されながら、関東以南の平坦部の一般農家の間で、実際には健苗育成の熱意が乏しかった主な原因であろう。

中干し ところで、このチッソ制限の有力な手段の一つが理想イネイナ作で強調する強い中干しである（この点については、第四章—一〇—4参照）。

株まきポット苗を用いれば、浅植えになっている関係で、この中干しによるチッソ吸収制限がいっそう効果的にできると考えられるのである。葉が三日以上巻かないかぎり、幼穂が形成されはじめても、えい花分化中期（出穂前二〇日）までは幼穂にも被害は現われないので、大胆に強い中干しを行なう必要がある。これによって、イネの姿勢や体質が改善されるばかりでなく、株まきポットイナ作の唯一の欠点ともいわれている、やや倒伏しやすい点さえも改善されるのである。

健苗の密植 もっとも安全な中期のチッソ吸収制限法の一つは、健苗を用いて密植することである（第四章—一〇—4参照）。

株まきポット苗は健苗になりやすい上に、前述のように密植することもきわめて容易である。したがって、株まきポット苗の利用は、中期のチッソ吸収制限のためのもっとも実行しやすい手段となった。活着のよいポット苗を密植することにより、①土壌中から早い時期に多量のチッソが吸い上げられるとともに、②土壌表層中に根量が多くなり、これが土壌を酸化し、アンモニア態チッソを硝酸態にして脱チッさせる量も多くする。これらの結果、中期のチッソ吸収が制限されるのである。株まきポット苗を利用することにより、健苗の密植が容易になり、中期のチッソ制限に役だつようになったことは特筆すべき点であろう。

早植え　早植えも中期のチッソ制限に重要な役割を演ずる（第四章―一〇―4参照）。この早植えが、株まきポット苗を用いることにより、従来よりいっそう早くいっそう容易に実施しうるに至ったことは、大きな福音といわねばならない。

以上の諸点から、株まきポットの出現により、理想イネイナ作でもっとも難点とされていた「初期生育をきわめて良好にしながら、しかも中期の生育を抑制すること」がかなり容易になったことが理解されよう。このことが達成できれば、その後は生育後期の肥培管理のみであり、これは天候さえわるくなければ栽培上の困難は少ないので、多収・安全・良質イナ作は約八〇パーセント約束されたものとみてよかろう。

なおここで重要な点は、株まきポット苗の投げ植え（乱雑植え）と従来の正条植えとの収量比較である。この点については、すでに発表された農林省農事試験場、北海道中央農業試験場の試験結果、およびペーパーポット農業研究会の全国にわたる多数の試験結果などから、両者の間には有意的な差のないことが確かめられているとみてよかろう。ただし、同一の苗を用いた厚薄のある投げ植え（乱雑植え）と従来の正条植えとの比較では、正条植えが多収となるばあいが多いと考えられるので、投げ植えする際には、できるだけ厚薄のないように散播しなければならない。そのため、慣れない間は投げ植え後に軽く手直しする必要がある。

五、株まきポットイナ作の収量成績

以上において株まきポットイナ作の概要が理解できたと思われるので、つぎに試験成績、とくにもっとも重要な収量成績について検討を加えてみよう。

株まきポットが正式に世に出たのは昭和五〇年（一九七五年）のはじめだったので、この試験が全国的に開始されたのも昭和五〇年からであった。この年早くも、北は北海道から南は鹿児島に至るまで、農林省の試験機関、都道府県の試験場、普及所、および一般の進歩的農家によって一斉に試験され、昭和五一年にはさらに多くの個所で試験されるとともに、すでにかなりの面積に普及されるに至った。

まず、昭和五〇年と昭和五一年に全国各地で行なわれた試験の中で、著者が入手しえたすべての試験成績を無作為に用い、対照区（慣行栽培）の収量を一〇〇とし、株まきポット区の収量を指数に換算して比較検討した。対照区には稚苗・中苗・成苗の三種類があるが、使用されているまま比較検討に用いた（ただし、対照区に異品種やいちじるしく異なった栽培条件を用いているものは除外した）。昭和五〇年が全国的にむしろ豊作年であったのに対し、昭和五一年は全国的に凶作年であった。豊凶異なる年に対して、株まきポットイナ作がどのような反応を示すかを知る上に、この両年の収量成績の検討は興味のあるものといえよう。調査結果の詳細は「農業および園芸」五二巻三・四・五号に掲載されているので、ここではその概要を摘録する。

昭和五〇年は株まきポットがはじめて使用された年でもあるので、使用方法の不慣れによる育苗の失敗や、せっかく良苗がえられても活用する技術が伴わずに失敗したとみられる例が多い。入手しえた総試験点数は一二七点で、北海道から鹿児島までに分布している。

これらの収量成績を通覧すると、対照区（慣行栽培）にくらべて一パーセント以上増収した点数は八六点、一パーセント以上減収した点数は四一点である。すなわち、増収点数は総試験点数の六八パーセントであるのに対し、減収点数は三二パーセントである。圧倒的に株まきポットの増収例が多い。また、増収率の合計は九七一パーセントであるのに対し、減収率合計はわずか二六二パーセントであり、減収率合計は増収率合計の約二・五割である。さらに、平均一点当たり増収率は一一・三パーセントであるのに対し、平均減収率は六・四パーセントである。増収事例が減収事例より圧倒的に多いばかりでなく、増収のていどが減収のていどに比して、また圧倒的に高いとみられるのである。

昭和五一年は入手しえた試験成績が七四一点、前年の約六倍であった。これは株まきポットに対する関心がいよいよ高まってきた結果であろう。

二年目になって取り扱いに慣れてきたこと、また凶作年に株まきポット苗が豊作年よりよい反応を示すためか、前年にくらべて増収事例が二割近く多くなり、減収事例がそれだけ減少した。全国的にみると、一パーセント以上増収した点数は六一七点、一パーセント以上減収した点数は一〇五点であり、増減のない試験点数は一九点であった。増減のない点数を除いて、増収事例と減収事例の比率をみると、増収点数の八六パーセントに対し、減収点数はわずか一四パーセントである。前年にくらべて増収点数は一八パーセント増加し、減収点数はそれだけ減少して、いよいよ圧倒的に株まきポットイナ作の増収事例が多くなった。

増収事例の増加した理由は、不良天候の年に株まきポット苗がいっそう優秀性を発揮しやすいことにも関係があろうが、主としてポットイナ作に慣れてきたことによるのであろう。

また、増収率の合計が八七五七パーセントであるのに対し、減収率の合計は九二四パーセントで、減収率合計は増収率合計のわずか一割にすぎない。さらに、平均一点当たり増収率が一四・三パーセントであるのに対し、平均一点当たり減収率は八・八パーセントである。この年も前年以上に、増収事例が減収事例より数の上で圧倒的に多いばかりでなく、増収のていどが減収のていどに比し、またはるかに高いことがみられるのである。

株まきポットが生まれた初年目と二年目で、不慣れな取り扱いにもかかわらず、しかも豊凶両年に、全国各地の多種多様の条件の下で行なわれた試験成績を無作為に収集整理した結果から以上の数値がえられたことは、株まきポットイナ作の安全性と多収性を物語るとともに、有望な前途を約束するものともみてよいであろう。このことは、株まきポットが生まれて二カ年しか経過していないのに、岩手・千葉・長野・熊本の諸県ですでに、県として正式に普及奨励に移すことが決定されたという事実によっても裏付けられよう。

これらの収量比較成績から株まきポットイナ作の適地・不適地を探ってみても、一定の地域性をみとめがたい。すなわち、将来このイナ作法に習熟すれば、いずれの地域にも好適するものと考えられるのである。

なお、この株まきポットイナ作は単に安全多収であるばかりでなく、機械移植と大差のないほど省力的である上に、ポットの耐久年数が少なくとも一〇〜一五年はあると推定され、さらに機械の故障、油の消費といったこともない点からみて、多収・安全・省力・省金のイナ作であるといえよう。農家の幸福を主眼として考えれば、近い将来に大多数の都道府県で、このイナ作法が正式に普及奨励に移されるであろう。

以上のほか、豊凶両年の試験を通じて明らかになったこと、または注目されたことはつぎの諸点であった。

東北・北陸地方では、株まきポット苗が低温や冷水に強いこと、移植期が遅延したばあいにも出穂遅延が少なく、したがって登熟歩合や減収ていども少ないことがわかった。このため、株まきポットイナ作は冷害年次における寒冷地イナ作の安定化に役だつことが立証されたとみられよう。

西南暖地では不良天候の年に晩植え(イグサ跡・タバコ跡・ムギ跡)した際でも、株まきポットイナ作が慣行栽培にくらべて、はるかに安全多収であることが証明された。このように作季幅を拡大しうることがわかったので、現在問題になりつつある二毛作化にもきわめて重要な役割を演ずることも示唆された。これに関連して、すでに広島県で実施されているように、一毛作田の早植えとムギ跡地の二毛作田の晩植えの二回に株まきポットを利用することも、有利な使用方法として目を引いた。さらに、著者の提案ですでに韓国で開始されているように、このポットを利用して、イネ苗ばかりでなくムギ苗をもつくって移植する米麦二毛多収穫の試みも、地域によっては二毛作化発展の上に大きな刺激となるものと考えられる。

最後に、この年の増収事例と減収事例について検討してみた結果、つぎの諸事項が指摘された。

まず、増収した事例の大部分は、苗そのものがすでに乾物重および乾物重対草丈比率(第二章—一—2参照)で対照区(慣行栽培)にまさり、ついで本田の初期生育でまさり、さらにこの良好な初期生育を後期に凋落させることなく、収量にまで結びつかせた。そうするためには、中期にチッソ吸収を制限して姿勢を正し、倒伏を防止し、体質を改善し、後期には穂肥・穂ぞろい期肥を施して葉身のチッソ濃度を高めるとともに、間断灌水を行なって根を健康にし、同化能力を増進させなければならない。すなわち、良好な初期生育と優勢な後期生育とが車の両輪のように並行して進むことが必要であり、これが理想イネイナ作の最大の目標でもある。増収事例の多くは、多かれ少なかれ、これらの点が実行されているとみられるものが多かった。

つぎに、減収した事例は二つに分けられる。第一の失敗例は、株まきポットの特徴である旺盛な初期生育を達成しえなかったものである。第二の失敗例は、初期生育は旺盛だったが後期に凋落（秋落ち）して、せっかくの初期生育のよさを収量にまで結びつけえなかったものである。

第一の例はきわめて初歩的な失敗である。株まきポットイナ作では、常に対照区より初期生育がよくなければ収量的には無意味なのである。

この失敗は主として育苗方法に欠けるところがあるためと思われた。とくに注意すべき点は、対照区より播種期をおそくすることによる失敗である。株まき苗の播種期は対照区よりおくれてはよくないのである。著者は、株まき苗の苗代日数は、適令の範囲内であれば、むしろ長いほうがよいと考えている（第五章—三—8参照。ただし、苗代日数を長くするために移植日をおくらせてはならないこともすでに述べた）。寒い地方では低温を利用し、暖かい地方では土壌水分を節減して、苗の後半期をじょじょに生育させ、乾物重が重いばかりでなく、乾物重対草丈比率の大きなズングリ苗をつくらねばならない。同一葉令の苗の乾物重に二〜三倍の差があることは珍しくなく、著者は八倍も差がある苗をつくった経験がある。苗の後半期に長時間かけてじょじょに生育させてズングリ苗を育成することが、理想イネイナ作のばあいと同じく、株まきポット苗の育成についても重要な技術なのである。

第二の失敗例はいちじるしく多いが、これは理想イネによる多収イナ作理論をたくみに適用すれば必ず回避できる失敗である。

理想イネによる多収イナ作は、初期生育が旺盛でなければ成立しないイナ作法であり、初期生育の旺盛なことが何より必要な前提条件なのである。株まきポットは、このもっともたいせつな前提である旺盛な初期生育を間違いなく確保するために考案されたものといってもよいほどである。したがって、株まきポットを採用すれば、多かれ少なかれ理想イネによる多収イナ作理論を取り入れなければ成功しがたいのである。

この両年の試験を通じて気づいたことは、後期（出穂前二〇日のえい花分化後期以降）の施肥量（チッソ）が概して少ないこと、とくに穂ぞろい期追肥（実り肥）の施用がきわめて少ないことである。出穂前一八日（葉令指数九二）以降のチッソ追肥は、すでに明らかにしたように、草姿や倒伏に無関係であるばかりでなく、イネの体内の炭水化物を減少させず、したがってC／N比率を低下させないきわめて安全な追肥である。とくに、穂ぞろい期追肥は多くのばあい登熟歩合だけでなく倒伏抵抗性をもむしろ増大させる安全な追肥なので、大いに利用されたい（拙著『イナ作の改善と技術』参照)。

要するに、株まきポット苗を従来の慣行イナ作によって栽培しているところに、失敗原因の大部分が潜んでいるといえよう。従来の苗とはちがった新しい株まきポット苗は、新しい理想イネイナ作法によらなければ、その特徴が消し去られるからである。「新しい酒は新しい革袋に」入れなければならないことをつくづくと思うのである。

六、株まきポットによる多収栽培

1、はじめに

前述の株まきポットイナ作の全国にわたる試験を通覧して感じたことは、山田・冷水田・不整形田・棚田・イグサ跡田・タバコ跡田・ムギ跡田などを普及対象に想定してこのイナ作を試験しているばあいが比較的多く、これを正常田での積極的な多収・安全・省力イナ作として利用しようとする意図がむしろ少ないとみられたことである。著者は、このイナ作こそ正々堂々と正常田での多収・安全・省力・省金イナ作として奨励普及されるべきものであり、他のいかなるイナ作にも対抗しうる実力をもっているものと信じている。

株まきポットを考案する動機の一つとして、一般の水田で理想イネによる多収イナ作を実施しようとする際に、もっとも困難な点の一つが、初期生育を極度に良好にしながら中期にチッソ制限をすることであり、実際問題としてまず初期生育を極度に良好にすることが容易でないということがあった。これが達成できれば、このイナ作はすでに五〇パーセント成功したと考えてよい。必要な茎数をなるべく早期に確保し、早くから充分なチッソ制限態勢に入ることが、安全性を増す上にもっともたいせつな手段であるからである。

ところで、初期生育をいちじるしくよくするための手段として、健苗の育成、早植え、浅植え、植えいたみ防止、密植などが有効であることは、すでに第四章—一〇で述べた。しかし、これらの事項を実際に行なってみると、実は必ずしも容易ではないのである。ところが、株まきポット苗は低温下でも活着がよいため従来より早く植えられ、しかも浅植えとなる上に、根鉢がついているため植えいたみはまったくなく、さらに密植も容易である。これらの株まきポット苗の特性が理想イネによる多収穫をいちじるしく容易にしたのである。ここがつまり、株まきポットによる多収穫法の基盤なのである。

2、初年目の成績

つぎに、株まきポットによる多収穫の実例を示そう。

宇治橋泰子さん（六四歳）は長野県塩尻市塩尻町七に住む神主の奥さんである。料理の先生などをしながら、三五アールの水田を長年にわたって自ら耕作してきた。株まきポットの出現を聞き、付近の農家に呼びかけていちはやく株まきポット研究会（初年目一二戸、二年目七〇戸、三年目一四〇戸）を組織し、自ら会長となり、株まきポットによる多収穫に挑戦しはじめた。県庁・塩尻市・市農協・改良普及所も後援して、泰子さんの田に株まきポット苗投げ植え栽培の展示圃を設けた。著者もときに現地を訪れるとともに、電話・手紙などによる技術的質問に答えてきた。

標高は七五〇メートルで、春の訪れはおそく、秋は早い。試みに、第68図を用いて気温的にこれに相当する地を平坦地に求めると、青森県北部のむつ市に当たる。圃場は市街地に近接していて、平野の真中である。土壌は沖積の壌土であり、耕土の深さは一五センチである。保水力は中ぐらいで一日三センチの減水深。灌がい水は暗きょ排水の湧水を利用しているが、水温は低い。

まず、初年目（昭和五〇年）の耕種法と成績を述べよう。

供用品種トヨニシキ、播種量一箱当たり七〇グラム、施肥量一箱当たり苗代配合三〇グラム（チッソ二・四、リンサン三・〇、カリ二・四グラム）、播種日四月一〇日、育苗日数四〇日、移植期五月二〇日、トンネル保温折衷苗代（カンレイシャとビニールの二重保温）。移植時の苗は草丈一七・五センチ、苗令四・七で、きわめて健苗であった。床土にはピートモスを容量で一〇パーセント混合し、膨軟性をもたせた。

本田の施肥は、前年の秋期に生ワラ六〇〇キロとケイカル二〇〇キロを施し、春期に基肥として塩加リンアン〇八六号を五〇キロ（チッソ五キロ、リンサン九キロ、カリ八キロ）、BM重焼リン二〇キロ（リンサン七キロ）を施した。基肥の三要素成分は生ワラを除いてチッソ五キロ、リンサン一六キロ、カリ八キロである。

荒代を五月一八日にかき、そのあと基肥を施した。したがって、施肥は準表層施肥である。植代を田植当日の五月二〇日にかき、土の軟らかいうちに投げ植えした。投げ植えはていねいに行ない、一〇アール当たり四時間かけ、さらに手直しに一時間四〇分をかけた。この所要時間は一般の時間のそれぞれ約二倍に当たる。栽植密度は平方メートル当たり平均二八・七株（坪当たり九五株）であった。寒冷地では、少なくともこのていどの栽植密度は必要である。

田植直後の苗の姿勢を調査した結果、直立一七パーセント、傾斜七五パーセント、横転八パーセントであった。横転している苗も五日後には直立するので、苗の姿勢については神経過敏になる必要はない。活着は早く、初期生育はすこぶる良好であった。

除草は植付け後三日にエックスゴーニを一〇アール当たり四キロ施したが、薬害がまったくなく、除草効果は高かった。その後六月九日にサターンSを、七月三日にMCPをそれぞれ四キロずつ施した結果、雑草はほとんど見当たらなくなった。

水管理の方法としては、田植直後から浅水に保って横転苗の起き上がりを促進し、そのまま一カ月間浅水とし、日中の水温を上昇させ、分げつの増加を図った。その後充分中干し（七〜一〇日間）を行ない、中干し後は間断灌水をつづけて根の活力増進を図った。間断灌水は、早朝に水を浅く入れてからただちに止め、日中は浅水のまま経過させて水温上昇に努め、夕方になると田面が露出するが、そのまま朝まで放置する方法である。落水は成熟期の一〇日前であった。

初期生育がよく、しかも基肥のチッソ量が多くないので、中期に入ったころから葉色はかすかに落ちはじめた。七月一八日の幼穂形成期（出穂二四日前）にはかなり葉色が落ちたので、理想イネの正規の穂肥にはやや早かったが、NK化成を一五キロ（チッソ三キロ、カリ一・五キロ）与えて極度の黄化を防ぎ、さらに七月二八日の減数分裂始期（出穂前一四日）に一七キロ（チッソ三・四キロ、カリ一・七キロ）を与えて葉色を回復させ、えい花の退化を防止した。なお、八月一八日の穂ぞろい期直後（出穂期後八日）にNK化成を二〇キロ（チッソ四キロ、カリ二キロ）与え、登熟歩合の向上を図った。三回の追肥総量はチッソ一〇・四キロ、カリ五・二キロである。

基肥と追肥を合計すれば、一〇アール当たりチッソ一五・四キロ、リンサン一六・〇キロ、カリ一三・二キロとなり、ほぼ均衡のとれた施用量である。また、リンサンをすべて基肥として与え、チッソとカリを後期に分施している点も合理的である。注目すべき点は、チッソを後期重点に施し、前期の約二倍量としていることである。このようにして、初期の生育のよさを後期に凋落させることなく収量に結びつかせるように努めている点を見のがしてはならない。

病虫害防除として、五月二〇日にヒメハモグリの防除にダイアジノンを、七月一〇日と七月二七日にイモチ病とウンカの防除のためキタジンP粒剤とダイアジノン微粒剤を、それぞれ散布した。

この年の生育の特徴は、初期生育がきわめて旺盛であったこと、中期にわずかに葉色が落ちたこと、後期の受光態勢が正常植えとくらべていちじるしく良好であったことである。

成熟期には稈長が八三・四センチ、穂長が二〇・〇センチ、穂数が平方メートル当たり六三一本で、多穂・短稈・短穂の理想イネに近い形態で、倒伏はまったくみられなかった。

この結果、三カ所の坪刈りを平均した収量は一〇アール当たり玄米八七六キロだったが、全刈り収量は九一四キロであった。収量査定は、県のイネ専門技術員をはじめ係官らによって厳正に行なわれた。

3、二年目の成績

つぎに、二年目（昭和五一年）の耕種法と成績を述べよう。初年目の耕種法と似た点が多いので、前年と異なる点を重視して述べる。省略してあるところは前年と同様である。

供試品種アキヒカリ、播種量一箱当たり六〇グラム（催芽モミ七五グラム）、施肥量前年と同様、播種日四月一三日、トンネル保温折衷。移植時の草丈一七・三センチ、苗令三・九。苗令の小さかったのは、この年の低温のためと作業の都合で早く植えたためである。付近農家の中苗や稚苗にはムレ苗が多発したが、株まき苗にはまったく発生がなく、良苗がえられた。

本田の施肥は、前年の秋に一〇アール当たり生ワラ六〇〇キロ、ケイカル二〇〇キロ施した点は初年目と同様だが、これに石灰チッソ二〇キロ（チッソ二・一キロ、半量流亡とみる）を加えた点が異なる。春期に基肥として塩化リンアン〇八六号を五〇キロ（チッソ五・〇、リンサン九・〇、カリ八・〇キロ）、骨粉三〇キロ（リンサン九・六キロ）、重焼リン二〇キロ（リンサン七・〇キロ）を施した。基肥の三要素成分量は、秋期の石灰チッソを加えてチッソ七・一キロ、リンサン二五・六キロ、カリ八・〇キロである。

荒代かきを五月八日に、植代かきを田植当日の五月一二日に行ない、土の軟らかいうちに投げ植えを行なった点も初年目と同様である。栽植密度は平方メートル当たり二七・五株（坪九一株）であった。

除草は五月一八日の田植後五日目にサターンMを一〇アール当たり四キロ施し、さらに六月六日にサターンSを同量散布しただけで、除草効果は充分であった。

水管理は活着後六月二五日までは浅水とし、水温上昇に努め、その後約一週間中干しを行ない、それから九月二三日まで間断灌水に切り替え、九月二三日（成熟期八日前）に落水した。

この年は低温だったが、初期生育はすこぶる良好で早くから葉色が落ちたので、六月二三日（出穂前四八日）に硫安六キロ（チッソ一・二六キロ）と塩化カリ六キロ（カリ三・六キロ）を施し、さらに三日後に硫安四キロ（チッソ〇・八六キロ）を施した。このつなぎ肥で葉色は回復したが、それほど濃い緑色までにはならなかった（著者の考えでは、低温のためチッソが吸収されずに葉色がうすかったものと考えられ、このつなぎ肥は施さなくてもよかったのではないかと思われる）。つなぎ肥を加えたため葉色が充分落ちず、穂肥の施用をおくらさねばならなかった。ようやく七月二八日（出穂前一四日、減数分裂始期）にＮＫＣ二〇号を一〇キロ（チッソ二キロ、カリ一キロ）施し、えい花の退化を防いだ（低温の年には炭水化物対チッソ比率（Ｃ／Ｎ率）の低下がおそろしいので、つなぎ肥をやめて、穂肥として出穂前二〇～一八日のえい花分化後期にチッソ三キロを与えたほうがよかったと思われる）。さらに、出穂後一四日目（穂ぞろい期後九日目）に再びＮＫＣ二〇号一〇キロ（チッソ二キロ、カリ一キロ）を施し、登熟歩合の向上を図った（この実り肥も少なくとも一週間はおそい）。

この年は品種を早生のアキヒカリに変えたこと、また、冷害の年であることを考慮に入れて、施肥配分を前期重点にしたというが、前年はチッソを前期五キロ、後期一〇・四キロにして好成績であった点からみて、この年の前期九・二キロ、後期四キロの配分はやや前期に多すぎるとみられ、つなぎ肥の二キロを後期に移したほうがよかったと思われる。

なお、冷害年の追肥については、著者の実験から、えい花分化中期までの追肥（チッソ）は炭水化物対チッソ比率が低下するので危険だが、えい花分化後期（出穂前一八日）からの追肥は、炭水化物対チッソ比率を低下させないので安全でしかも効果があるものと考えている（第四章―八―3参照）。

この年は冷害気象で例年になく病虫害の多い気配があった。その防除として、苗代ウンカ類の防除に五月一二日キルバールを、ドロオイムシの駆除にバッサ粉剤を六月一四日に、イモチ病・二化メイチュウ・ウンカなどの防除にキタジンP・ダイアジノン粒剤を七月一六日と七月二六日に、モンガレ病のために八月一九日にバリダシン粉剤を、イモチ・ウンカ・カメムシの防除にカスチオン粉剤を、それぞれ一〇アール当たり四キロずつ散布した。これらの病害虫を早期に発見して早期に防除したため、被害はほとんどみられなかった。

今年の生育の特徴も前年と同様だった。初期生育はきわめて良好で分げつ多く、最高分げつ期（七月二三日）には平方メートル当たり七〇四本の茎数（一株当たり二五・六本）、草丈五三・五センチの生育を示した。中期に急に葉色が少し落ちはじめたかにみえたが、つなぎ肥・穂肥・実り肥によって後期の葉色も維持され、受光態勢もよく、後期生育も凋落することなく優勢であるとみられた。

成熟期（十月一日）の調査では、稈長七三センチ、穂長一七・九センチで前年よりともに短く、穂数は平方メートル当たり六〇四本で前年とほぼ同等、多穂・短稈・短穂の理想イネに近い形態となり、前年よりいっそう倒伏に強い草型だった。なお、有効茎歩合は八六パーセントであった。

この結果、三カ所坪刈りの結果からは一〇アール当たり玄米重八〇二キロの収量がえられたが、全刈りの結果からは八三〇キロであった。この年は収量構成要素の調査も行なわれ、平均一穂粒数九三粒、平方メートル当たり粒数五万四〇〇〇粒、登熟歩合七七・三パーセントになった。この収量構成要素の値からみると、登熟歩合にやや難点があると思われるが、冷害年にこれだけの収量がえられたのはむしろ驚異である。収量調査は前年と同様、県の係官によって厳正に行なわれた。なお、玄米の等級は両年とも三等であった。

ちなみに、著者は二年目の年には五月から十一月までナイジェリアにあって、本章のはじめに書いたパイロット水田でイネの栽培試験やイナ作指導に当たっていたため、二年目の宇治橋さんのイナ作には、ほとんど関与することができなかったのは残念であった。

4、おわりに

以上を要約すると、昭和五〇年の豊作年と昭和五一年の凶作年との対照的な両年に、全刈り収量として九一四キロと八三〇キロの収量がえられたことは注目に値しよう。これらの収量はそれぞれ各年の米作日本一にたぶん近いであろうと推定される。豊凶両年にこのような高収量がえられたことは、株まきポットイナ作の多収安全なことの証左であるとともに、有望な前途を約束するものとみられよう。（また、昭和五十二年には夏季の日照不足にかかわらず、九四八キロの収量がえられた。）

宇治橋さんがこの二カ年、株まきポットイナ作に自ら取り組んだ結果の告白として、「このイナ作こそ多収・安全・省力・省金イナ作である」と自信をもって主張しているように、著者自身もこのことを確信しているのである。宇治橋さんが長年夢みた多収穫をこの株まきポットイナ作により一挙に実現したように、読者のみなさんもそれぞれの多収穫の夢を、このイナ作をたくみに利用して実現されるように祈ること切なるものがある。

この株まきポットイナ作が、あるいは著者が日本の農家のみなさんに捧げる最後の贈物となるのではなかろうか。このイナ作が日本の津々浦々まで浸透し、イナ作農家の収量を増し、その経営を少しでも豊かにして、少しでも喜ばれることができるようにとの願いが、今後の著者の老年期の祈りとなることであろう。

著者略歴

松島　省三（まつしま　せいぞう）

明治45年長野県に生まれる。昭和９年東京大学農学部農学実科卒業。農林省農事試験場鴻巣試験地（昭９～10年），農林省九州農試（昭10～13年），島根県農試（昭13～19年），山口県農試（昭19～23年），農林省農事試験場技術部（昭23～25年），農林省農業技術研究所物理統計部（鴻巣分室，昭25～35年），国連食糧農業機構（FAO，昭35～37年），農林省農業技術研究所物理統計部調査科長（昭37～45年），同物理統計部長（昭45～48年）を経て昭和48年退官。日本工営株式会社技術顧問に就任。農学博士。平成９年３月，85歳で逝去。

稲作診断と増収技術

1966年１月15日　初版第１刷発行
1977年10月15日　改訂新版第１刷発行
1996年２月25日　改訂新版第21刷発行
2020年２月10日　復刊第１刷発行

著者　松島　省三

発行所　一般社団法人 農山漁村文化協会
〒107-8668　東京都港区赤坂７-６-１
電話　03（3585）1142（営業）　03（3585）1147（編集）
FAX　03（3585）3668　振替 00120-3-144478
URL　http://www.ruralnet.or.jp/

ISBN 978-4-540-19174-9
〈検印廃止〉
印刷／藤原印刷㈱
製本／根本製本㈱